网络规划设计师
2012至2017年试题分析与解答

全国计算机专业技术资格考试办公室 主编

清华大学出版社
北京

内 容 简 介

  网络规划设计师级考试是全国计算机技术与软件专业技术资格（水平）考试的高级职称考试，是历年各级考试报名的热点之一。本书汇集了 2012 下半年至 2017 下半年的所有试题和权威解析，参加考试的考生认真读懂本书的内容后，将会更加了解考题的思路，对提升自己的考试通过率的信心会有极大的帮助。

图书在版编目（CIP）数据

  网络规划设计师 2012 至 2017 年试题分析与解答/全国计算机专业技术资格考试办公室主编. —北京：清华大学出版社，2018（2019.9重印）

  （全国计算机技术与软件专业技术资格（水平）考试指定用书）

  ISBN 978-7-302-50858-8

  Ⅰ. ①网⋯　Ⅱ. ①全⋯　Ⅲ. ①计算机网络–资格考试–题解　Ⅳ. ①TP393-44

  中国版本图书馆 CIP 数据核字（2018）第 181495 号

责任编辑：杨如林
封面设计：常雪影
责任校对：胡伟民
责任印制：杨　艳

出版发行：清华大学出版社
   网　　　址：http://www.tup.com.cn, http://www.wqbook.com
   地　　　址：北京清华大学学研大厦 A 座　　　邮　　编：100084
   社 总 机：010-62770175　　　　　　　　　邮　　购：010-62786544
   投稿与读者服务：010-62776969，c-service@tup.tsinghua.edu.cn
   质 量 反 馈：010-62772015，zhiliang@tup.tsinghua.edu.cn
印 装 者：三河市龙大印装有限公司
经　　销：全国新华书店
开　　本：185mm×230mm　印　张：18.5　防伪页：1　字　　数：410 千字
版　　次：2018 年 10 月第 1 版　　　　　　　　印　　次：2019 年 9 月第 4 次印刷
定　　价：55.00 元

产品编号：080247-01

前　言

根据国家有关的政策性文件，全国计算机技术与软件专业技术资格（水平）考试（以下简称"计算机软件考试"）已经成为计算机软件、计算机网络、计算机应用、信息系统、信息服务领域高级工程师、工程师、助理工程师、技术员国家职称资格考试。而且，根据信息技术人才年轻化的特点和要求，报考这种资格考试不限学历与资历条件，以不拘一格选拔人才。现在，软件设计师、程序员、网络工程师、数据库系统工程师、系统分析师、系统架构设计师和信息系统项目管理师等资格的考试标准已经实现了中国与日本国互认，程序员和软件设计师等资格的考试标准已经实现了中国和韩国互认。

计算机软件考试规模发展很快，年报考规模已超过 30 万人，二十多年来，累计报考人数约 500 万人。

计算机软件考试已经成为我国著名的 IT 考试品牌，其证书的含金量之高已得到社会的公认。计算机软件考试的有关信息见网站www.ruankao.org.cn中的资格考试栏目。

对考生来说，学习历年试题分析与解答是理解考试大纲的最有效、最具体的途径。

为帮助考生复习备考，全国计算机专业技术资格考试办公室汇集了网络规划设计师2012 年至 2017 年的试题分析与解答印刷出版，以便于考生测试自己的水平，发现自己的弱点，更有针对性、更系统地学习。

计算机软件考试的试题质量高，包括了职业岗位所需的各个方面的知识和技术，不但包括技术知识，还包括法律法规、标准、专业英语、管理等方面的知识；不但注重广度，而且还有一定的深度；不但要求考生具有扎实的基础知识，还要具有丰富的实践经验。

这些试题中，包含了一些富有创意的试题，一些与实践结合得很好的佳题，一些富有启发性的题，具有较高的社会引用率，对学校教师、培训指导者、研究工作者都是很有帮助的。

由于作者水平有限，时间仓促，书中难免有错误和疏漏之处，诚恳地期望各位专家和读者批评指正，对此，我们将深表感激。

编者

目　录

第1章 2012下半年网络规划设计师上午试题分析与解答

试题（1）、（2）

假设系统中有 n 个进程共享 3 台打印机，任一进程在任一时刻最多只能使用 1 台打印机。若用 PV 操作控制 n 个进程使用打印机，则相应信号量 S 的取值范围为 (1) ；若信号量 S 的值为-3，则系统中有 (2) 个进程等待使用打印机。

(1) A. 0，-1，…，- (n-1)   B. 3，2，1，0，-1，…，- (n-3)

  C. 1，0，-1，…，- (n-1)   D. 2，1，0，-1，…，- (n-2)

(2) A. 0   B. 1   C. 2   D. 3

试题（1）、（2）分析

本题考查操作系统进程管理方面的基础知识。

根据题意假设系统中有 n 个进程共享 3 台打印机，意味着每次只允许 3 个进程进入互斥段，那么信号量的初值应为 3。可见，根据排除法只有选项 B 中含有 3。

信号量 S 的物理意义为：当 S≥0 时，表示资源的可用数；当 S<0 时，其绝对值表示等待资源的进程数。

参考答案

(1) B   (2) D

试题（3）、（4）

CRM 是一套先进的管理思想及技术手段，它通过将 (3) 进行有效的整合，最终为企业涉及的各个领域提供了集成环境。CRM 系统的四个主要模块包括 (4) 。

(3) A. 员工资源、客户资源与管理技术

  B. 销售资源、信息资源与商业智能

  C. 销售管理、市场管理与服务管理

  D. 人力资源、业务流程与专业技术

(4) A. 电子商务支持、呼叫中心、移动设备支持、数据分析

  B. 信息分析、网络应用支持、客户信息仓库、工作流集成

  C. 销售自动化、营销自动化、客户服务与支持、商业智能

  D. 销售管理、市场管理、服务管理、现场服务管理

试题（3）、（4）分析

本题考查企业信息化的基本知识。

CRM 是一套先进的管理思想及技术手段，它通过将人力资源、业务流程与专业技术进行有效的整合，最终为企业涉及客户或者消费者的各个领域提供了完美的集成，使

得企业可以更低成本、更高效率地满足客户的需求，并与客户建立起基于学习性关系基础上的一对一营销模式，从而让企业可以最大程度提高客户满意度和忠诚度。CRM 系统的主要模块包括销售自动化、营销自动化、客户服务与支持、商业智能。

参考答案

（3）D　　　（4）C

试题（5）

研究表明，肿瘤的生长有以下规律：当肿瘤细胞数目超过 10^{11} 时才是临床可观察的；在肿瘤生长初期，几乎每隔一定时间就会观测到肿瘤细胞数量翻一番；在肿瘤生长后期，肿瘤细胞的数目趋向某个稳定值。为此，图 (5) 反映了肿瘤的生长趋势。

（5）A.

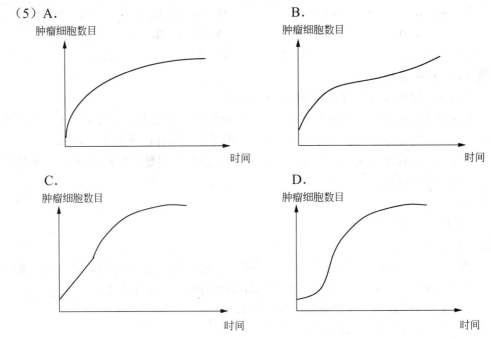

试题（5）分析

本题考查应用数学基础知识。

用函数曲线来表示事物随时间变化的规律十分常见。可以用函数 $f(t)$ 表示肿瘤细胞数量随时间变化的函数。那么，当肿瘤细胞数目超过 10^{11} 时才是临床可观察的，可以表示为 $f(0)=10^{11}$。在肿瘤生长初期，几乎每隔一定时间就会观测到肿瘤细胞数量翻一番，可以表示为 $t<t_0$ 时，$f(t+c)=2f(t)$。符合这种规律的函数是指数函数：$f(t)=a^t$，其曲线段呈凹形上升态。在肿瘤生长后期，肿瘤细胞的数目趋向某个稳定值，表示当 $t>T$ 时，$f(t)$ 逐渐逼近某个常数，即函数曲线从下往上逐渐靠近直线 $y=L$。

参考答案

（5）D

试题（6）

　　九个项目 A11，A12，A13，A21，A22，A23，A31，A32，A33 的成本从 1 百万，2 百万，……，到 9 百万各不相同，但并不顺序对应。已知 A11 与 A21、A12 与 A22 的成本都有一倍关系，A11 与 A12、A21 与 A31、A22 与 A23、A23 与 A33 的成本都相差 1 百万。由此可以推断，项目 A22 的成本是 ___(6)___ 百万。

　　（6）A．2　　　　　　　　B．4　　　　　　　　C．6　　　　　　　　D．8

试题（6）分析

　　本题考查应用数学基础知识。

　　为便于直观分析，题中的叙述可以用下图来表示：

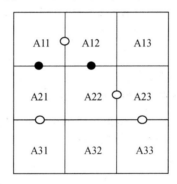

　　九个项目 A_{ij}（i=1，2，3；j=1，2，3）的成本值（单位为百万，从 1 到 9 各不相同）将分别填入 i 行 j 列对应的格中。格间的黑点表示相邻格有一倍关系，白点表示相邻格相差 1。

　　已知 A22 与 A12 的值有一倍关系，那就只可能是 1-2，2-4，3-6 或 4-8，因此 A22 的值只可能是 1，2，3，4，6，8。

　　如果 A22=1，则 A23=A12=2，出现相同值，不符合题意。

　　如果 A22=2，则 A12 只能是 4（A12=1 将导致 A11=A22=2 矛盾），A23 只能为 3（A23=1 将导致 A33=A22=2 矛盾），A33 出现矛盾。

　　如果 A22=3，则 A12=6，A11=5 或 7，不可能与 A21 有一倍关系。

　　如果 A22=4，则 A12=2 或 8。A12=8 将导致 A11=7 或 9，不可能与 A21 有成倍关系。因此 A12=2，A23 只能是 5（A23=3 将导致 A33 矛盾），A33=6，而 A11=1 或 3 都将导致 A21 矛盾。

　　如果 A22=8，则 A12=4，A23 只能是 7（A23=9 将导致 A33=8 矛盾），A33 只能是 6，A11 只能是 3（A11=5 将导致 A21 矛盾），A21=6 矛盾。

　　因此，A22 只可能为 6。

　　实际上，当 A22=6 时，A12=3，A23 只能为 7（A23=5 将最终导致矛盾），A33=8。此时，A11、A21、A31 可能分别是 2、4、5，也可能是 4、2、1。

参考答案

（6）C

试题（7）

以下关于软件生存周期模型的叙述，正确的是 ___(7)___ 。

（7）A．在瀑布模型中，前一个阶段的错误和疏漏会隐蔽地带到后一个阶段

　　　B．在任何情况下使用演化模型，都能在一定周期内由原型演化到最终产品

　　　C．软件生存周期模型的主要目标是为了加快软件开发的速度

　　　D．当一个软件系统的生存周期结束之后，它就进入到一个新的生存周期模型

试题（7）分析

软件产品从形成概念开始，经过开发、使用和维护，直到最后退役的全过程成为软件生存周期。一个完整的软件生存周期是以需求为出发点，从提出软件开发计划的那一刻开始，直到软件在实际应用中完全报废为止。软件生存周期的提出是为了更好地管理、维护和升级软件，其中更大的意义在于管理软件开发的步骤和方法。

软件生存周期模型又称软件开发模型（software develop model）或软件过程模型（software process model），它是从某个特定角度提出的软件过程的简化描述。软件生存周期模型主要有瀑布模型、演化模型、原型模型、螺旋模型喷泉模型和基于可重用构件的模型等。

瀑布模型是最早使用的软件生存周期模型之一。瀑布模型的特点是因果关系紧密相连，前一个阶段工作的结果是后一个阶段工作的输入。或者说，每一个阶段都是建立在前一个阶段的正确结果之上，前一个阶段的错误和疏漏会隐蔽地带入后一个阶段。这种错误有时甚至可能是灾难性的，因此每一个阶段工作完成后，都要进行审查和确认。

演化模型主要针对事先不能完整定义需求的软件开发，是在快速开发一个原型的基础上，根据用户在调用原型的过程中提出的反馈意见和建议，对原型进行改进，获得原型的新版本，重复这一过程，直到演化成最终的软件产品。演化模型的主要优点是，任何功能一经开发就能进入测试，以便验证是否符合产品需求，可以帮助引导出高质量的产品要求。其主要缺点是，如果不控制地让用户接触开发中尚未稳定的功能，可能对开发人员及永固都会产生负面的影响。

参考答案

（7）A

试题（8）

以下关于软件测试工具的叙述，错误的是 ___(8)___ 。

（8）A．静态测试工具可用于对软件需求、结构设计、详细设计和代码进行评审、走查和审查

　　　B．静态测试工具可对软件的复杂度分析、数据流分析、控制流分析和接口分析提供支持

    C．动态测试工具可用于软件的覆盖分析和性能分析

    D．动态测试工具不支持软件的仿真测试和变异测试

试题（8）分析

    测试工具根据工作原理不同可分为静态测试工具和动态测试工具。其中静态测试工具是对代码进行语法扫描，找到不符合编码规范的地方，根据某种质量模型评价代码的质量，生成系统的调用关系图等。它直接对代码进行分析，不需要运行代码，也不需要对代码编译链接和生成可执行文件，静态测试工具可用于对软件需求、结构设计、详细设计和代码进行评审、走审和审查，也可用于对软件的复杂度分析、数据流分析、控制流分析和接口分析提供支持；动态测试工具与静态测试工具不同，它需要运行被测试系统，并设置探针，向代码生成的可执行文件中插入检测代码，可用于软件的覆盖分析和性能分析，也可用于软件的模拟、建模、仿真测试和变异测试等。

参考答案

    （8）D

试题（9）

    企业信息化程度是国家信息化建设的基础和关键，企业信息化方法不包括　(9)　。

    （9）A．业务流程重组　　　　　　　　B．组织机构变革

        C．供应链管理　　　　　　　　　　D．人力资本投资

试题（9）分析

    本题考查企业信息化的基本方法。

    企业信息化程度是国家信息化建设的基础和关键，企业信息化就是企业利用现代信息技术，通过信息资源的深入开发和广泛利用，实现企业生产过程的自动化、管理方式的网络化、决策支持的智能化和商务运营的电子化，不断提高生产、经营、管理、决策的效率和水平，进而提高企业经济效益和企业竞争力的过程。企业信息化方法主要包括业务流程重构、核心业务应用、信息系统建设、主题数据库、资源管理和人力资本投资方法。企业战略规划是指依据企业外部环境和自身条件的状况及其变化来制定和实施战略，并根据对实施过程与结果的评价和反馈来调整，制定新战略的过程。

参考答案

    （9）B

试题（10）

    中国 M 公司与美国 L 公司分别在各自生产的平板电脑产品上使用 iPad 商标，且分别享有各自国家批准的商标专用权。中国 Y 手电筒经销商，在其经销的手电筒高端产品上也使用 iPad 商标，并取得了注册商标。以下说法正确的是　(10)　。

    （10）A．L 公司未经 M 公司许可在中国市场销售其产品不属于侵权行为

         B．L 公司在中国市场销售其产品需要取得 M 公司和 Y 经销商的许可

         C．L 公司在中国市场销售其产品需要向 M 公司支付注册商标许可使用费

　　　D．Y 经销商在其经销的手电筒高端产品上使用 iPad 商标属于侵权行为

试题（10）分析

　　本题考查知识产权知识，涉及商标权的相关概念。知识产权具有地域性的特征，按照一国法律获得承认和保护的知识产权，只能在该国发生法律效力，即知识产权受地域限制，只有在一定地域内知识产权才具有独占性（专用性）。或者说，各国依照其本国法律授予的知识产权，只能在其本国领域内受其国家的法律保护，而其他国家对这种权利没有保护的义务，任何人均可在自己的国家内自由使用外国人的知识产品，既无须取得权利人的许可，也不必向权利人支付报酬。

　　通过缔结有关知识产权的国际公约的形式，某一国家的国民（自然人或法人）的知识产权在其他国家也能取得权益。参加知识产权国际公约的国家，会相互给予成员国国民的知识产权保护。虽然众多知识产权国际条约等的订立，使地域性有时会变得模糊，但地域性的特征不但是知识产权最"古老"的特征，也是最基本的特征之一。目前知识产权的地域性仍然存在，如是否授予权利、如何保护权利，仍须由各成员国按照其国内法来决定。依据我国商标法五十二条规定，未注册商标不得与他人在同一种或类似商品上已经注册的商标相同或近似。若未经商标注册人的许可，在同一种商品或者类似商品上使用与他人注册商标相同或者近似的商标的，属于侵犯专用权的行为，应当承担相应的法律责任。

　　知识产权的利用（行使）有多种方式，许可使用是其之一，它是指知识产权人将自己的权利以一定的方式，在一定的地域和期限内许可他人利用，并由此获得报酬（即向被许可人收取一定数额的使用费）的法律行为。对于注册商标许可而言是指注册商标所有人通过订立许可使用合同，许可他人使用其注册商标的法律行为。

　　依据我国商标法规定，不同类别商品（产品）是可以使用相同或类似商标的，如在水泥产品和化肥产品都可以使用"秦岭"商标，因为水泥产品和化肥产品是不同类别的产品。但对于驰名商标来说，不能在任何商品（产品），使用与驰名商标相同或类似的标识。

参考答案

　　（10）C

试题（11）

　　在下面 4 个协议中，属于 ISO OSI/RM 标准第二层的是　__（11）__　。

　　（11）A．LAPB　　　　　　B．MHS　　　　　　C．X.21　　　　　　D．X.25 PLP

试题（11）分析

　　LAPB 是 X.25 公用数据网中的数据链路层协议，实际上是 HDLC 的子集，采用了异步平衡通信方式。MHS 是 CCITT 在 X.400 标准中定义的报文处理系统（Message Handling System），它是一种在广域网平台上运行的电子邮件系统。X.21 是一种物理层接口标准，终端设备通过这种接口连接公用数据网。X.25 PLP 是公用数据网中的分组层

协议，通过虚电路为数据终端提供面向连接的服务。

参考答案

（11）A

试题（12）

下面有关无连接通信的描述中，正确的是 　(12)　。

（12）A．在无连接的通信中，目标地址信息必须加入到每个发送的分组中

　　　　B．在租用线路和线路交换网络中，不能传送 UDP 数据报

　　　　C．采用预先建立的专用通道传送，在通信期间不必进行任何有关连接的操作

　　　　D．由于对每个分组都要分别建立和释放连接，所以不适合大量数据的传送

试题（12）分析

计算机网络为用户提供面向连接的服务和无连接的服务。面向连接的服务需要三个阶段：建立连接，数据传送和释放连接。无连接的服务没有建立连接和释放连接的开销，而是把目标地址直接加入到传送的报文中，通过逐段路由，最后转发到达目标。在 TCP/IP 网络中，TCP 协议提供端到端的面向连接的数据传送服务，UDP 提供端到端的无连接服务，IP 协议在网络层提供无连接的数据报服务。在传输层和网络层提供什么类型的服务与底层协议和网络的基础设施没有关系。在逻辑上说，下层可以提供任何类型的服务，而上层则通过自己的功能实现面向连接或无连接的通信。所以在租用专线或线路交换网络中都可以实现 UDP 数据报的传送。

参考答案

（12）A

试题（13）

在 PPP 链路建立以后，接着要进行认证过程。首先由认证服务器发送一个质询报文，终端计算该报文的 Hash 值并把结果返回服务器，然后服务器把收到的 Hash 值与自己计算的 Hash 值进行比较以确定认证是否通过。在下面的协议中，采用这种认证方式的是 　(13)　。

（13）A．CHAP　　　　　　B．ARP　　　　　C．PAP　　　　　D．PPTP

试题（13）分析

PPP 扩展认证协议可支持多种认证机制，并且允许使用后端服务器来实现复杂的认证过程，例如通过 Radius 服务器进行 Web 认证时，远程访问服务器（RAS）只是作为认证服务器的代理传递请求和应答报文，并且当识别出认证成功/失败标志后结束认证过程。通常 PPP 支持的两个认证协议是：

口令验证协议（Password Authentication Protocol，PAP）：提供了一种简单的两次握手认证方法，由终端发送用户标识和口令字，等待服务器的应答，如果认证不成功，则终止连接。这种方法不安全，因为采用文本方式发送密码，可能会被第三方窃取；

质询握手认证协议（Challenge Handshake Authentication Protocol，CHAP）：采用三

次握手方式周期地验证对方的身份。首先是逻辑链路建立后认证服务器就要发送一个挑战报文（随机数），终端计算该报文的 Hash 值并把结果返回服务器，然后认证服务器把收到的 Hash 值与自己计算的 Hash 值进行比较，如果匹配，则认证通过，连接得以建立，否则连接被终止。计算 Hash 值的过程有一个双方共享的密钥参与，而密钥是不通过网络传送的，所以 CHAP 是更安全的认证机制。在后续的通信过程中，每经过一个随机的间隔，这个认证过程都可能被重复，以缩短入侵者进行持续攻击的时间。值得注意的是，这种方法可以进行双向身份认证，终端也可以向服务器进行挑战，使得双方都能确认对方身份的合法性。

参考答案

（13）A

试题（14）

下面有关 ITU-T X.25 建议的描述中，正确的是　（14）　。

（14）A．通过时分多路技术，帧内的每个时槽都预先分配给了各个终端

　　　　B．X.25 的网络层采用无连接的协议

　　　　C．X.25 网络采用 LAPD 协议进行数据链路控制

　　　　D．如果出现帧丢失故障，则通过顺序号触发差错恢复过程

试题（14）分析

X.25 公共数据网 PDN（Public Data Network）是在一个国家或全球范围内提供公共电信服务的数据通信网。X.25 在数据路层采用 LAPB 协议，实际上是 HDLC 的子集，采用了异步平衡方式通信。X.25 的网络层提供面向连接的虚电路服务。有两种形式的虚电路：一种是虚呼叫（Virtual Call，VC），一种是永久虚电路（Permanent Virtual Circuit，PVC）。虚呼叫是动态建立的虚电路，包含呼叫建立、数据传送和呼叫清除等几个过程。永久虚电路是网络指定的固定虚电路，像专线一样，无须建立和释放连接，可直接传送数据。

无论是虚呼叫或是永久虚电路，都是由几条虚拟连接共享一条物理信道。一对分组交换机之间至少有一条物理链路，几条虚电路可以共享该物理链路。每一条虚电路由相邻结点之间的一对缓冲区实现，这些缓冲区被分配给不同的虚电路号以示区别。建立虚电路的过程就是在沿线各结点上分配缓冲区和虚电路号的过程。

通过预先建立的虚电路通信，可以进行端到端的流量和差错控制。X.25 分组头中带有发送顺序号和应答顺序号。如果出现差错，则可以通过顺序号进行纠正。

参考答案

（14）D

试题（15）

使用海明码进行纠错，7 位码长（$x_1x_2x_3x_4x_5x_6x_7$），其中 4 位数据位，3 位校验位，其监督关系式为

$c_0 = x_1 + x_3 + x_5 + x_7$

$c_1 = x_2 + x_3 + x_6 + x_7$

$c_2 = x_4 + x_5 + x_6 + x_7$

如果收到的码字为 1000101，则纠错后的码字是　__(15)__。

（15）A. 1000001　　　　　B. 1001101　　　　　C. 1010101　　　　　D. 1000101

试题（15）分析

如果收到的码字为 1000101，根据监督关系式计算得到 $c_2 c_1 c_0 = 011$，可知错误在第 3 位，则纠错后得到正确的码字为 1010101。

参考答案

（15）C

试题（16）

虚拟局域网中继协议（VTP）有三种工作模式，即服务器模式、客户机模式和透明模式，以下关于这 3 种工作模式的叙述中，不正确的是__(16)__。

（16）A. 在服务器模式可以设置 VLAN 信息

　　　　B. 在服务器模式下可以广播 VLAN 配置信息

　　　　C. 在客户机模式下不可以设置 VLAN 信息

　　　　D. 在透明模式下不可以设置 VLAN 信息

试题（16）分析

VLAN 中继协议（VLAN Trunking Protocol，VTP）是 Cisco 公司的专利协议。VTP 在交换网络中建立了多个管理域，同一管理域中的所有交换机共享 VLAN 信息。一台交换机只能参加一个管理域，不同管理域中的交换机不共享 VLAN 信息。通过 VTP 协议，可以在一台交换机上配置所有的 VLAN，配置信息通过 VTP 报文可以传播到管理域中的所有交换机。

按照 VTP 协议，交换机的运行模式分为 3 种：

① 服务器模式（Server）：交换机在此模式下能创建、添加、删除和修改 VLAN 配置，并从中继端口发出 VTP 组播帧，把配置信息分发到整个管理域中的所有交换机。一个管理域中可以有多个服务器。

② 客户机模式（Client）：在此模式下不允许创建、修改或删除 VLAN，但可以监听本管理域中其他交换机的 VTP 组播信息，并据此修改自己的 VLAN 配置。

③ 透明模式（Transparent）：在此模式下可以进行 VLAN 配置，但配置信息不会传播到其他交换机。在透明模式下，可以接收和转发 VTP 帧，但是并不能据此更新自己的 VLAN 配置，只是起到通路的作用。

VTP 协议的优点有：

（1）提供通过一个交换机在整个管理域中配置 VLAN 的方法；

（2）提供跨不同介质类型（如 ATM、FDDI 和以太网）配置 VLAN 的方法；

（3）提供跟踪和监视 VLAN 配置的方法；

（4）保持 VLAN 配置的一致性。

参考答案

（16）D

试题（17）

千兆以太网标准 802.3z 定义了一种帧突发方式，这种方式是指 ＿＿（17）＿＿ 。

（17）A．一个站可以突然发送一个帧

　　　　B．一个站可以不经过竞争就启动发送过程

　　　　C．一个站可以连续发送多个帧

　　　　D．一个站可以随机地发送紧急数据

试题（17）分析

1996 年 3 月 IEEE 成立了 802.3z 工作组，开始制定 1000Mb/s 以太网标准。后来又成立了有 100 多家公司参加的千兆以太网联盟 GEA（Gibabit Ethernet Alliance），支持 IEEE 802.3z 工作组的各项活动。1998 年 6 月公布的 IEEE 802.3z 和 1999 年 6 月公布的 IEEE 802.3ab 已经成为千兆以太网的正式标准。实现千兆数据速率需要采用新的数据处理技术。首先是最小帧长需要扩展，以便在半双工的情况下增加跨距。另外 802.3z 还定义了一种帧突发方式（ frame bursting），使得一个站可以连续发送多个帧。最后物理层编码也采用了与 10Mb/s 不同的编码方法，即 4b/5b 或 8b/9b 编码法。

参考答案

（17）C

试题（18）

以太网最大传输单元（MTU）为 1500 字节。以太帧包含前导（preamble）、目标地址、源地址、协议类型、CRC 等字段，共计 26 个字节的开销。假定 IP 头长为 20 字节，TCP 头长为 20 字节，则 TCP 数据最大为 ＿＿（18）＿＿ 字节。

（18）A．1434　　　　B．1460　　　　　　C．1480　　　　　D．1500

试题（18）分析

由于以太网 MTU 为 1500 字节，从中减去 IP 头 20 个字节和 TCP 头 20 字节，则允许的 TCP 数据最多为 1460 字节。

参考答案

（18）B

试题（19）

以下关于网络控制的叙述，正确的是 ＿＿（19）＿＿ 。

（19）A．由于 TCP 的窗口大小是固定的，所以防止拥塞的方法只能是超时重发

　　　　B．在前向纠错系统中，当接收端检测到错误后就要请求发送端重发出错分组

　　　　C．在滑动窗口协议中，窗口的大小以及确认应答使得可以连续发送多个数据

D. 在数据报系统中，所有连续发送的数据都可以沿着预先建立的虚通路传送

试题（19）分析

TCP 采用可变大小的滑动窗口协议进行流量控制。在前向纠错系统中，当接收端检测到错误后就根据纠错编码的规律自行纠错；在后向纠错系统中，接收方会请求发送方重发出错分组。IP 协议不预先建立虚电路，而是对每个数据报独立地选择路由并一站一站地进行转发，直到送达目标地。

参考答案

（19）C

试题（20）

IETF 定义的多协议标记交换（MPLS）是一种第三层交换技术。MPLS 网络由具有 IP 功能、并能执行标记分发协议（LDP）的路由器组成。负责为网络流添加和删除标记的是___（20）___。

（20）A. 标记分发路由器　　　　　　B. 标记边缘路由器

　　　C. 标记交换路由器　　　　　　D. 标记传送路由器

试题（20）分析

IETF 开发的多协议标记交换 MPLS（Multiprotocol Label Switching）把第 2 层的链路状态信息（带宽、延迟、利用率等）集成到第 3 层的协议数据单元中，从而简化和改进了第 3 层分组的交换过程。理论上，MPLS 支持任何第 2 层和第 3 层协议。MPLS 包头的位置界于第 2 层和第 3 层之间，可称为第 2.5 层。MPLS 可以承载的报文通常是 IP 包，当然也可以直接承载以太帧、AAL5 包、甚至 ATM 信元等。可以承载 MPLS 的第 2 层协议可以是 PPP、以太帧、ATM 和帧中继等。

当分组进入 MPLS 网络时，标记边缘路由器（Label Edge Router，LER）就为其加上一个标记，这种标记不仅包含了路由表项中的信息（目标地址、带宽、延迟等），而且还引用了 IP 头中的源地址字段、传输层端口号、服务质量等。这种分类一旦建立，分组就被指定到对应的标记交换通路（Label Switch Path，LSP）中，标记交换路由器（Label Switch Router，LSR）将根据标记来处置分组，不再经过第 3 层转发，从而加快了网络的传输速度。

参考答案

（20）B

试题（21）、（22）

HDLC 是一种___（21）___协议，它所采用的流量控制技术是___（22）___。

（21）A. 面向比特的同步链路控制　　　B. 面向字节计数的异步链路控制

　　　C. 面向字符的同步链路控制　　　D. 面向比特流的异步链路控制

（22）A. 固定大小的滑动窗口协议　　　B. 可变大小的活动窗口协议

　　　C. 停等协议　　　　　　　　　　D. 令牌控制协议

试题（21）、（22）分析

数据链路控制协议可分为两大类：面向字符的协议和面向比特的协议。面向字符的协议以字符作为传输的基本单位，用 10 个专用字符（例如 STX、ETX、ACK、NAK 等）控制传输过程。面向比特的协议以比特作为传输的基本单位，它的传输效率高，能适应计算机通信技术的最新发展，已广泛应用于公用数据网中。面向比特的同步链路控制协议 HDLC 是国际标准化组织（ISO）根据 IBM 公司的 SDLC（Synchronous Data Link Control）协议扩充开发而成的。HDLC 协议采用固定大小的滑动窗口协议实现链路两端的流量和差错控制。

参考答案

（21）A　　（22）A

试题（23）、（24）

ADSL 采用 (23) 技术在一对铜线上划分出多个信道，分别传输上行和下行数据以及话音信号。ADSL 传输的最大距离可达 (24) 米。

（23）A．时分多路　　　B．频分多路　　　C．波分多路　　　D．码分多址
（24）A．500　　　　　B．1000　　　　　C．5000　　　　　D．10000

试题（23）、（24）分析

ADSL 采用时分多路复用技术在一对铜线上划分出多个信道，分别传输上行和下行数据以及话音信号。支持上行速率 640kb/s～1Mb/s、下行速率 1Mb/s～8Mb/s，有效传输距离在 3～5 千米以内，同时还可以提供话音服务。可以满足网上冲浪和视频点播等应用对带宽的要求。

参考答案

（23）B　　（24）C

试题（25）

按照网络分级设计模型，通常把局域网设计为 3 层，即核心层、汇聚层和接入层，以下关于分级网络功能的描述中，不正确的是 (25) 。

（25）A．核心层承担访问控制列表检查
　　　B．汇聚层定义了网络的访问策略
　　　C．接入层提供网络接入功能
　　　D．在接入层可以使用集线器代替交换机

试题（25）分析

层次型局域网结构将局域网络划分成不同的功能层次，例如划分成核心层、汇聚层和接入层，通过与核心设备互连的路由器接入广域网，层次结构的特点如下：

（1）网络功能划分清晰，有利发挥联网设备的最大效率；
（2）网络拓扑结构使得故障定位可分级进行，便于维护；
（3）便于网络拓扑的后续扩展。

在三层模型中，核心层提供不同区域之间的高速连接和最优传输路径，汇聚层提供网络业务接入，并实现与安全、流量和路由相关的控制策略，接入层为终端用户提供接入服务。

① 核心层设计要点

核心层是互连网络的高速主干网，在设计中应增加冗余组件，使其具备高可靠性，能快速适应通信流量的变化。

在设计核心层设备的功能时应避免使用数据包过滤、策略路由等降低转发速率的功能特性，使得核心层具有高速率、低延迟和良好的可管理性。

核心层设备覆盖的地理范围不宜过大，连接的设备不宜过多，否则会使得网络的复杂度增大，导致网络性能降低。

核心层应包括一条或多条连接外部网络的专用链路，使得可以高效地访问互联网。

② 汇聚层设计要点

汇聚层是核心层与接入层之间的分界点，应实现资源访问控制和流量控制等功能。汇聚层应该对核心层隐藏接入层的详细信息，不管划分了多少个子网，汇聚层向核心路由器发布路由通告时，只通告各个子网汇聚后的超网地址。

如果局域网中运行了以太网和弹性分组环等不同类型的子网，或者运行了不同路由算法的区域网络，可以通过汇聚层设备完成路由汇总和协议转换功能。

③ 接入层设计要点

接入层提供网络接入服务，并解决本地网段内用户之间互相访问的需求，要提供足够的带宽，使得本地用户之间可以高速访问；

接入层还应提供一部分管理功能，例如 MAC 地址认证、用户认证、计费管理等；

接入层要负责收集用户信息（例如用户 IP 地址、MAC 地址、访问日志等），作为计费和排错的依据。

参考答案

（25）A

试题（26）

在距离矢量路由协议中，防止路由循环的方法通常有以下三种：___（26）___。

（26）A．水平分裂、垂直翻转、设置最大度量值

　　　　B．水平分裂、设置最大度量值、反向路由中毒

　　　　C．垂直翻转、设置最大度量值、反向路由中毒

　　　　D．水平分裂、垂直翻转、反向路由中毒

试题（26）分析

距离矢量法算法要求相邻的路由器之间周期性地交换路由表，并通过逐步交换把路由信息扩散到网络中所有的路由器。这种逐步交换过程如果不加以限制，将会形成路由环路（Routing Loops），使得各个路由器无法就网络的可到达性取得一致。

例如在下图中，路由器 R1、R2、R3 的路由表已经收敛，每个路由表的后两项是通过交换路由信息学习到的。如果在某一时刻，网络 10.4.0.0 发生故障，R3 检测到故障，并通过接口 S0 把故障通知 R2。然而，如果 R2 在收到 R3 的故障通知前将其路由表发送到 R3，则 R3 会认为通过 R2 可以访问 10.4.0.0，并据此将路由表中第二条记录修改为（10.4.0.0，S0，2）。这样一来，路由器 R1、R2、R3 都认为通过其他的路由器存在一条通往 10.4.0.0 的路径，结果导致目标地址为 10.4.0.0 的数据包在三个路由器之间来回传递，从而形成路由环路，直到路由度量达到最大值才能发现网络故障。

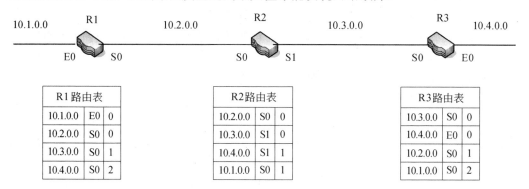

解决路由环路问题可以采用水平分割法（Split Horizon）。这种方法规定，路由器必须有选择地将路由表中的信息发送给邻居，而不是发送整个路由表。具体地说，一条路由信息不会被发送给该信息的来源。可以对上图中 R2 的路由表项将加上一些注释，这样，每一条路由信息都不会通过其来源接口向回发送，就可以避免环路的产生。

R2 路由表			
10.2.0.0	S0	0	不发送给 R1
10.3.0.0	S1	0	不发送给 R3
10.4.0.0	S1	1	不发送给 R3
10.1.0.0	S0	1	不发送给 R1

简单的水平分割方案是："不能把从邻居学习到的路由发送给那个邻居"，带有反向毒化的水平分割方案（Split Horizon with Poisoned Reverse）是："把从邻居学习到的路由费用设置为无限大，并立即发送给那个邻居"。采用反向毒化的方案更安全一些，它可以立即中断环路。相反，简单水平分割方案则必须等待一个更新周期才能中断环路的形成过程。

另外，采用触发更新技术也能加快路由收敛，如果触发更新足够及时——路由器 R3 在接收 R2 的更新报文之前把网络 10.4.0.0 的故障告诉 R2，则也可以防止环路的形成。

参考答案

（26）B

试题（27）

以下关于 OSPF 协议的说法中，正确的是　　(27)　　。

（27）A．OSPF 是一种应用于不同自治系统之间外部网关协议

　　　　B．OSPF 是基于相邻结点的负载来计算最佳路由

　　　　C．在 OSPF 网络中，不能根据网络的操作状态动态改变路由

　　　　D．在 OSPF 网络中，根据链路状态算法确定最佳路由

试题（27）分析

OSPF（Open Shortest Path First）是一种内部网关协议，用于在自治系统内进行路由决策。OSPF 是链路状态协议，通过路由器之间通告链路的状态来建立链路状态数据库，根据链路状态算法确定最佳路由，并构造路由表。

OSPF 网络是分层次的，把自治系统内部分为多个区域（Area），每一个区域有它自己的链路状态数据库和拓扑结构图，区域内部的路由器共享相同的路由信息。具有多个接口的路由器可以连接多个区域，这种路由器称为区域边缘路由器，它要为每个相连的区域分别保存一份链路状态数据库。

区域的划分产生了两类不同的 OSPF 路由，区别在于源和目的是在同一区域还是不同的区域，分别称为区域内路由和跨区域路由。

OSPF 路由器之间通过链路状态公告（Link State Advertisement，LSA）交换网络拓扑信息。LSA 中包含连接的接口、链路的度量值（Metric）等信息。

OSPF 路由器启动后以固定的时间间隔泛洪传播 Hello 报文，采用目标地址 224.0.0.5 代表所有的 OSPF 路由器。在点对点网络上每 10 秒发送一次，在 NBMA 网络中每 30 秒发送一次。管理 Hello 报文交换的规则称为 Hello 协议。Hello 协议用于发现邻居，建立毗邻关系，还用于选举区域内的指定路由器 DR 和备份指定路由器 BDR。

在正常情况下，区域内的路由器与本区域的 DR 和 BDR 通过互相发送数据库描述报文（DBD）交换链路状态信息。路由器把收到的链路状态信息与自己的链路状态数据库进行比较，如果发现接收到了不在本地数据库中的链路信息，则向其邻居发送链路状态请求报文 LSR，要求传送有关该链路的完整更新信息。接收到 LSR 的路由器用链路状态更新 LSU 报文响应，其中包含了有关的链路状态通告 LSA。

参考答案

（27）D

试题（28）

以下关于外部网关协议 BGP4 的说法，错误的是　　(28)　　。

（28）A．BGP4 是一种路径矢量路由协议　　B．BGP4 通过 UDP 传输路由信息

　　　　C．BGP4 支持路由汇聚功能　　　　　D．BGP4 能够检测路由循环

试题（28）分析

外部网关协议 BGP4 已经广泛地应用于不同 ISP 的网络之间，成为事实上的 Internet 外部路由协议标准。BGP 4 是一种动态路由发现协议，支持无类别域间路由 CIDR。BGP 的主要功能是控制路由策略，例如是否愿意转发过路的分组等。BGP 报文通过 TCP（179 端口）连接传送。

BGP 是一种路径矢量路由协议，BGP 路由器之间传送的路由信息由一个目标地址前缀后随一串 AS 编号组成，通过检测路径中是否出现本地 AS 编号可以发现路由循环。BGP 路由器根据收到的各个路径矢量和预订的管理策略，选择到达目标的最短通路，可见 BGP 与 RIP 协议的算法是相似的。

参考答案

（28）B

试题（29）

与 HTTP1.0 相比，HTTP 1.1 最大的改进在于 ___（29）___ 。

（29）A．进行状态保存　　　　　　　　B．支持持久连接

　　　 C．采用 UDP 连接　　　　　　　　D．提高安全性

试题（29）分析

本题考查 HTTP 协议及相关技术。

HTTP 1.0 协议使用非持久连接，在非持久连接下，一个 TCP 连接只传输一个 Web 对象。HTTP/1.1 默认使用持久连接（HTTP/1.1 协议的客户机和服务器可以配置成使用非持久连接），在持久连接下，不必为每个 Web 对象的传送建立一个新的连接，一个连接中可以传输多个对象。

参考答案

（29）B

试题（30）～（33）

网管中心在进行服务器部署时应充分考虑到功能、服务提供对象、流量、安全等因素。某网络需要提供的服务包括 VOD 服务、网络流量监控服务以及可对外提供的 Web 服务和邮件服务。在对以上服务器进行部署过程中，VOD 服务器部署在 ___（30）___；Web 服务器部署在 ___（31）___；流量监控器部署在 ___（32）___，这四种服务器中通常发出数据流量最大的是 ___（33）___ 。

（30）A．核心交换机端口　　　　　　　B．核心交换机镜像端口

　　　 C．汇聚交换机端口　　　　　　　D．防火墙 DMZ 端口

（31）A．核心交换机端口　　　　　　　B．核心交换机镜像端口

　　　 C．汇聚交换机端口　　　　　　　D．防火墙 DMZ 端口

（32）A．核心交换机端口　　　　　　　B．核心交换机镜像端口

　　　 C．汇聚交换机端口　　　　　　　D．防火墙 DMZ 端口

（33）A．VOD 服务器　　　　　　　　　B．网络流量监控服务器

C．Web 服务器　　　　　　　　　D．邮件服务器

试题（30）～（33）分析

本题考查服务器部署及相关技术。

在进行服务器部署时，应充分考虑到功能，服务提供对象，流量、安全等因素。VOD 服务器流量较大，应部署在核心交换机端口。Web 服务器需对外提供服务，一般部署在防火墙 DMZ 端口。网络流量监控需要监听交换网络中所有流量，但是通过普通交换机端口去获取这些流量有相当大的困难，因此需要通过配置交换机来把一个或多个端口（VLAN）的数据转发到某一个端口来实现对网络的监听，这个端口就是镜像端口，而网络流量监控服务器需要部署在镜像端口。

参考答案

（30）A　　　（31）D　　　（32）B　　　（33）B

试题（34）

可提供域名服务的包括本地缓存、本地域名服务器、权限域名服务器、顶级域名服务器以及根域名服务器等，以下说法中错误的是　(34)　。

（34）A．本地缓存域名服务不需要域名数据库

B．顶级域名服务器是最高层次的域名服务器

C．本地域名服务器可以采用递归查询和迭代查询两种查询方式

D．权限域名服务器负责将其管辖区内的主机域名转换为该主机的 IP 地址

试题（34）分析

本题考查域名服务器及相关技术。

可提供域名服务的包括本地缓存、本地域名服务器、权限域名服务器、顶级域名服务器以及根域名服务器。DNS 主机名解析的查找顺序是，先查找客户端本地缓存；如果没有成功，则向 DNS 服务器发出解析请求。

本地缓存是内存中的一块区域，保存着最近被解析的主机名及其 IP 地址映像。由于解析程序缓存常驻内存中，所以比其他解析方法速度快。

当一个主机发出 DNS 查询报文时，这个查询报文就首先被送往该主机的本地域名服务器。本地域名服务器离用户较近，当所要查询的主机也属于同一个本地 ISP 时，该本地域名服务器立即就能将所查询的主机名转换为它的 IP 地址,而不需要再去询问其他的域名服务器。

每一个区都设置有域名服务器，即权限服务器，它负责将其管辖区内的主机域名转换为该主机的 IP 地址。在其上保存有所管辖区内的所有主机域名到 IP 地址的映射。

顶级域名服务器负责管理在本顶级域名服务器上注册的所有二级域名。当收到 DNS 查询请求时，能够将其管辖的二级域名转换为该二级域名的 IP 地址。或者是下一步应该找寻的域名服务器的 IP 地址。

根域名服务器是最高层次的域名服务器。每一个根域名服务器都要存有所有顶级域名服务器的 IP 地址和域名。当一个本地域名服务器对一个域名无法解析时，就会直接找到根域名服务器，然后根域名服务器会告知它应该去找哪一个顶级域名服务器进行查询。

参考答案

（34）B

试题（35）、（36）

在 RMON 管理信息库中，矩阵组存储的信息是 __(35)__ ，警报组的作用是 __(36)__ 。

（35）A．一对主机之间建立的 TCP 连接数   B．一对主机之间交换的字节数

      C．一对主机之间交换的 IP 分组数   D．一对主机之间发生的冲突次数

（36）A．定义了一组网络性能门限值   B．定义了网络报警的紧急程度

      C．定义了网络故障的处理方法   D．定义了网络报警的受理机构

试题（35）、（36）分析

矩阵组记录了子网中一对主机之间的通信量，信息以矩阵的形式存储，如下图所示。

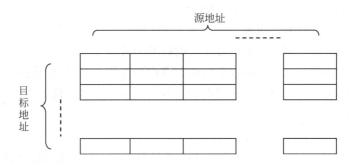

如果监视器在某个接口上发现了一对主机会话，则在该表中记录两行，每行表示一个方向的通信量。这样，管理站可以检索到一个主机向其他主机发送的信息，也容易检索到其他主机向某一个主机发送的信息。

RMON 报警组定义了一组有关网络性能的门限值，超过门限值时向控制台产生报警事件。报警组由一个表组成，该表的一行定义了一种报警：监视的变量、采样区间和门限值。

参考答案

（35）B   （36）A

试题（37）

设有下面 4 条路由：172.118.129.0/24、172.118.130.0/24、172.118.132.0/24 和 172.118.133.0/24，如果进行路由汇聚，能覆盖这 4 条路由的地址是 __(37)__ 。

（37）A．172.118.128.0/21   B．172.118.128.0/22

      C．172.118.130.0/22   D．172.118.132.0/20

试题（37）分析

　　地址 172.118.129.0/24 的二进制形式为：10101100 01110110 10000001 00000000。

　　地址 172.118.130.0/24 的二进制形式为：10101100 01110110 10000010 00000000。

　　地址 172.118.132.0/24 的二进制形式为：10101100 01110110 10000100 00000000。

　　地址 172.118.133.0/24 的二进制形式为：10101100 01110110 10000101 00000000。

　　地址 172.118.128.0/21 的二进制形式为：10101100 01110110 10000000 00000000。

　　所以能覆盖这 4 条路由的地址是 172.118.128.0/21。

参考答案

　　（37）A

试题（38）

　　属于网络 202.117.200.0/21 的地址是　　(38)　　。

　　（38）A．202．117．198．0　　　　　　　B．202．117．206．0

　　　　　C．202．117．217．0　　　　　　　D．202．117．224．0

试题（38）分析

　　地址 202.117.200.0/21 的二进制形式为：11001010 01110101 11001000 00000000。

　　202．117．198．0 的二进制形式为：11001010 01110101 11000110 00000000。

　　202．117．206．0 的二进制形式为：11001010 01110101 11001110 00000000。

　　202．117．217．0 的二进制形式为：11001010 01110101 11011001 00000000。

　　202．117．224．0 的二进制形式为：11001010 01110101 11100000 00000000。

　　可以看出 202．117．206．0 属于网络 202.117.200.0/21。

参考答案

　　（38）B

试题（39）

　　下面的地址中，属于单播地址的是　　(39)　　。

　　（39）A．172.31.128.255/18　　　　　　B．10.255.255.255

　　　　　C．172.160.24.59/30　　　　　　　D．224.105.5.211

试题（39）分析

　　地址 172.31.128.255/18 的二进制形式是 10101100 00011111 10000000 11111111

　　可见是一个单播地址。

　　地址 10.255.255.255 是 A 类网络定向广播地址。

　　地址 172.160.24.59/30 的二进制形式是 10101100 10100000 00011000 00111011

　　可见是一个广播地址。

　　地址 224.105.5.211D 类组播地址。

参考答案

　　（39）A

试题（40）

在 IPv6 中，地址类型是由格式前缀来区分的。IPv6 可聚合全球单播地址的格式前缀是__（40）__。

（40）A．001　　　　　B．1111 1110 10　　C．1111 1110 11　　D．1111 1111

试题（40）分析

IPv6 地址的格式前缀（Format Prefix，FP）用于表示地址类型或子网地址，用类似于 IPv4 CIDR 的方法可表示为"IPv6 地址/前缀长度"的形式。例如 60 位的地址前缀 12AB00000000CD3 有下列几种合法的表示形式：

12AB:0000:0000:CD30:0000:0000:0000:0000/60

12AB::CD30:0:0:0:0/60

12AB:0:0:CD30::/60

IPv6 地址的具体类型是由格式前缀来区分的，这些前缀的初始分配如下表所示。

分　配	前缀（二进制）	占地址空间的比例
保留	0000 0000	1 / 2 5 6
未分配	0000 000	1 1 / 2 5 6
为 NSAP 地址保留	0000 001	1 / 1 2 8
为 IPX 地址保留	0000 010	1 / 1 2 8
未分配	0000 011	1 / 1 2 8
未分配	0000 1	1 / 3 2
未分配	0001	1 / 1 6
可聚合全球单播地址	001	1 / 8
未分配	010	1 / 8
未分配	011	1 / 8
未分配	100	1 / 8
未分配	101	1 / 8
未分配	110	1 / 8
未分配	1110	1 / 1 6
未分配	1111 0	1 / 3 2
未分配	1111 10	1 / 6 4
未分配	1111 110	1 / 1 2 8
未分配	1111 1110 0	1 / 5 1 2
链路本地单播地址	1111 1110 10	1 / 1 0 2 4
站点本地单播地址	1111 1110 11	1 / 1 0 2 4
组播地址	1111 1111	1 / 2 5 6

参考答案

（40）A

试题（41）

SSL 包含的主要子协议是记录协议、__(41)__。

（41）A．AH 协议和 ESP 协议　　　　B．AH 协议和握手协议

　　　　C．警告协议和 ESP 协议　　　　D．警告协议和握手协议

试题（41）分析

本题考查网络安全方面关于安全协议 SSL 的基础知识。

SSL 协议主要包括记录协议、警告协议和握手协议。

记录协议用于在客户机和服务器之间交换应用数据；告警协议用来为对等实体传递 SSL 的相关警告。用于标示在什么时候发生了错误或两个主机之间的会话在什么时候终止；握手协议用于产生会话状态的密码参数，允许服务器和客户机相互验证、协商加密和 MAC 算法及秘密密钥，用来保护在 SSL 记录中传送的数据。

参考答案

（41）D

试题（42）

SET 安全电子交易的整个过程不包括__(42)__阶段。

（42）A．持卡人和商家匹配　　　　B．持卡人和商家注册

　　　　C．购买请求　　　　　　　　D．付款授权和付款结算

试题（42）分析

本题考查网络安全方面关于安全协议 SET 的基础知识。

SET 安全电子交易的整个过程大体可分为以下几个阶段：持卡人注册、商家注册、购买请求、付款授权和付款结算。

参考答案

（42）A

试题（43）

下列访问控制模型中，对象的访问权限可以随着执行任务的上下文环境发生变化的是__(43)__的控制模型。

（43）A．基于角色　　　B．基于任务　　　C．基于对象　　　D．强制型

试题（43）分析

本题考查网络安全方面关于访问控制模型的基础知识。

强制型访问控制（MAC）模型是一种多级访问控制策略，它的主要特点是系统对访问主体和受控对象实行强制访问控制，系统事先给访问主体和受控对象分配不同的安全级别属性，在实施访问控制时，系统先对访问主体和受控对象的安全级别属性进行比较，再决定访问主体能否访问该受控对象。

基于角色的访问控制（RBAC Model，Role-based Access）：RBAC 模型的基本思想是将访问许可权分配给一定的角色，用户通过饰演不同的角色获得角色所拥有的访问许

可权。

基于任务的访问控制模型（TBAC Model，Task-based Access Control Model）是从应用和企业层角度来解决安全问题，以面向任务的观点，从任务（活动）的角度来建立安全模型和实现安全机制，在任务处理的过程中提供动态实时的安全管理。在 TBAC 中，对象的访问权限控制并不是静止不变的，而是随着执行任务的上下文环境发生变化。

基于对象的访问控制模型（OBAC Model：Object-based Access Control Model）中，将访问控制列表与受控对象或受控对象的属性相关联，并将访问控制选项设计成为用户、组或角色及其对应权限的集合；同时允许对策略和规则进行重用、继承和派生操作。

参考答案

（43）B

试题（44）

数字证书被撤销后存放于 （44） 。

（44）A．CA　　　　　B．CRL　　　　　C．ACL　　　　　D．RA

试题（44）分析

本题考查网络安全方面关于数字证书的基础知识。

CLR（Certificate Revocation List）的全称是证书撤销列表，用于保存被撤销的数字证书。

参考答案

（44）B

试题（45）、（46）

下图所示 PKI 系统结构中，负责生成和签署数字证书的是 （45） ，负责验证用户身份的是 （46） 。

（45）A．证书机构 CA　　　　　　　B．注册机构 RA
　　　 C．证书发布系统　　　　　　　D．PKI 策略
（46）A．证书机构 CA　　　　　　　B．注册机构 RA
　　　 C．证书发布系统　　　　　　　D．PKI 策略

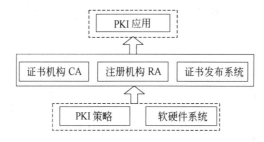

试题（45）、（46）分析

本题考查网络安全方面关于 PKI 的基础知识。

在 PKI 系统体系中，证书机构 CA 负责生成和签署数字证书，注册机构 RA 负责验证申请数字证书用户的身份。

参考答案

（45）A　　（46）B

试题（47）

以下关于完美向前保护（PFS）的说法，错误的是　(47)　。

（47）A．PFS 的英文全称是 Perfect Forward Secrecy

　　　　B．PFS 是指即使攻击者破解了一个密钥，也只能还原这个密钥加密的数据，而不能还原其他的加密数据

　　　　C．IPSec 不支持 PFS

　　　　D．要实现 PFS 必须使用短暂的一次性密钥

试题（47）分析

本题考查网络安全方面关于 PFS 的基础知识。

完美向前保护 PFS（Perfect Forward Secrecy）是一种密码系统，如果一个密钥被窃取，那么只有被这个密钥加密的数据会被窃取。

在使用 PFS 之前，IPSEC 第二阶段的密钥是从第一阶段的密钥导出的，使用 PFS，使 IPSEC 的两个阶段的密钥是独立的。所以采用 PFS 来提高安全性。

PFS 要求一个密钥只能访问由它所保护的数据；用来产生密钥的元素一次一换，不能再产生其他的密钥，因此一个密钥被破解，并不影响其他密钥的安全性。

参考答案

（47）C

试题（48）

某系统主要处理大量随机数据。根据业务需求，该系统需要具有较高的数据容错性和高速读写性能，则该系统的磁盘系统在选取 RAID 级别时最佳的选择是　(48)　。

（48）A．RAID0　　　　　　B．RAID1　　　　　　C．RAID3　　　　　　D．RAID10

试题（48）分析

本题考查 RAID 的基础知识。RAID 是由一个硬盘控制器来控制多个硬盘的相互连接，使多个硬盘的读写同步，减少错误，增加效率和可靠度的技术。RAID 技术经过不断的发展，现在已拥有了从 RAID 0 到 6 七种基本的 RAID 级别。另外，还有一些基本 RAID 级别的组合形式，如 RAID 10（RAID 0 与 RAID 1 的组合），RAID 50（RAID 0 与 RAID 5 的组合）等。其中，RAID 0 特别适用于对性能要求较高，而对数据安全要求低的领域；RAID 1 提供最高的数据安全保障，但由于数据是完全备份所以磁盘空间利用率低，速度不高；RAID3 比较适合大文件类型且安全性要求较高的应用，如视频编辑、硬盘播出机、大型数据库等；RAID 10 特别适用于既有大量随机数据需要存取，同时又对数据安全性要求严格的领域，如银行、金融、商业超市、仓储库房、各种档案管理等。

参考答案

（48）D

试题（49）

以下关于网络存储描述正确的是 __(49)__ 。

（49）A．DAS 支持完全跨平台文件共享，支持所有的操作系统

B．NAS 是通过 SCSI 线接在服务器上，通过服务器的网卡向网络上传输数据

C．FC SAN 的网络介质为光纤通道，而 IP SAN 使用标准的以太网

D．SAN 设备有自己的文件管理系统，NAS 中的存储设备没有文件管理系统

试题（49）分析

本题考查网络存储的基础知识。

DAS（Direct Attached Storage，直接附加存储）即直连方式存储。在这种方式中，存储设备是通过电缆（通常是 SCSI 接口电缆）直接连接服务器。I/O（输入/输出）请求直接发送到存储设备。DAS 也可称为 SAS（Server-Attached Storage，服务器附加存储）。它依赖于服务器，其本身是硬件的堆叠，不带有任何存储操作系统，DAS 不能提供跨平台文件共享功能，各系统平台下文件需分别存储。

NAS 是（Network Attached Storage）的简称，中文称为网络附加存储。在 NAS 存储结构中，存储系统不再通过 I/O 总线附属于某个特定的服务器或客户机，而是直接通过网络接口与网络直接相连，由用户通过网络来访问。

NAS 设备有自己的 OS，其实际上是一个带有瘦服务的存储设备，其作用类似于一个专用的文件服务器，不过把显示器，键盘，鼠标等设备省去，NAS 用于存储服务，可以大大降低了存储设备的成本，另外 NAS 中的存储信息都是采用 RAID 方式进行管理的，从而有效地保护了数据。

SAN 是通过专用高速网将一个或多个网络存储设备和服务器连接起来的专用存储系统，未来的信息存储将以 SAN 存储方式为主。SAN 主要采取数据块的方式进行数据和信息的存储，目前主要使用于以太网（IP SAN）和光纤通道（FC SAN）两类环境中。

参考答案

（49）C

试题（50）

某单位使用非 Intel 架构的服务器，要对服务器进行远程监控管理需要使用 __(50)__ 。

（50）A．EMP　　　　　B．ECC　　　　　C．ISC　　　　　D．SMP

试题（50）分析

本题考查服务器远程监控管理的基础知识。上述技术中的概念如下：

EMP（Emergency Management Port）技术是一种远程管理技术，利用 EMP 技术可以在客户端通过电话线或电缆直接连接到服务器，来对服务器实施异地操作，如关闭操作系统、启动电源、关闭电源、捕捉服务器屏幕、配置服务器 BIOS 等操作，是一种很

好的实现快速服务和节省维护费用的技术手段。

ECC（Error Checking and Correcting，错误检查和纠正）不是一种内存类型，只是一种内存技术。ECC 纠错技术也需要额外的空间来储存校正码，但其占用的位数跟数据的长度并非成线性关系。

ISC（Intel Server Control，Intel 服务器控制）是一种网络监控技术，只适用于使用 Intel 架构的带有集成管理功能主板的服务器。采用这种技术后，用户在一台普通的客户机上，就可以监测网络上所有使用 Intel 主板的服务器，监控和判断服务器是否"健康"。一旦服务器中机箱、电源、风扇、内存、处理器、系统信息、温度、电压或第三方硬件中的任何一项出现错误，就会报警提示管理人员。

SMP（Symmetrical MultiProcessing，对称多处理）技术是相对非对称多处理技术而言的、应用十分广泛的并行技术。在这种架构中，多个处理器运行操作系统的单一复本，并共享内存和一台计算机的其他资源。所有的处理器都可以平等地访问内存、I/O 和外部中断。

参考答案

（50）A

试题（51）

五阶段周期是较为常见的迭代周期划分方式，将网络生命周期的一次迭代划分为需求规范、通信规范、逻辑网络设计、物理网络设计和实施阶段共五个阶段。其中搭建试验平台、进行网络仿真是 （51） 阶段的任务。

（51）A．需求规范　　　　　　　　　　　B．逻辑网络设计
　　　　C．物理网络设计　　　　　　　　　D．实施阶段

试题（51）分析

本题考查网络规划设计生命周期及各阶段任务。

五阶段周期是较为常见的迭代周期划分方式，将一次迭代划分为五个阶段：需求规范、通信规范、逻辑网络设计、物理网络设计以及实施阶段，其"瀑布模型"，形成了特定的工作流程，如下图所示。

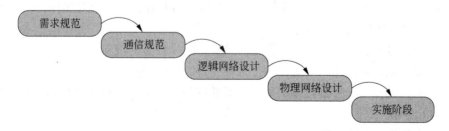

逻辑设计阶段主要完成网络的逻辑拓扑结构、网络编址、设备命名、交换及路由协议选择、安全规划、网络管理等设计工作，并且根据这些设计产生对设备厂商、服务提

供商的选择策略。搭建试验平台、进行网络仿真是逻辑网络设计阶段的任务。

参考答案

（51）B

试题（52）

在进行网络开发过程的五个阶段中，IP 地址方案及安全方案是在__（52）__阶段提交的。

（52）A. 需求分析　　　　　　　　B. 通信规范分析

　　　　C. 逻辑网络设计　　　　　　D. 物理网络设计

试题（52）分析

本题考查网络规划设计生命周期及各阶段任务。

IP 地址方案及安全方案是在逻辑网络设计阶段提交的。

参考答案

（52）C

试题（53）

某部队拟建设一个网络，由甲公司承建。在撰写需求分析报告时，与常规网络建设相比，最大不同之处是__（53）__。

（53）A. 网络隔离需求　　　　　　B. 网络性能需求

　　　　C. IP 规划需求　　　　　　　D. 结构化布线需求

试题（53）分析

本题考查网络需求分析相关内容。

由于拟建设的是某部队网络，故与常规网络建设相比，安全性是最为重要的考虑因素，网络隔离需求尤其重要。

参考答案

（53）A

试题（54）

采购设备时需遵循一些原则，最后参考的原则是__（54）__。

（54）A. 尽可能选取同一厂家的产品，保持设备互连性、协议互操作性、技术支持等优势

　　　　B. 尽可能保留原有网络设备的投资，减少资金的浪费

　　　　C. 强调先进性，重新选用技术最先进、性能最高的设备

　　　　D. 选择性能价格比高、质量过硬的产品，使资金的投入产出达到最大值

试题（54）分析

本题考查设备选型相关内容。

在物理网络设计阶段，根据需求说明书、通信规范说明书和逻辑网络设计说明书选择设备的品牌和型号的工作，是较为关键的任务之一。在进行设备的品牌、型号的选择

时，应该考虑到以下方面的内容：

产品技术指标：产品的技术指标是决定设备选型的关键，所有可以选择的产品，都必须满足依据通信规范分析中产生的技术指标，也必须满足逻辑网络设计中形成的逻辑功能。

成本因素：除了产品的技术指标之外，设计人员和用户最关心的就是成本因素，网络中各种设备的成本主要包括购置成本、安装成本、使用成本。

原有设备的兼容性：在产品选型过程中，与原有设备的兼容性是设计人员必须考虑的内容。

产品的延续性：产品的延续性是设计人员保证网络生命周期的关键因素，产品的延续性主要体现在厂商对某种型号的产品是否继续研发、继续生产、继续保证备品配件供应、继续提供技术服务。

设备可管理性：设备可管理性是进行设备选型时的一个非关键因素，但也是必须考虑的内容。

设备的先进性也是选型时应考虑的要素，但要以考虑上述因素为前提。

参考答案

（54）C

试题（55）

网络设计时主要考虑网络效率，ATM 网络中信元的传输效率为　(55)　。

（55）A．50%　　　　　B．87.5%　　　　　C．90.5%　　　　　D．98.8%

试题（55）分析

本题考查 ATM 网络中信元的传输效率。

网络效率的计算公式为效率=（帧长–帧头和帧尾）/（帧长）×100%，额外开销指不能用于传输用户数据的带宽比例，额外开销=（1–效率）；在 ATM 网络中，由于信元长度固定为 53 个字节，信元头部固定为 5 字节，因此，ATM 的网络效率为（53–48）/ 53×100%=90.5%，额外开销=1–90.5%=9.5%；在传统以太网络中，由于以太网的帧头大小固定，而用户数据不固定，但有最小帧长和最大帧长，因此以太网的最小网络效率为（64–18）/ 64×100%=87.5%，最大额外开销为 12.5%，最大网络效率为（1518–18）/ 1518×100%=98.8%，最小额外开销为 0.02%，实际应用中，要根据以太网的平均帧长来计算平均网络效率。

参考答案

（55）C

试题（56）

在网络设计时需进行网络流量分析。以下网络服务中从客户机至服务器流量比较大的是　(56)　。

（56）A．基于 SNMP 协议的网管服务　　　B．视频点播服务

　　　　　　C．邮件服务　　　　　　　　　D．视频会议服务

试题（56）分析

　　本题考查网络设计的基本知识。

　　在进行网络设计时需进行网络流量分析，在网络流量分析时，要确定系统的业务需求、用户需求、应用需求、网络需求部分的内容，并根据通信流量的分析进行确定。

　　其中，应用需求要根据通信模式明确各种应用程序的估算使用量。其中，工作邮件、文件共享服务的网络通信模式为客户机-服务器模式，属于双向流量大，因此在网段流量分布上应用的总流量在两个方向上各占 50%，而浏览器-服务器模式，在估算时客户机至服务器按 20%进行估算，反向按 80%进行估算，视频点播属于单播模式，其通信量主要在服务器到客户机，视频会议系统属于对等模式，服务器到客户机的通信量基本一致。基于 SNMP 协议的网管服务的通信主要是客户机向服务器发送相应状态信息，所以在该应用中从客户机至服务器流量比较大。

参考答案

　　（56）A

试题（57）

　　在分析网络性能时，＿＿（57）＿＿能有效地反应网络用户之间的数据传输量。

　　（57）A．吞吐量　　　B．响应时间　　　C．精确度　　　D．利用率

试题（57）分析

　　本题考查网络性能分析的基本知识。

　　在进行网络设计时，对网络性能参数的考虑是设计工作的重点内容之一，需要考虑的网络性能参数包括响应时间、吞吐量、延迟、带宽、容量等。

　　响应时间是指以计算机或终端向远端资源发出请求时间为起始时间，以该设备接收到数据响应的时间为终点，两个时间之间的差值，这个时间直接影响到用户操作的响应效果，是评估网络用户体验的关键值。

　　利用率描述设备在使用时所能发挥的最大能力。在网络分析与设计过程中，通常考虑 CPU 利用率和链路利用率。

　　吞吐量是指在网络用户之间有效地传输数据的能力。如果说数据传输率给出了网络所能传输的比特数，那么吞吐量就是它真正有效的数据传输率。吞吐量常用来评估整个网络的性能。

　　可用性是指网络或网络设备（如主机或服务器）可用于执行预期任务时间所占总量的百分比。可用性百分值越高，就意味着设备或系统出现故障的可能性越小，提供的正常服务时间越多。

参考答案

　　（57）A

试题（58）

在分层网络设计中，汇聚层实现　__(58)__　。

（58）A．高速骨干线路　　　　　　　B．用户认证

　　　　C．MAC 绑定　　　　　　　　D．流量控制

试题（58）分析

本题考查分层网络设计的基本知识。

层次结构主要定义了根据功能要求不同将局域网络划分层次构建的方式，从功能上定义为核心层、汇聚层、接入层。层次局域网一般通过与核心层设备互连的路由设备接入广域网，核心层为下两层提供优化的数据转移功能，它是一个高速的交换骨干，其作用是尽可能快地交换数据包而不应卷入到具体数据包的运算中（ACL，过滤等），否则会降低数据包的交换速度。汇聚层提供基于统一策略的互连性，它连接核心层和接入层，对数据包进行复杂的运算。在园区网络环境中，分布层主要提供如下功能：地址的聚集、部门和工作组的接入、广播域；组播传输域的定义 VLAN 分割、介质转换、流量控制等。

接入层的主要功能是为最终用户提供对网络访问的途径。主要提供如下功能：用户接入、带宽共享、交换带宽、MAC 层过滤和网段微分。

参考答案

（58）D

试题（59）

综合布线要求设计一个结构合理、技术先进、满足需求的综合布线系统方案，__(59)__不属于综合布线系统的设计原则。

（59）A．综合考虑用户需求、建筑物功能、经济发展水平等因素

　　　　B．长远规划思想、保持一定的先进性

　　　　C．不必将综合布线系统纳入建筑物整体规划、设计和建设中

　　　　D．扩展性、标准化、灵活的管理方式

试题（59）分析

本题考查综合布线系统的设计原则。

综合布线系统就是为了顺应发展需求而特别设计的一套布线系统。对于现代化的大楼来说，它采用了一系列高质量的标准材料，以模块化的组合方式，把语音、数据、图像和部分控制信号系统用统一的传输媒介进行综合，经过统一的规划设计，综合在一套标准的布线系统中。综合布线要求设计一个结构合理、技术先进、满足需求的综合布线系统方案，必须综合考虑用户需求、建筑物功能、经济发展水平等因素，长远规划思想、保持一定的先进性，同时将综合布线系统纳入建筑物整体规划、设计和建设中，保持扩展性、标准化、灵活的管理方式。

参考答案

（59）C

试题（60）

传统数据中心机房的机柜在摆放时，为了美观和便于观察会将全部机柜朝同一个方向摆放，但实际上这种做法不是很合理，正确的做法应该是将服务器机柜按照面对面或背对背的方式布置，这样做是为了 ___（60）___ 。

（60）A．减小楼体荷载　　　　　　　B．节省服务器资源

　　　　C．节能环保　　　　　　　　　D．避免电磁干扰

试题（60）分析

本题考查绿色数据中心机房中机柜摆放的相关知识。

在现代机房的机柜布局中，人们为了美观和便于观察会将所有的机柜朝同一个方向摆放，那么如果按照这种摆放方式，机柜盲板有效阻挡冷热空气的效果将大打折扣。这是因为当机柜朝统一方向摆放时就形成了第一排机柜背面正对着第二排机柜的正面，这样两排机柜中间的通道就会出现冷热气流混合循环，形成冷热气流短路致使第二排机柜的冷风进口温度大大提高，严重破坏了冷风通道的环境温度。正确的摆放方式应该是将服务器机柜面对面或背对背的方式摆放，即当机柜内或机架上的设备为前进风/后出风方式冷却时，机柜或机架的布置宜采用面对面、背对背方式。这样便形成了冷风通道和热风通道。机柜之间的冷热风不会混合在一起，形成短路气流，大大提高了制冷效果，保护好了冷热通道不被破坏。

正确的选择制冷设备和机柜，以及合理的机柜布局将大大提高制冷效率，同时也将大大降低了 IT 设备运行的总拥有成本，这也将是绿色数据中心未来设计发展的方向和趋势。

参考答案

（60）C

试题（61）

某公司新建一栋 30 层的大楼，在该楼内设信息系统中心机房时，综合考虑各方面因素，对于中心机房的楼层选址建议位于 ___（61）___ 。

（61）A．1 层　　　　B．2 层　　　　C．5 层　　　　D．30 层

试题（61）分析

本题考查数据中心机房选址的相关知识。

对于一般的机房选址来说，大楼位置的选择可能很少受机房选址要求的影响，但是楼内机房位置的选择，却是机房使用、规划和设计部门可以认真考虑的。对于多层或高层建筑物内的电子信息系统机房，在确定主机房的位置时，应对设备运输、管线敷设、雷电感应和结构荷载等问题进行综合分析和经济比较；采用机房专用空调的主机房，应具备安装空调室外机的建筑条件。综合考虑以上因素，机房宜设置在大楼的第二、三层

或裙楼的中间层。将机房设置在一楼和地下室虽然从结构荷载、雷电感应、设备搬运等方面考虑有好处，但有水浸、多尘、虫鼠害以及安保方面的担忧。机房设置在大楼的第二、三层或裙楼的中间层既有一层的优点，又克服了一层的缺点，所以是建设机房的最佳楼层，而且对安装空调室外机有更多的选择。如果大楼是高层建筑，且楼下无法安装空调室外机，或因为其他原因无法在大楼低层建设机房，则宜选择在最高层以下的几个楼层，因为顶层保温比较困难，还容易发生漏水事故。

参考答案

（61）B

试题（62）

某大型企业网络出口带宽 1000Mb，因为各种原因出口带宽不能再扩，随着网络的运行发现访问外网的 Web 以及使用邮件越来越慢，经过分析发现内网 P2P、视频/流媒体、网络游戏流量过大，针对这种情况考虑对网络进行优化，可以采用 (62) 来保障正常的网络需求。

（62）A．部署流量控制设备　　　　B．升级核心交换机
　　　　C．升级接入交换机　　　　D．部署网络安全审计设备

试题（62）分析

本题考查网络故障排查的相关知识。

众所周知，网络带宽资源建设的发展速度永远跟不上各种网络应用的增长速度。对企业出口带宽无尽的增长需求势必给企业带来额外的经济负担，所以对企业网络流量进行管理已是迫在眉睫的事情。广义上说安全管理设备也算流控，但其主要用途是记录和控制网络中的用户行为，比如限制用户使用 QQ、玩游戏等等，但其流控功能较弱，一般适用于上网人数较少的场合。由于安全管理设备的应用场景复杂，流控功能和性能并不专业，对带宽的优化能力很弱，采用行为管理设备充当流控设备使用还可能导致网络延迟增大，偶尔还会导致断网现象发生。而专用的流控设备主要目的是优化带宽，通过限制带宽占用能力强的应用以保护关键应用，通过多种复杂的策略来实现合理的带宽分配。专用的流量控制设备通过应用封堵、流量限速等流量限制等手段，控制非关键应用，封堵无关应用，极大地提升现有带宽的利用价值，避免因带宽扩容带来额外的网络接入费用。同时通过数据压缩功能，大大降低了网络中传输的数据量，有效提升了当前的带宽利用价值，避免因额外租用出口带宽资源而增加网络运营成本。因此可以采用部署流量控制设备来保障正常的网络需求。

参考答案

（62）A

试题（63）

某大学 WLAN 无线校园网已经全面覆盖了校园，AP 数量、信号强度等满足覆盖需求。学校无线用户要求接入某运营商的 WLAN，针对现状可采用的最优化技术方案是

　（63）。

　　　　（63）A．运营商新建自己的 WLAN 无线网络

　　　　　　　B．运营商利用学校现有无线网络，在 AP 上增加一个自己的 SSID

　　　　　　　C．运营商利用以前部署的手机基站进行建设覆盖

　　　　　　　D．增强 AP 功率

试题（63）分析

　　本题考查 WLAN 网络建设的相关优化知识。

　　根据题目要求，新建自己的 WLAN 无线网络投资大，而且可能与现有无线网的 AP 形成干扰。利用以前部署的手机基站进行建设覆盖其覆盖范围、速率等不能保证。增强 AP 功率不能满足网络接入的需求。利用学校现有无线网络，在 AP 上增加一个自己的 SSID 可以很方便地实现网络接入的需求同时又节省了投资，可以说是最合理的方案。

参考答案

　　（63）B

试题（64）

　　某学校建有宿舍网络，每个宿舍有 4 个网络端口，某学生误将一根网线接到宿舍的两个网络接口上，导致本层网络速度极慢几乎无法正常使用，为避免此类情况再次出现，管理员应该 ___（64）___ 。

　　　　（64）A．启动接入交换机的 STP 协议　　　B．更换接入交换机

　　　　　　　C．修改路由器配置　　　　　　　　　D．启动交换机的 PPPoE 协议

试题（64）分析

　　本题考查网络故障排查的相关知识。

　　根据题意，将一根网线接到宿舍的两个网络接口上，很明显是形成了环路。网络环路会带来广播风暴、多重复数据帧、MAC 地址表不稳定等因素，解决方法就是利用生成树协议 STP。该协议可使用环路网络，解决必需的算法完成途径冗余，同时将环路修剪成无环路的树型网络，从而防止报文在环路网络中无限循环。本题中的其他方法都不能解决网络环路问题。

参考答案

　　（64）A

试题（65）

　　互联网上的各种应用对网络指标的敏感性不一，下列应用中对延迟抖动最为敏感的是 ___（65）___ 。

　　　　（65）A．浏览页面　　　B．视频会议　　　C．邮件接收　　　D．文件传输

试题（65）分析

　　本题考查互联网上的应用对网络指标的敏感性。

　　实时视频的传输对带宽、延迟、延迟抖动和丢包率有较高的要求。而其中网络出现

延迟、抖动,将会给视频会议带来声画不同步,严重影响会议质量。而对浏览网页、接收邮件以及文件传输影响不大。

参考答案

（65）B

试题（66）

有 3 台网管交换机分别安装在办公楼的 1~3 层,财务部门在每层都有 3 台电脑连接在该层的一个交换机上。为了提高财务部门的安全性并容易管理,最快捷的解决方法是　(66)　。

（66）A．把 9 台电脑全部移动到同一层然后接入该层的交换机

　　　　B．使用路由器并通过 ACL 控制财务部门各主机间的数据通信

　　　　C．为财务部门构建一个 VPN,财务部门的 9 台电脑通过 VPN 通信

　　　　D．将财务部门 9 台电脑连接的交换机端口都划分到同一个 VLAN 中

试题（66）分析

本题考查网络管理维护的相关知识。

根据题意,A 选项需要变动财务部门的电脑,变换办公室要改变办公流程比较麻烦;B 选项要增加路由器,成本较高;C 选项需要搭建 VPN,配置以及管理成本复杂;综合来看,D 选项最快捷、成本最低。

参考答案

（66）D

试题（67）

在诊断光纤故障的仪表中,设备　(67)　可在光纤的一端就测得光纤的损耗。

（67）A．光功率计　　　　　　　　　B．稳定光源

　　　　C．电磁辐射测试笔　　　　　D．光时域反射仪

试题（67）分析

本题考查网络测试仪器的相关知识。

光功率计是指用于测量绝对光功率或通过一段光纤的光功率相对损耗的仪器。稳定光源是对光系统发射已知功率和波长的光。稳定光源与光功率计结合在一起,则能够测量光纤系统连接损耗、检验连续性,并帮助评估光纤链路传输质量。

光时域反射仪（OTDR）是通过对测量曲线的分析,了解光纤的均匀性、缺陷、断裂、接头耦合等若干性能的仪器。它根据光的后向散射与菲涅耳反向原理制作,利用光在光纤中传播时产生的后向散射光来获取衰减的信息,可用于测量光纤衰减、接头损耗、光纤故障点定位以及了解光纤沿长度的损耗分布情况等,是光缆施工、维护及监测中必不可少的工具。在诊断光纤故障的仪表中 OTDR 是最经典的也是最昂贵的仪表。与光功率计和光万用表的两端测试不同 OTDR 仅通过光纤的一端就可测得光纤损耗。

电磁辐射测试笔主要功能是检测出您周围的电磁辐射源。

参考答案

（67）D

试题（68）

某公司采用 ADSL 接入 Internet，开通一段时间来一直都比较正常，近一周经常出现间歇性的速度变慢，拔掉 Modem 的直流电源线，信号正常。更换一个新 Modem 及其直流电源适配器，仍然是呈现网速随机波动。导致该 ADSL 间歇性速度变慢的可能原因是 （68） 。

（68）A．电话线路过长　　　　　　B．电话线腐蚀老化
　　　　C．有强信号干扰源　　　　　D．网卡质量不稳定

试题（68）分析

本题考查网络维护的相关知识。

根据题意，电话线路过长不会在开通的一段时间都正常，拔掉 Modem 的直流电源信号就正常，说明不是电话线路腐蚀老化和网卡质量不稳定。而更换一个新 Modem 及其直流电源适配器，仍然是呈现网速随机波动，说明不是电源的问题，只能是周边突然产生了强的信号干扰源。

参考答案

（68）C

试题（69）

在光缆施工中，应该特别注意光缆的弯曲半径问题，以下说法中不正确的是 （69） 。

（69）A．光缆弯曲半径太小易折断光纤
　　　　B．光缆弯曲半径太小易发生光信号的泄露影响光信号的传输质量
　　　　C．施工完毕光缆余长的盘线半径应大于光缆半径的 15 倍以上
　　　　D．施工中光缆的弯折角度可以小于 90 度

试题（69）分析

本题考查光缆施工中的注意事项。

在光缆施工中，要特别注意转弯时光缆弯折角度尽量别超过 90 度，否则容易折断。光缆的弯曲半径弧度不能太小，弧度太小易折断光纤，同时易造成折射损耗过大导致色散现象，也就是容易发生光信号的泄露影响光信号的传输质量。施工完毕光缆余长的盘线半径应大于光缆半径的 10～15 倍以上。

参考答案

（69）D

试题（70）

为满足企业互联业务需求，某企业在甲地的 A 分支机构与在乙地的企业中心（甲乙两地相距 50km），通过租用一对 ISP 的裸光纤实现互联，随着企业业务的扩大，要使得

甲地的另外 B、C、D 三个分支机构也能接入到企业中心，所采用的比较快捷和经济的做法是　（70）　。

(70) A. 使用 CWDM 设备　　　　　　B. 租用多对 ISP 的裸光纤
　　　 C. 租用多条 DDN 专线　　　　　D. 使用 DWDM 设备

试题（70）分析

本题考查光纤传输中波分复用设备的相关知识。

把不同波长的光信号复用到一根光纤中进行传送的方式统称为波分复用（WDM）方式，这种技术利用了一根光纤可以同时传输多个不同波长的光载波的特点，把光纤可能应用的波长范围划分成若干个波段，每个波段用作一个独立的通道传输一种预定波长的光信号。通信系统的设计不同，每个波长之间的间隔宽度也有差别，按照通道间隔差异，WDM 可以细分为 CWDM、DWDM 等。而 CWDM 的成本比 DWDM 的成本要少50%以上。根据题意，租用裸光纤和 DDN 专线都不是经济快捷的方式，所以选项为 A。

参考答案

(70) A

试题（71）～（75）

BGP is an inter-autonomous system routing protocol; it is designed to be used between multiple autonomous 　（71）　. BGP assumes that routing within an autonomous system is done by an intra-autonomous system routing protocol. BGP does not make any assumptions about intra-autonomous system 　（72）　 protocols employed by the various autonomous systems. Specifically, BGP does not require all autonomous systems to run the same intra-autonomous system routing protocol.

BGP is a real inter-autonomous system routing protocol. It imposes no constraints on the underlying Internet topology. The information exchanged via BGP is sufficient to construct a graph of autonomous systems connectivity from which routing loops may be pruned and some routing （73） decisions at the autonomous system level may be enforced.

The key feature of the protocol is the notion of Path Attributes. This feature provides BGP with flexibility and expandability. Path 　（74）　 are partitioned into well-known and optional. The provision for optional attributes allows experimentation that may involve a group of BGP 　（75）　 without affecting the rest of the Internet. New optional attributes can be added to the protocol in much the same fashion as new options are added to the Telnet protocol, for instance.

(71) A. routers　　　　B. systems　　　　C. computers　　　　D. sources
(72) A. routing　　　　B. switching　　　C. transmitting　　　D. receiving
(73) A. connection　　B. policy　　　　　C. source　　　　　　D. consideration
(74) A. states　　　　 B. searches　　　　C. attributes　　　　D. researches
(75) A. routers　　　　B. states　　　　　C. meters　　　　　　D. costs

参考译文

BGP 是自治系统间的路由协议，它被应用于多个自治系统之间。BGP 假定，自治系统内部的路由已经由自治系统内部的路由协议搞定。BGP 对于各个自治系统采用的自治系统内部路由协议没有任何假定的条件。特别地，也不要求所有的自治系统都运行同样的自治系统内部路由协议。

BGP 是一个实用的自治系统间的路由协议。它对底层的 Internet 技术没有任何限制。通过 BGP 交换的路由信息足以构造一个自治系统连接图，据此对路由环路进行修剪，并在自治系统这一级实施路由策略决策。

这个协议关键的特点是通路属性的表示。这个特点为 BGP 提供了灵活性和可扩展性。通路属性被划分为众所周知的和任选的两类。提供的任选属性可以在一组 BGP 路由器中进行实验而不影响因特网的其余部分。新的任选属性可以被加入到协议中，这种方式就像是新的选项被加入到 Telnet 协议中一样。

参考答案

（71）B　　（72）A　　（73）B　　（74）C　　（75）A

第2章 2012下半年网络规划设计师下午试卷 I
试题分析与解答

试题一（共25分）

阅读以下关于某大学校园网的叙述，回答问题1至问题4。

某大学校园网经过多年的建设已初具规模，由于校内相关的科研单位有接入到以 IPv6 为核心的下一代互联网中进行相关研究的需求，同时为了积极探索解决学校公网 IPv4 地址的短缺、现有网络安全等方面的问题，学校网络中心计划对现有校园网进行 IPv6 技术升级。学校现有的网络拓扑如图 1-1 所示。

（1）接入层：完成 IPv4 用户接入，设备是二层接入交换机/三层接入交换机。

（2）汇聚层：完成接入用户的汇聚，汇聚交换机是盒式或机架式三层交换机，目前不支持 IPv6 业务。

（3）核心层：是整个网络的核心（机架式三层交换机，目前不支持 IPv6 业务），同时连接外部网络的出口，是整个园区网业务流量通往 IPv4 主干网或者 IPv6 主干网的必经之路。

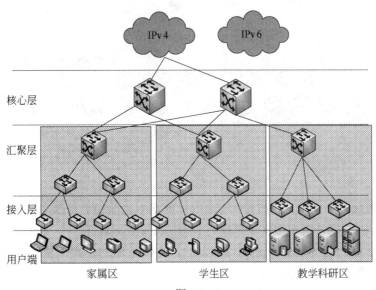

图 1-1

【问题1】（5分）

为了实现 IPv4 网络向 IPv6 网络的过渡和转换，IETF 制订的解决过渡问题的基本技术方案有三种。在进行 IPv6 升级的初期，由于教学科研区访问 IPv6 网络的需求比较迫切，学校希望花费较少的资金就能使教学科研区访问 IPv6 网络上的相关资源，简述三种技术方案的要点，并依据需求进行过渡技术方案选择。

【问题 2】（8 分）

随着网络建设的不断升级，为把校园网积极推进到以 IPv6 为核心的下一代互联网中，要求学生区和教学科研区的 IPv6 用户能够访问 IPv6 网络资源，同时实现这两个区域之间 IPv6 资源的互访。

（1）基于上述的需求，对过渡方案进行了调整，网络结构如图 1-2 所示，请在尽量节省资金的情况下给出该校园网 IPv6 技术升级的过渡方案，并进行设备升级和网络调优（网络设备调整等）的方案设计。

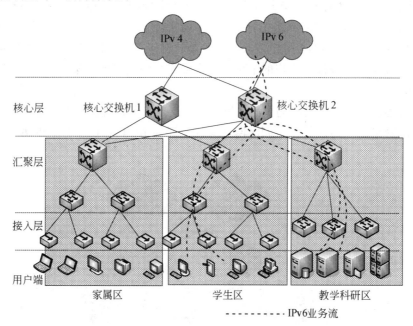

图 1-2

（2）因家属区个别用户也想接入到 IPv6 网络中访问相关资源，现在核心交换机 2 上开启 ISATAP 隧道，隧道服务器地址为 isatap.xuexiao.edu.cn。

若家属区客户机为 win xp(sp1 及以上)，完成下面的步骤，使得客户机能够通过 ISATAP 隧道接入 IPv6 网络。

C:>＿＿＿＿＿＿①＿＿＿＿＿＿ //安装 IPv6 协议

C:>＿＿＿＿＿＿②＿＿＿＿＿＿ //设置隧道终点

【问题 3】（8 分）

NDP（Neighbor Discovery Protocol，邻居发现协议）是 IPv6 的一个关键协议，它组

合了 IPv4 中的 ARP、ICMP路由器发现和 ICMP 重定向等协议，并对它们做了改进，作为 IPv6 的基础性协议，NDP 还提供了前缀发现、邻居不可达检测、重复地址监测、地址自动配置等功能。进行 IP 地址规划及路由方案设计，包括：

（1）在现阶段网络的 IPv6 技术升级中，IPv6 地址分配的两种分配机制是什么？

（2）在本方案中服务器端和用户端分别采用的 IPv6 地址分配机制是什么？

（3）在 IPv4 的网络中，校园网内部路由协议采用 OSPF，在 IPv6 的网络中采用的路由协议是什么？

（4）接入到 IPv6 网络中的边界路由器采用何种接入方式。

【问题 4】（4 分）

近年来国家大力推进 IPv4 向 IPv6 的过渡，但是基于 IPv6 的网络部署还不能达到国家的战略要求。

（1）你认为影响 IPv6 发展的因素主要有哪些。

（2）对于学校现有 IPv6 网络的运维的建议。

试题一分析

本题考查 IPv4 向 IPv6 过渡、IPv6 网络的相关配置规划以及 IPv6 网络的发展等内容。

【问题 1】

为了适应大众的需要，网络业务逐步呈现出宽带化、综合化、多样化和个性化的特点，IPv4 向 IPv6 网络过渡已是大势所趋。基于 IPv6 的下一代互联网技术的迅速发展，为网络发展提供了更为有利的扩展空间，然而受到诸多条件的限制，想要很快完成从 IPv4 到 IPv6 网络的转换是不切实际的。

目前已有多种策略和技术方案及其实现可以完成从 IPv4 向 IPv6 的转换，但都仍有局限性。按工作原理划分有以下三种：隧道技术、双协议栈技术和协议翻译技术。

（1）隧道技术

隧道技术：隧道技术的工作原理是在 IPv6 网络与 IPy4 网络间的隧道入口处，路由器将 IPv6 的数据分组封装入 IPv4 中。IPv4 分组的源地址和目的地址分别是隧道入口和出口的 IPv4 地址，在隧道的出口处再将 IPv6 分组取出转发给目的节点。换句话说，就是通过 IPv4 网络实现"IPv6 孤岛"之间的互通。

这种技术能充分利用现有的网络资源，但是没有解决 IPv4 和 IPv6 网络之间的互通，因此只能是是过渡初期较为方便的选择。

（2）双协议栈技术

双栈协议技术指在完全过渡到 IPv6 之前，使一部分主机或路由器同时支持 IPv4 和 IPv6 两种协议，这样双协议栈设备既能识别 IPv4 报文也能识别 IPv6 报文，从而实现与 IPv4 和 IPv6 网络的数据通信。主机具体使用 IPv4 协议还是 IPv6 协议来发送和接收数据包是由目的地址来决定的。

这种机制主要用来解决纯 IPv6 网络中的双栈主机与其他 IPv4 节点通信的问题，但没有解决 IPv4 地址的问题。

（3）协议翻译技术

翻译技术实际是一种协议转换技术，即为了使 IPv4 和 IPv6 网络中的主机能相互识别对方而进行的协议头之间的转换。其中 NAT-PT 是实现翻译策略的一种主要技术。翻译转换技术的优点是不需要进行 IPv4、IPv6 节点的改造就能有效解决 IPv4 节点与 IPv6 节点相互通信的问题，根据 NAT-PT 原理，过渡初期"IPv6 孤岛"中的主机通过转换设备，将其 IPv6 地址转换成合法的 IPv4 地址进而访问 IPv4 的网络。

以上是目前存在的一些由 IPv4 网络过渡到 IPv6 的机制，无论采取哪一种机制，对 DNS 的扩展都是必须的。这些过渡机制仍不是普遍适用的，常常需要和其他技术组合使用。在实际应用时需要综合考虑各种实际情况来制定合适的过渡策略。表 1 给出三种不同技术的过渡方案对比。

表 1　采用三种不同技术的过渡方案对比

过渡技术名称	优　点	缺　点	使 用 场 合
隧道技术	以现有 IPv4 网络传递 IPv6 数据，无须大量 IPv6 路由和专用链路，是过渡阶段最容易采用的技术	需避免路由回环和路由泄露，不能解决 IPv4 和 IPv6 网络的互联互通	连接到纯 IPv4 网络上的 IPv6 孤岛之间通信
双栈技术	同时运行 IPv4 和 IPv6 两套协议栈，完全兼容 IPv4 和 IPv6	没有解决 IPv4 地址耗尽的问题	任何 IPv4/IPv6 网络
翻译技术	在通信中间设备完成 IPv4 和 IPv6 网络之间地址转换和协议翻译，分组路由对端节点透明	IPv4 节点访问 IPv6 节点的方法复杂，网络设备开销大，一般在其他互通方式实现不了的情况下使用	IPv6 孤岛与 IPv4 海洋之间的通信

校园网络过渡的实质是将目前的 IPv4 网络全面向 IPv6 网络过渡。为了更充分地利用。校园网现有的网络设备，降低升级成本，从而实现平滑稳定地向 IPv6 过渡的目标，过渡的具体实施可分为四个阶段进行：

第一阶段，可根据个别用户或者部门的需求，建立起若干 IPv6 网络。这些 IPv6 网络即所谓的"IPv6 孤岛"。这些"IPv6 孤岛"通过隧道技术与学校的实验网进行联通，并经此连接到 IPv6 网络中。显然这时 IPv4 网络是占主导地位的。通过路由器访问外部 IPv6 接入主机必须是双栈主机，并通过配置隧道先连接到网络中心的 IPv6 路由器，从而访问外部 IPv6。

第二阶段，越来越多的"IPv6 孤岛"逐渐变大、变多，数量与 IPv4 网络相当，与 IPv4 网络通信增加，IPv6 网络规划越来越规范，此时可综合采用双协议栈技术和动态 NAT-PT 技术，这就需要对核心层和汇聚层的设备进行升级。为保证核心层设备性能，同时尽量减少对原网络线路的改动，建议直接将核心层设备升级为支持双协议栈技术的设备。

这个阶段 IPv4 和 IPv6 网同时存在且数量相当，因此需要解决各种网络中各种主机的通信问题。内部 IPv4 主机之间、IPv6 主机之间的数据通信没有问题，IPv6 网络和 IPv4 网络通过 NAT-PT 技术实现相互通信。IPv4 网络仍然通过原核心交换与外部 IPv4 网络联通，IPv6 网络则通过网络中心的核心设备与外部 IPv6 网络通信。

第三阶段，IPv6 将占主导地位，IPv4 网络逐渐变为"孤岛"。这个阶段与 IPv6 发展的第一个阶段非常相似，所以此时也可采用隧道技术进行部署，与第一阶段不同的是此时互联的是 IPv4 网络。

第四阶段，经过设备的更新换代，网络中所有设备都已支持 IPv6，IPv4 网络逐渐被 IPv6 所替代，直至 IPv4 网络节点完全被淘汰，此时校园网完全升级为纯 IPv6 网络，各网络节点间也都采用基于 IPv6 的通信方式。

【问题 2】

根据题目要求，目前校园网已经发展到 IPv4 与 IPv6 的共存期。

全双栈模式适合在新建的校园网或原有网络不断更新发展到中期时使用。全双栈模式要求核心层和汇聚层选用双栈交换机，接入层可使用现有的二层交换机，其中汇聚层也可采用双栈路由设备。对于双栈终端，IPv4 网关和 IPv6 网关均部署在汇聚双栈三层交换机上。IPv4 和 IPv6 协议可以同时运行，使用协议翻译机制让纯 IPv4 节点和 IPv6 节点进行通信。全双栈模式提供的 IPv6 接入服务范围广，可获得较大规模 IPv6 建设和使用经验。不必为不同类型的用户单独部署网络配置，开销小，方便管理，IPv4 和 IPv6 的逻辑界面清晰。

针对网络拓扑结构，可考虑购买或者升级学生区和教学科研区的核心和汇聚交换机，支持 IPv6，接入层网络设备暂时不用调整。同时为保护投资，如果学生区和教学科研区有淘汰下来的网络设备也可用在家属区的网络维护中。

ISATAP 的全名是 Intra-Site Automatic Tunnel Addressing Protocol，它将 IPv4 地址加入 IPv6 地址中，当两台 ISATAP 主机通信时，可自动抽取出 IPv4 地址建立 Tunnel 即可通信，且并不需透过其他特殊网络设备，只要彼此间 IPv4 网络通畅即可。

通过 ISATAP 隧道接入 IPv6 环境的方法

学校 ISATAP 隧道路由器的 IPv4 地址是：isatap.xuexiao.edu.cn

用户设置 ISATAP 隧道的接入点为：isatap.xuexiao.edu.cn

Windows XP/2003 下配置方法

进入命令提示符

C:\>netsh

netsh>int

netsh interface>IPv6

netsh interface>IPv6>install   //安装 IPv6 协议

netsh interface IPv6>ISATAP

netsh interface IPv6 ISATAP>set router isatap.xuexiao.edu.cn //设置隧道终点

此后，通过 ipconfig 应该可以看到一个本校前缀的 v6 地址，hostid 为 0:5efe:a.b.c.d，其中 a.b.c.d 为你的真实的 IPV4 地址，这样即可访问 IPv6 资源。

【问题 3】

IPv6 地址是独立接口的标识符，所有的 IPv6 地址都被分配到接口，而非节点。由于每个接口都属于某个特定节点，因此节点的任意一个接口地址都可用来标识一个节点。IPv6 有三种类型地址：

（1）单点传送（单播）地址

一个 IPv6 单点传送地址与单个接口相关联。发给单播地址的包传送到由该地址标识的单接口上。但是为了满足负载平衡系统，在 RFC 2373 中允许多个接口使用同一地址，只要在实现中这些接口看起来形同一个接口。

（2）多点传送（组播）地址

一个多点传送地址标识多个接口。发给组播地址的包传送到该地址标识的所有接口上。IPv6 协议不再定义广播地址，其功能可由组播地址替代。

（3）任意点传送（任播）地址

任意点传送地址标识一组接口（通常属于不同的节点），发送给任播地址的包传送到该地址标识的一组接口中根据路由算法度量距离为最近的一个接口。如果说多点传送地址适用于 one-to-many 的通信场合，接收方为多个接口的话，那么任意点传送地址则适用于 one-to-one-of-many 的通信场合，接收方是一组接口中的任意一个。

IPv6 地址为 128 位，如果手工设置要花费很多时间。IPv6 协议可以手工静态输入，也支持地址自动配置，地址自动配置是一种即插即用的机制。IPv6 节点通过地址自动配置得到 IPv6 地址和网关地址。

IPv6 支持无状态地址自动配置和状态地址自动配置两种地址自动配置方式。在无状态地址自动配置方式下，需要配置地址的网络接口先使用邻居发现机制获得一个链路本地地址。网络接口得到这个链路本地地址之后，再接收路由器宣告的地址前缀，结合接口标识得到一个全球地址。而状态地址自动配置的方式，如动态主机配置协议（DHCP），需要一个 DHCP 服务器，通过客户机/服务器模式从 DHCP 服务器处得到地址配置的信息。

在本次升级方案中，用户端数量众多，而且 IPv6 地址长达 128 位，可采用无状态地址自动分配机制来自动分配地址，服务器端因为数量较少且固定，同时要在域名系统中配置可考虑采用静态手工配置方式。

校园网内部路由协议采用 OSPF 动态路由协议，IPv6 路由协议可采用 OSPFv3 动态路由。这样在地址规划、区域设计上就具有很大的便利性。

在出口路由方面，因为目前 IPv6 的出口只有一个，所以考虑采用静态路由的方式。

【问题 4】

IPv4 向 IPv6 过渡主要包含以下几个方面的过渡：

（1）网络的过渡

为了支持 IPv6 协议，主要有两种方式可以选择：一是用软件升级现有的 IPv4 路由设备，使它能够运行 IPv6 协议；另一种方法是购买新的支持 IPv6 协议的路由设备，并采用相应的链路资源，这样使它们在物理上构成两个独立的网络环境。网络的过渡包括网络节点的过渡、网络设备的过渡、网关的过渡。

（2）客户端的过渡

过渡到 IPv6 协议需要升级用户的终端设备，它包括客户端的网络协议和应用程序的升级。

（3）应用程序的过渡

由于 IPv6 协议的应用程序不及 IPv4 协议的应用程序那般普及，所以开发的应用程序对于低层协议应是透明的，即 IPv4 协议下能使用，IPv6 协议下也能使用。另外，将来 IPv6 在得到普遍支持后，用户还可以继续使用原来的纯 IPv4 应用程序。

（4）IPv4/IPv6 网络互通

校园网络正面临从传统 IPv4 到 IPv6 的过渡以及一段时期的共存。如果主机不支持双栈，那么就必然存在纯 IPv4 和纯 IPv6 节点之间的互通问题，这也是过渡时期必须面对的主要问题之一。使用网络地址翻译/协议翻译(NAT-PT)转换技术能较好地解决该问题，但它在支持数据的透明性方面存在一定的问题。校园网络的过渡各个环节紧密相扣，相辅相成。网络的过渡脱离了客户端的过渡、应用程序的过渡及 IPv4/IPv6 的网络互通，网络的过渡就无法进行。因此，这四个方面的演进必须同时进行。

IPv4 向 IPv6 过渡是一个复杂的、系统的社会工程，超越了简单的技术范畴，也超出了各大运营商的职责范畴，需要产业链协同推动。IPv4 向 IPv6 过渡有其内在的规律，我们只有在认识规律并遵循规律的基础上，顺势而为，才能获得成功。这个规律就是过渡需要经历 IPv4 资产保值、IPv6 准备和 IPv6 繁荣这三个演进阶段，我们只能在有限范围内缩短或者延长某一阶段的时间，但是无法颠倒顺序。不同阶段的场景和任务不同，所依赖的技术也不同，所以不同的技术将先后登场，是一场技术的接力赛。中间过渡技术在完成使命后，最后全部退出舞台，只留下 IPv6 造福人类。在向 IPv6 过渡期间，重点和难点在接入网络部分，其次是互联互通部分，骨干网络基本具备。当然，在过渡过程中，基于 IPv6 的应用资源还是较少，这中间最关键的因素可能是缺少杀手级的应用来推动。

校园网 IPv6 技术升级中的网络部分改造虽然可以很快完成，但相关的支撑系统的建设和应用系统的迁移才刚刚开始，需要继续完善校园网网络管理与安全监控系统、接入和计费等，使其成为学校新一代先进的教学和科研信息基础设施。同时，如何建设一个安全的下一代互联网是一个全新的课题。要想将下一代互联网建设到目前 IPv4 网络的阶段，还有比较长的一段路要走。在这些方面，有实力的学校可以进行有益的探索，进行自主科研开发，也可以通过和厂商合作进行共同开发，如果有成熟的产品也可进行推广应用。

参考答案

【问题 1】

简述三种技术要点：

隧道技术，以现有 IPv4 网络传递 IPv6 数据，无须大量 IPv6 路由和专用链路，是过渡阶段最容易采用的技术，一般用来进行纯 IPv4 网络上的 IPv6 孤岛之间通信。

双栈技术，同时运行 IPv4 和 IPv6 两套协议栈，完全兼容 IPv4 和 IPv6。

翻译技术，在通信中间设备完成 IPv4 和 IPv6 网络之间地址转换和协议翻译，分组路由对端节点透明。IPv4 节点访问 IPv6 节点的方法复杂，网络设备开销大，一般在其他互通方式实现不了的情况下使用。

要求在实现教学科研区访问 IPv6 网络上的相关资源功能的基础上费用花费最小，网络结构不变且部署方便，可在核心设备上采用隧道接入技术实现其功能。

【问题 2】

（1）实现的技术方案选择双栈模式。

设备升级模式为：新建（升级）学生区和教学科研区的核心和汇聚交换机，支持 IPv6。

网络调优方案：将学生区和教学科研区的核心、汇聚交换机以及其他不能进行 IPv6 升级的设备调整到家属区的网络，以满足家属区网络的运维需求。

（2）① netsh interface ipv6 install 或者 ipv6 install

② netsh interface ipv6 isatap set router isatap.xuexiao.edu.cn

【问题 3】

（1）两种，无状态地址自动分配机制，状态地址自动分配机制。

（2）用户端采用无状态地址自动分配机制，服务器端采用静态手工配置方式。

（3）采用 OSPFv3，实现与 IPv4 网络的隔离与统一。

（4）边界路由器对外出口只有一个，采用静态路由方式接入。

【问题 4】

（1）当前影响 IPv6 发展的因素主要有软硬件设备的升级；IPv6 网络资源不足，应用缺乏；v4/v6 的透明过渡/无缝连接技术问题；运营商的需求不大等问题，其中最关键的应该是缺少杀手级的应用。

（2）目前大多数网管产品还不支持 IPv6 下的管理功能，计费认证功能等也亟待开发，因此现阶段的运维技术实力较强的学校可采用利用开源产品自主开发，技术实力一般的学校采用与厂商合作开发的方式。

试题二（共 25 分）

阅读以下关于某国有大型煤化集团数据中心的叙述，回答问题 1 至问题 4。

近年来，云计算技术的蓬勃发展为整个 IT 行业带来了巨大变革。传统数据中心已经难以满足新形势下日益增长的高性能及高性价比需求，并且无法支持云环境下更加灵活的按带宽租赁数据中心网络的运营方式。该集团随着信息系统业务的不断扩展上线，对高密度服务器及高度自动化管理系统的需求不断增长，建设云数据中心的需求应运而生。

【问题 1】（7 分）

如图 2-1 所示，依据集团总部业务应用的需求，集团数据中心网络按功能将划分为七大区：核心交换区、核心业务区、办公区、互联网接入区、运维管理区、广域网接入区、外联业务区。二级板块及其下属子分公司可参考建立符合自身情况的局域网络。

你认为这七大区域应该如何分布，请根据图 2-1 所示填写图中（1）～（7）区域名称。

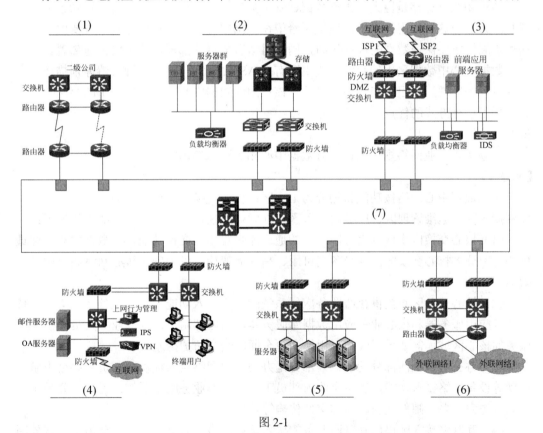

图 2-1

【问题 2】（6 分）

云数据中心是指以客户为中心、以服务为导向，基于高效、低能耗的 IT 与网络基础架构，利用云计算技术，自动化地按需提供各类云计算服务的新一代数据中心。云数据中心是传统数据中心的升级，是新一代数据中心的演进方向。

（1）请简述云数据中心的特点。

（2）云计算的关键技术有虚拟化技术、分布式计算技术、安全与隐私保护技术等，请简要说明云数据中心在 IT 基础设施虚拟化技术方面主要包括哪些技术。

【问题 3】（6 分）

为增强该集团业务应用系统、重要数据的可用性，抵御灾难发生时带来的风险，该集团按照国家要求需要建设两地三中心的容灾备份方案。两地三中心是指主数据中心、同城灾备及异地灾备中心。两地三中心机房为业务应用系统建设提供基础配套设施。请画图说明两地三中心的数据中心架构采用的网络互联拓扑方案，并给出理由。

【问题 4】（6 分）

该集团数据存储量巨大，生产数据、安全数据以及测试数据等需要进行频繁的快速读写，为保障这种应用的需求，该集团希望在数据中心的数据存储方式上既要保证存储的可扩展性还要保证数据的快速访问，同时对新服务器的部署也要考虑快速部署。

数据中心中数据采用的存储方式主要有 DAS、NAS、SAN 三种，请分别描述三种存储方式的原理，并根据集团要求设计在该集团的数据中心建设中应采用的存储方式，叙述采用这种方式的优点。

试题二分析

本题考查企业网络规划设计、云数据中心相关技术等内容。

【问题 1】

集团数据中心网络按功能将划分为七大区：核心交换区、核心业务区、办公区、互联网接入区、运维管理区、广域网接入区、外联业务区。其中各部分功能大致如下：

（1）核心交换区实现网络分区之间的通信流量路由、交换功能，是数据中心网络最核心的部分。核心交换区需要具备高可用、高性能架构，以来确保核心网络高可用及高效运行。

（2）核心业务区将提供核心业务应用系统的网络接入功能。核心业务区域集中了核心业务应用服务器和核心业务应用数据库服务器，为内部用户、内部业务人员提供应用服务的核心区域，需要采用较高可用性和更全面的安全防护措施。

（3）办公区包括两部分功能：一部分是办公用户网络接入提供内部员工办公电脑、移动等设备网络接入功能，满足企业内部员工访问内部业务应用系统；另一部分是用户互联网访问、办公邮件处理、内部文件传输等功能。

（4）互联网接入区提供互联网业务的接入访问网络，为保证网络安全需要部署外网防火墙，用于保护业务应用前端应用；部署内网防火墙，用于保护集团内部网络的安全；采用多条冗余的互联网链路，提高网络接入的可靠性。

（5）运维管理区提供运维管理系统（监控、信息化服务管理等）网络互联功能，运维管理系统需与公司范围内的应用、基础设施通信，安全性要求较高。

（6）广域网接入区用于连接广域网络连接设备。

（7）外联业务区即企业边界网区域，具有如下特点：与外网互联，风险较大；与内网相连进行数据通信。

根据网络拓扑结构和各大区域网络功能划分可方便的区分各区域名称。

【问题 2】

云计算是一种将池化的集群计算能力通过互联网向内外部用户提供按需服务的互联网新业务，是传统 IT 领域和通信领域技术进步、需求推动和商业模式变化共同促进的结果，具有以网络为中心、以服务为提供方式、高扩展高可靠性、资源池化与透明化等 4 个特点，云计算的出现，使 IT 资源具备了可运营的条件。数据中心是云计算生态系统中的重要一环，在云计算模式下，信息的存储、处理、传递等功能均由网络侧完成，实际上由数据中心承担。由于传统数据中心存在资源利用率低、自动化程度低、能耗过高等一系列问题，无法有效承载云计算业务，因此基于云计算技术的新一代数据中心应运而生。

云数据中心是指以客户为中心、以服务为导向，基于高效、低能耗的 IT 与网络基础架构，利用云计算技术，自动化地按需提供各类云计算服务的新一代数据中心。云数据中心是传统数据中心的升级，是新一代数据中心的演进方向。云数据中心具有以下 5 个特点。

（1）资源池化

云数据中心内的 IT 资源和网络资源将构成统一的资源池，实现物理资源与逻辑资源的去耦合，用户仅需对逻辑资源进行相关操作而无须关注底层实际物理设备。

（2）高效智能

基于虚拟化、分布式计算等技术，利用低成本的集群设备实现高效廉价的信息承载、存储与处理，同时通过管理平台实现自动化的资源监控、部署与调度以及业务生命周期的智能管理。

（3）面向服务

整体架构以服务为导向，通过松耦合的方式实现多服务的综合承载与提供，云数据中心由提供资源变成提供服务，用户通过服务目录选择相关的服务，对底层实际资源透明。

（4）按需供给

底层基础架构在资源池化的基础上根据实际需求实现资源的动态伸缩，并提供完备的、细颗粒的计费功能，云数据中心还将根据上层应用的发展趋势，实现对底层物理设备的智能容量规划。

（5）绿色低碳

通过模块化的设计以及虚拟化等绿色节能技术，降低云数据中心的设备投入成本以及运营维护成本，实现低 PUE 值的绿色低碳运营。

云计算的关键技术有虚拟化技术、分布式计算技术、安全与隐私保护技术等。

虚拟化技术是基础设施资源池建设的重要部分，虚拟化技术从软、硬件资源中抽象出来，提供不同颗粒度，功能相同的虚拟资源。虚拟化技术将增加软、硬件的复用，提升基础设施资源的利用率、灵活性及安全性、可用性。

基础设施虚拟化技术包括网络虚拟化、服务器虚拟化及存储虚拟化。

（1）网络虚拟化

相对于传统的物理网络资源，网络虚拟化能够带来的优点包括：虚拟网络资源带来了更好的灵活性及可扩展性；在不改变物理网络拓扑情况下，实现网络灵活配置满足信息系统的快速部署需求；通过共享的模式，最大限度地利用现有资源，降低成本。

常见的网络虚拟化包括：虚拟交换机、网络核心虚拟交换、虚拟防火墙等。

虚拟交换机包括基于软件或硬件设备虚拟交换机，单台交换机虚拟成多台虚拟交换机，实现虚拟服务器灵活的网络接入。主要提供虚拟服务器网络连接；实现对虚拟服务器网络配置策略的统一管理；实现物理刀片服务器的配置属性信息（网络及存储连接等）的集中管理，服务器的配置属性文件应用可加速失败服务器更换；实现虚拟服务器网络配置信息跨数据中心迁移。

网络核心虚拟交换技术去除了由生成树协议带来的网络资源空闲的状态，将两台交换机虚拟成为一台交换机，并作单一设备进行管理和使用，在网络中表现为一个网元节点；网络核心虚拟交换将简化网络架构、简化管理及配置，进一步增强冗余可靠性。实现负载均衡，提高网络设备性能。网络核心虚拟交换如下图所示。

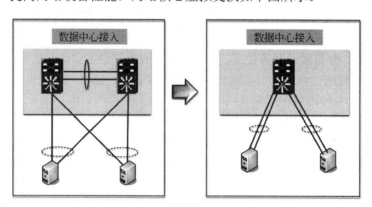

虚拟防火墙将一台物理防火墙虚拟成若干相互独立、功能相同的虚拟防火墙。提供网络流量安全隔离功能，实现安全的虚拟网络环境。

（2）服务器虚拟化

服务器虚拟化的主要优点包括：提高服务器资源利用率，可减少能源消耗，降低基础设施总成本；提高运行在虚拟机上的应用系统的可用性；提高应用系统的安全性，实现快速备份及恢复。当前主流的服务器虚拟化技术包括：X 86 服务器虚拟化及 Unix 服务器虚拟化。

　　Unix 架构虚拟化技术包括分区技术及软件虚拟化技术，如下表所示。Unix 服务器架构的分区技术使操作系统能够直接访问到底层的物理资源，硬件分区技术支持的资源颗粒度较粗，例如最小单位是 1 颗 CPU；软件虚拟化技术的资源颗粒度较细，资源划分颗粒度较分区技术更小，资源调整更加灵活，例如最小单位是 0.1 颗 CPU。

技　　术	特　　性
硬件分区	具有硬件电气隔离功能； 分区的故障不影响其他分区，比如：HP　nPar
逻辑分区	在硬件层上抽象出虚拟化层，对资源进行组合而成的逻辑分区； 独占的硬件资源，但没有电气隔离，比如：HP vPar, IBM Lpar
软件虚拟化	在操作系统内，对特定应用分配计算资源

　　Unix 服务器架构虚拟化使用：测试、开发环境对资源的要求灵活，需要使用多种的虚拟化技术，如硬件、逻辑分区、软件虚拟化；生产环境采用硬件分区或逻辑分区技术。

　　X86 服务器虚拟化技术包括基于硬件的虚拟化技术和基于软件两种的虚拟化技术，如下表所示。

技　　术	特　　性
基于硬件的虚拟化技术	在硬件层上抽象出虚拟化层，对资源进行组合而成的逻辑分区； 具有较高的性能；稳定性好；分区之间安全隔离
基于软件的虚拟化技术	使用基于操作系统层之上的虚拟资源； 操作系统故障会影响所有虚拟机

　　X86 服务器虚拟化使用：X86 服务器虚拟化技术已比较成熟，并且硬件虚拟化的技术已成为主流；开发、测试环境选用不同厂商基于硬件的 X86 服务器虚拟化技术；生产环境采用基于硬件技术的 X86 服务器虚拟化技术，并选用成熟的、对 Windows 和 Linux 操作系统兼容的虚拟化技术，如 Microsoft Hyper-V、VMware 技术。

　　（3）存储虚拟化

　　存储虚拟化的优点包括：存储空间的统一分配，提高存储资源利用率；具有优异的灵活性及可扩展性；提供自动精简配置；自动数据迁移。

　　存储虚拟化主流技术包括基于主机的存储虚拟化，存储网络的虚拟化，以及基于存储设备的虚拟化，如下表所示。

存储虚拟化主流技术	特　　点
基于主机存储的虚拟化	通过在主机系统中安装额外的设备驱动和软件来提供对物理磁盘的虚拟化功能，经过虚拟化的存储空间可以跨多个异构的磁盘阵列； 存储管理占用主机性能，管理比较复杂，每台主机都需要安装管理软件

存储虚拟化主流技术	特　点
基于存储网络的虚拟化	通过向存储网中（SAN）中添加虚拟引擎，实现对异构存储设备的虚拟化管理，根据数据流向分为带内虚拟化及带外虚拟化。 带内虚拟化：带内虚拟化是在主机与存储设备之间引入一层虚拟化引擎，所有数据及控制信息传输均通过该引擎；虚拟化引擎对所有通过的数据进行运算。 带外虚拟化：带外虚拟化是指虚拟化引擎处于数据传输路径之外，数据传输并不通过该引擎，带外虚拟化引擎仅向主机传送一些控制信息来完成物理设备和逻辑卷之间的地址映射。 存储网络的虚拟化不占用主机及存储资源，扩展性较好，技术比较成熟
基于存储设备的虚拟化	通过在存储控制器上添加虚拟化功能，实现存储磁盘的虚拟化管理；可以按需要对存储容量划分多个存储空间，实现多个主机系统的虚拟化管理；基于存储设备的虚拟化不占用主机及存储资源，扩展性较好，技术比较成熟

【问题 3】

为增强业务应用系统、重要数据的可用性，抵御灾难发生时带来的风险，集团需要建设两地三中心。两地三中心是指主数据中心、同城灾备及异地灾备中心。两地三中心机房为业务应用系统建设提供基础配套设施。

如果只有两个站点就不多说了，直接在两个站点的核心或汇聚设备之间拉两根光纤就可以了，也用不到什么特别的技术。唯一需要注意的是在两个站点之间的链路上做些报文控制，对广播和 STP 等报文限制一下发送速率和发送范围，避免一个站点的广播风暴或拓扑收敛影响到其他站点的转发。

当站点为两个以上时，理论上有两种结构可用：

星型结构：专门找几台设备作为交换核心，所有站点都通过光纤直连到此组交换核心设备上，缺点是可靠性较低，核心不工作就都连不通了，而且交换核心放置的位置也不易规划。这种结构不是值得推荐的模型。

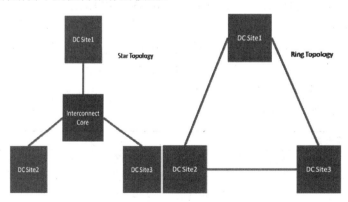

环型结构：推荐模型，尤其在云计算这种多站点等同地位互联的大型数据中心组网下，环型结构既省设备省钱，又能提供故障保护，以后肯定会成为建设趋势。

从技术上讲星型拓扑不需要额外的二层互联技术，只部署一些报文过滤即可，可以通过链路捆绑增强站点到核心间链路故障保护和链路带宽扩展。而环型拓扑必须增加专门的协议用于防止环路风暴，同样可以部署链路捆绑以增加带宽冗余。

环型拓扑的公共标准控制协议主要是 STP 和 RPR（Resilient Packet Ring IEEE 802.17），STP 的缺点前面说了很多，RPR 更适合数据中心多站点连接的环型拓扑。另外很多厂商开发了私有协议用于环路拓扑的控制，如 EAPS（Ethernet Automatic Protection Switching，IETF RFC 3619，Extreme Networks），RRPP（Rapid Ring Protection Protocol，H3C），MRP（Metro Ring Protocol，Foundry Networks），MMRP（Multi Mater Ring Protocol，Hitachi Cable），ERP（Ethernet Ring Protection，Siemens AG）等。未来几年的云计算数据中心建设，除非在所有站点采用相同厂家的设备还有可能使用一些私有协议组环（可能性比较低），前面提到预测会以站点为单位选择不同厂家进行建设，这时就需要公共标准用于多站点互联了。在光纤直连方式下成熟技术中最好的选择就是 RPR。

根据以上分析，两地三中心的网络互联方案可考虑采用环型结构，具体拓扑结构见参考答案。

【问题 4】

存储技术经历了从基于服务器的存储（DAS），基于磁盘阵列的存储（SCSI）发展到基于网络的存储模式（NAS 及 SAN），在数据存储容量和读写速度上有较大幅度的提高，每秒传输的兆或者吉字节数和每秒完成的输入/输出量（IOPS）是存储设备的性能的两种主要参数，目前的网络存储技术大致发展为三类：DAS、NAS 以及 SAN。

（1）DAS

DAS 是一种将存储介质直接安装在服务器上或者安装在服务器外的存储方式。例如，将存储介质连接到服务器的外部 SCSI 通道上也可以认为是一种直连存储方式。

DAS 已经存在了很长时间，并且在很多情况下仍然是一种不错的存储选择。由于这种存储方式在磁盘系统和服务器之间具有很快的传输速率，在要求快速磁盘访问的情况下，DAS 仍然是一种理想的选择。更进一步地，在 DAS 环境中，运转大多数的应用程序都不会存在问题。

对于那些对成本非常敏感的企业来说，在很长一段时间内，DAS 将仍然是一种比较便宜的存储机制。当然，这是在只考虑硬件物理介质成本的情况下才有这种结论。如果与其他的技术进行一个全面的比较——考虑到管理开销和存储效率等方面的因素的话，DAS 将不再占有绝对的优势。对于那些非常小的不再需要其他存储介质的环境来说，这也是一种理想的选择。

（2）NAS

NAS 存储设备是以网络为中心面向文件服务的结构方式，NAS 存储设备是单独作为一个文件服务器直接连接在网络上的，应用和数据存储部分不在同一服务器上，网络中设备的数据全部存贮在 NAS 存贮设备中，应用服务器通过标准 LAN 的接口与作为网络文件系统的数据服务器连接。NAS 存储系统能将数据从网络中独立出来，降低了服务器的负载，从而较好提高了整个网络的性能。

在以下两种情形中，NAS 设备是非常合适的：首要的是网页服务，其次是常用文件的存储。这两种应用都需要大量的磁盘空间，但是很少要求直接对服务器进行数据访问。相反，通过这两种类型的存储访问的大多数数据都是通过网络来实现的。

NAS 设备适合于网页服务和文件服务，而不适合于数据库存储和 Exchange 存储。这与所谓的文件级数据访问和块级数据访问有关系。在文件级访问系统中，数据的访问是通过文件名字来实现的，因为文件名字是带有一定含义的。而在块级访问系统中，数据的访问是通过数据块的地址来实现的，这个地址是特定数据存放的位置。在一个客户机/服务器的环境中，如果需要从文件服务器读取一个文件时，要指定文件，服务器完成数据块的读取工作，并且将得到的数据返回就可以了。数据库存储和 Exchange 存储在这种方式的通信过程中存在着很多问题。所以并不适合存储于 NAS 设备中。

（3）SAN

SAN 是一种以光纤通道（FiberChannel，FC）实现服务器和存储设备之间通信的网络结构，其中的服务器和存储系统通过高带宽 FC 交换机相连，各应用工作站通过局域网访问服务器，各存储设备之间交换数据时可以不通过服务器，能有效减少大流量数据传输时发生的阻塞和冲突，较大程度减轻服务器承受的压力，具有很强的灵活性和伸缩性。作为存储解决方案中的重要一员，SAN 是最昂贵的存储选项，同时也是最复杂的选项。然而，虽然 SAN 在初始阶段需要投入大量的费用，但是 SAN 却可以提供其他解决方案所不能提供的能力，并且可以在合适的情形下可以为公司节约一定的资金。

SAN 解决方案通常会采取以下两种形式：光纤信道以及 iSCSI 或者基于 IP 的 SAN。光纤信道是 SAN 解决方案中最熟悉的类型，但是，基于 iSCSI 的 SAN 解决方案开始大量出现在市场上，与光纤通道技术相比较而言，这种技术具有良好的性能，而且价格低廉。

SAN 真正的综合了 DAS 和 NAS 两种存储解决方案的优势。例如，在一个很好的 SAN 解决方案实现中，可以得到一个完全冗余的存储网络，这个存储网络具有不同寻常的扩展性，确切地说，可以得到只有 NAS 存储解决方案才能得到的几百太字节的存储空间，但是还可以得到块级数据访问功能，而这些功能只能在 DAS 解决方案中才能得到。对于数据访问来说，还可以得到一个合理的速度，对于那些要求大量磁盘访问的操作来说，SAN 显得具有更好的性能。利用 SAN 解决方案，还可以实现存储的集中管理，从而能够充分利用那些处于空闲状态的空间。更有优势的一点是，在某些实现中，甚至可以将服务器配置为没有内部存储空间的服务器，要求所有的系统都直接从 SAN（只能在光纤通道模式下实现）引导。这也是一种即插即用技术。

SAN 在需要容量扩容时只需要将新的 SAN 存储设备连接并入网络并进行简单的配置，即可实现在线扩容；并且 SAN 设备 RAID 组中同时损坏两块硬盘的情况下仍然可以保证数据完整不丢失，而且磁盘阵列无须重启即可更换损坏的硬盘，实现在线的数据容灾及备份性能。因此具有简易扩容及高效容错性能。

相比较 SAN 的优势和缺陷，并结合集团数据中心的建设需求，可以说采用 SAN 的存储架构对于大型国有集团是比较合理的。

参考答案

【问题 1】

    （1）广域网接入区   （2）核心业务区   （3）互联网接入区   （4）办公区

    （5）运维管理区   （6）外联业务区   （7）核心交换区

【问题 2】

    （1）资源池化，高效智能，面向服务，按需供给，绿色低碳。

    （2）其中 IT 基础设施虚拟化技术包括网络虚拟化、服务器虚拟化及存储虚拟化。

【问题 3】

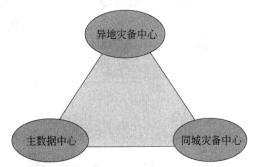

    环型结构：在云计算这种多站点等同地位互联的大型数据中心组网下，环型结构不光节省设备节省费用，还能提供故障以及冗余保护。

【问题 4】

    直连方式存储（Direct Attached Storage，DAS）。存储设备是通过电缆（通常是 SCSI 接口电缆）直接到服务器的。

    网络附加存储（Network Attached Storage，NAS），是一种专门的数据存储技术的名称，它可以直接连接在标准的网络中（例如以太网），对异质网络用户提供了集中式数据访问服务。

    存储区域网络（Storage Area Network，SAN）是一种连接外接存储设备和服务器的架构。采用包括光纤通道技术、磁盘阵列、磁带柜、光盘柜等各种技术进行实现。该架构的特点是，连接到服务器的存储设备，将被操作系统视为直接连接的存储设备。

    本方案采用 SAN 的存储架构。优点是：

扩展性，不仅存储空间可以很好地得到扩充，而且还可以得到块级数据访问功能。

快速访问，对于那些要求大量磁盘访问的操作来说，SAN 具有更好的访问性能。

即插即用，可以将服务器配置为没有内部存储空间的服务器，要求所有的系统都直接从 SAN（只能在光纤通道模式下实现）引导。

相比较 SAN 的优势和缺陷，并结合集团数据中心的建设需求，可以说采用 SAN 的存储架构对于大型国有集团是比较合理的。

试题三（共 25 分）

　　阅读以下关于一卡通信息化建设平台的叙述，回答问题 1 至问题 4。

　　某部队院校早期的一卡通建设方案主要为保障校内师生的图书、食宿、医疗等服务，系统包括了一卡通专网建设、一卡通平台建设、一卡通数据中心以及校园门禁与校园网视频监控等内容。行政办公、家属区、食堂、学生宿舍、开水房等营业网点通过汇聚交换机接入到核心交换机，服务器及存储设备直接连接核心交换机，网络拓扑结构如图 3-1 所示。

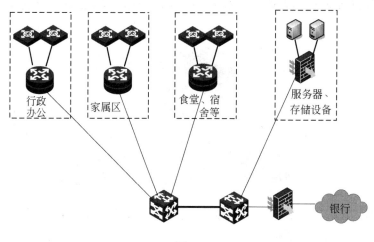

图 3-1

　　由于部队的医疗服务具有较高的知名度，经研究决定，扩大一卡通营业范围以方便社会人群的就医，具体安全要求如下：

　　（1）新增外部应用网点和分部办事处，通过安全设备来进行远程接入，要求能提供主动、实时的防护，对网络中的数据流进行逐字节的检查，对攻击性的流量进行自动拦截。

　　（2）由于互联网的引入，需要相应的安全措施来保障部队院校行政办公的安全。

　　（3）需要提供安全审计功能，来识别、存储安全相关行为。

【问题 1】（8 分）

　　依据一卡通业务扩大的需求及安全要求，设计解决方案，画出修改后的网络拓扑结构，并标注采用的硬件设备及相关安全技术。

【问题 2】（6 分）

传统的防火墙存在只能对网络层和传输层进行检查，无法阻止内部人员的攻击等缺点。IDS 和 IPS 技术却能在应用层对数据流进行分析，并在网络遭受攻击之前进行报警和响应，针对部署的方式和实现的原理对 IDS 和 IPS 进行比较。

【问题 3】（6 分）

随着加密、隧道、认证等技术的发展，在 Internet 上的位于不同地方的两个或多个企业内部网之间建立一条安全的通信线路，就可以为企业各部门提供安全的网络互联服务。针对该单位网络情况，请给出至少两种新增外部应用网点与公司核心交换机远程接入方案。

【问题 4】（5 分）

安全审计能够检测和制止对安全系统的入侵、发现计算机的滥用情况、为系统管理员提供系统运行的日志，从而能发现系统入侵行为和潜在的漏洞和对已经发生的系统攻击行为提供有效的追纠证据。请叙述安全审计的工作流程。

试题三分析

本题考查网络安全解决方案及相关知识。

【问题 1】

由于新增外部应用网点和分部办事处，通过安全设备来进行远程接入，要求能提供主动、实时的防护，对网络中的数据流进行逐字节的检查，对攻击性的流量进行自动拦截，因此需要采用具有 IPS 功能的防火墙。

由于引入了互联网，部队院校行政办公的安全需要采用网闸来与 Internet 进行物理隔离。

安全审计功能需对所有进出系统的流量进行记录，来识别、存储安全相关行为。

相应修改的拓扑结构见参考答案。

【问题 2】

IPS 的工作原理是分类、过滤和更新。和 IDS 相比，IPS 主要是对检测到的恶意代码进行核对策略，在未转发到服务器之前，将信息包或数据流拦截。由此也带来了更大的网络负载。

【问题 3】

在 Internet 上的位于不同地方的两个或多个企业内部网之间建立一条安全的通信线路，主要的实现技术是采用 VPN 技术和端到端加密。

【问题 4】

安全审计主要的工作流程是搜集记录、分析检查、安全评估。具体流程如下：

（1）记录和搜集有关的审计信息，产生审计数据记录。

（2）对数据记录进行安全违反分析，以检查安全违反与安全入侵原因。

（3）对其分析产生相应的分析报表。

（4）评估系统安全，并提出改进意见。

参考答案

【问题 1】

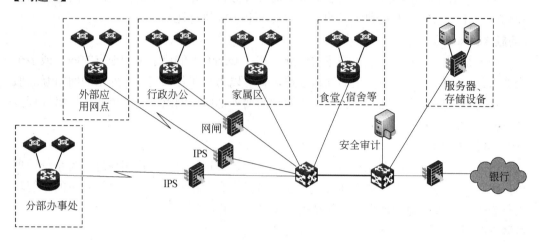

（1）外部网点要求外部网点和分部办事处能提供主动、实时的防护，对网络中的数据流进行逐字节的检查，对攻击性的流量进行自动拦截，合适的技术为 IDS 防火墙。

（2）行政办公部门要保障安全，需采用网闸进行连接。

（3）安全审计需接在核心交换机上，进行审计分析。

【问题 2】

IPS 和 IDS 的部署方式不同。串接式部署是 IPS 和 IDS 区别的主要特征，IDS 产品在网络中是旁路式工作，IPS 产品在网络中是串接式工作。

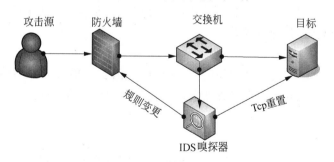

IPS 工作原理是：

（1）根据数据包头和流信息如源目的地址源目的端口和应用层关键的信息每个数据包都会被分类，同时协议类型和流量统计等信息都送到流处理模块分析、审计。

（2）根据数据报的分类，相关的过滤器将被调用，用于检查数据包的流状态信息。

（3）所有相关过滤器都是并行使用，如果任何数据报符合过滤规则，与之相关的流信息将更新，指示系统删除关于该数据流的信息。

和 IDS 相比，IPS 检测到数据流中的恶意代码，核对策略，在未转发到服务器之前，将信息包或数据流拦截。

IPS 增加了网络负载。

【问题 3】

（1）采用 VPN 技术，利用公共网络建立私有专用网络，数据通过安全的"加密隧道"在公共网络中传播，连接在 Internet 上的位于不同地方的两个或多个企业内部网之间建立一条专有的通信线路，就好比是架设了一条专线一样。

（2）端到端加密技术，通过加密算法，保障传输数据的安全性。

【问题 4】

安全审计的工作流程如下：

（1）记录和搜集有关的审计信息，产生审计数据记录。

（2）对数据记录进行安全违反分析，以检查安全违反与安全入侵原因。

（3）对其分析产生相应的分析报表。

（4）评估系统安全，并提出改进意见

第 3 章 2012 下半年网络规划设计师下午试卷 II 写作要点

试题一 论网络规划与设计中的 VPN 技术

随着网络技术的发展和企业规模的壮大，企业在全球各地的分支机构不断增多，员工及各分支机构要求能随时随地安全可靠地访问企业内部资源，这就需要提供一种安全接入机制来保障通信以及敏感信息的安全。传统的租用专用线路的方法实现私有网络连通给企业带来很大的经济负担和网络维护成本。VPN（Virtual Private Network）技术成为当今企业实现异地多网络互连以及远程访问网络的经济安全的实现途径。

请围绕"网络规划与设计中的 VPN 技术"论题，依次对以下三个方面进行论述。

1. 简要论述常用的 VPN 技术。
2. 详细叙述你参与设计和实施的大中型网络项目中采用的 VPN 方案。
3. 分析和评估你所采用的 VPN 方案的效果以及相关的改进措施。

写作要点

1. 对 VPN 技术和方案的叙述要点

1）VPN 技术的概念

虚拟专用网（Virtual Private Network，VPN）就是建立在公用网上的、由某一组织或某一群用户专用的通信网络，其虚拟性表现在任意一对 VPN 用户之间没有专用的物理连接，而通过 ISP 提供的公用网络来实现通信，其专用性表现在 VPN 之外的用户无法访问 VPN 内部的网络资源，VPN 内部用户之间可以实现安全通信。

2）实现 VPN 的关键技术

隧道技术、加解密技术、密钥管理技术、身份认证技术。

3）VPN 的解决方案

（1）内联网 VPN（Intranet VPN）：企业内部虚拟专用网也叫内联网 VPN，用于实现企业内部各个 LAN 之间的安全互联。

（2）外联网 VPN（Extranet VPN）：企业外部虚拟专用网也叫外联网 VPN，用于实现企业与客户、供应商和其他相关团体之间的互联互通。

（3）远程接入 VPN（Access VPN）：解决远程用户访问企业内部网络的传统方法是采用长途拨号方式接入企业的网络访问服务器（NAS）。这种访问方式的缺点是通信成本高，必须支付价格不菲的长途电话费，而且 NAS 和调制解调器的设备费用，以及租用接入线路的费用也是一笔很大的开销。采用远程接入 VPN 就可以省去这些费用。如果企业内部人员有移动或远程办公的需要，或者商家要提供 B2C 的安全访问服务，可以采用 Access VPN。

4）虚拟专用网 VPN 的协议实现

隧道协议（例如 PPTP 和 L2TP），把数据封装在点对点协议（PPP）的帧中在互联网上传输，创建隧道的过程类似于在通信双方之间建立会话的过程，需要就地址分配、加密、认证和压缩参数等进行协商，隧道建立后才进行数据传输。

IPSec（IP Security）是 IETF 定义的一组协议，用于增强 IP 网络层安全。IPSec VPN 是在网络层建立安全隧道，适用于建立固定的虚拟专用网。

安全套接层（Secure Socket Layer，SSL）是传输层安全协议，用于实现 Web 安全通信。SSL 的安全连接是通过应用层的 Web 连接建立的，更适合移动用户远程访问公司的虚拟专用网。

2．叙述自己参与设计和实施的计算机网络项目，该项目应有一定的规模，自己在该项目中担任的主要工作应有一定的分量，说明项目中选用的 VPN 方案以及选用该方案的理由。

3．对选择的网络系统设计中 VPN 方案的效果以及需要进一步改进的地方，应有具体的着眼点，不能泛泛而谈。

试题二　校园网设计关键技术及解决方案

校园网的建设有利于校内的资源共享与信息交换，有利于学校与外界的资源共享和信息共享。校园网的规划、设计、硬件建设、软件建设以及已有网络设备的使用及调优，都要从全局、长远的角度出发，充分考虑网络的安全性、易用性、可靠性和经济性等。资源调优、光纤连接和无线解决方案是保障校园网络可靠易用的几项关键技术。

请围绕"校园网设计关键技术及解决方案"论题，依次对以下三个方面进行论述。

1．以你负责规划、设计及实施的校园网项目为例，概要叙述针对实际需求的设计要点，以及如何充分利用已有的软硬件，或对现有硬件资源的调优措施。

2．具体讨论在校园网/企业网网络规划与设计中高性能的光纤连接关键技术、采用的无线技术及解决方案。

3．具体讨论在上述关键技术的实施过程中遇到的问题和解决措施，以及实际运行效果。

写作要点

1．以你负责规划、设计及实施的校园网项目为例，概要叙述针对实际需求的设计要点，以及如何充分利用已有的软硬件，或对现有硬件资源的调优措施。

（1）叙述自己参与设计和实施的计算机网络项目。该项目应有一定的规模，自己的主要工作应有一定的分量。

（2）项目中对软硬件的重新利用及调优方案。已有软硬件资源不适合整个网络环境的应该淘汰，可以用在要求较低环境中的可重利用，更高要求的要重新购置。

2．具体讨论在校园网/企业网网络规划与设计中光纤连接关键技术、采用的无线技术及解决方案。

在光纤连接技术方面：

（1）光纤连接的总体环境。在光纤网络部署时首先要考虑距离、所要求达到的速率。

（2）介质选择。依据距离、速率以及成本选择采用单模还是多模，考虑室内或是室外选择不同的光纤。

（3）接口模块与成本预算。在介质选择完成后，需要考虑光纤接口模块，计算成本。

（4）冗余。考虑到光纤日后扩展及链路备份，需要冗余链路。

在无线技术方面：

（1）无线网络需求。不同的无线网络环境需要不同的速率和安全要求，需要描述所涉及网络的要求环境。

（2）采用的无线局域网络标准。不同的速率和安全要求需要采用不同的标准，注意选择标准与需求相匹配。

（3）无线网络的网络结构及覆盖范围。

（4）选用的无线接入设备，包括无线路由器、AP 等。

3．具体讨论在上述关键技术的实施过程中遇到的问题和解决措施，以及实际运行效果。

（1）在光纤连接和无线技术使用过程中遇到的问题及解决措施。

（2）网络部署完成后实际的效果、达到的性能。

第4章 2013下半年网络规划设计师上午试题分析与解答

试题（1）

活动定义是项目时间管理中的过程之一，__(1)__ 是进行活动定义时通常使用的一种工具。

(1) A. Gantt 图　　　　　　　　　　　　B. 活动图

　　 C. 工作分解结构（WBS）　　　　　D. PERT 图

试题（1）分析

项目时间管理包括使项目按时完成所必需的管理过程。项目时间管理中的过程包括：活动定义、活动排序、活动的资源估算、活动历时估算、制定进度计划以及进度控制。为了得到工作分解结构（Work Breakdown Structure，WBS）中最底层的交付物，必须执行一系列的活动，对这些活动的识别以及归档的过程就称为活动定义。

参考答案

(1) C

试题（2）、（3）

基于 RUP 的软件过程是一个迭代过程。一个开发周期包括初始、细化、构建和移交四个阶段，每次通过这四个阶段就会产生一代软件，其中建立完善的架构是 __(2)__ 阶段的任务。采用迭代式开发，__(3)__。

(2) A. 初始　　　　　B. 细化　　　　　C. 构建　　　D. 移交

(3) A. 在每一轮迭代中都要进行测试与集成

　　 B. 每一轮迭代的重点是对特定的用例进行部分实现

　　 C. 在后续迭代中强调用户的主动参与

　　 D. 通常以功能分解为基础

试题（2）、（3）分析

RUP 中的软件过程在时间上被分解为 4 个顺序的阶段，分别是初始阶段、细化阶段、构建阶段和移交阶段。

初始阶段的任务是为系统建立业务模型并确定项目的边界。细化阶段的任务是分析问题领域，建立完善的架构，淘汰项目中最高风险的元素。在构建阶段，要开发所有剩余的构件和应用程序功能，把这些构件集成为产品。移交阶段的重点是确保软件对最终用户是可用的。

基于 RUP 的软件过程是一个迭代过程，通过初始、细化、构建和移交 4 个阶段就是一个开发周期，每次经过这 4 个阶段就会产生一代产品，在每一轮迭代中都要进行测试与集成。

参考答案

（2）B　　（3）A

试题（4）

以下关于白盒测试方法的叙述，不正确的是 (4) 。

（4）A．语句覆盖要求设计足够多的测试用例，使程序中每条语句至少被执行一次

　　　B．与判定覆盖相比，条件覆盖增加对符合判定情况的测试，增加了测试路径

　　　C．判定/条件覆盖准则的缺点是未考虑条件的组合情况

　　　D．组合覆盖要求设计足够多的测试用例，使得每个判定中条件结果的所有可能组合最多出现一次

试题（4）分析

白盒测试也称为结构测试，主要用于软件单元测试阶段，测试人员按照程序内部逻辑结构设计测试用例，检测程序中的主要执行通路是否都能按预定要求正确工作。白盒测试方法主要有控制流测试、数据流测试和程序变异测试等。

控制流测试根据程序的内部逻辑结构设计测试用例，常用的技术是逻辑覆盖。主要的覆盖标准有语句覆盖、判定覆盖、条件覆盖、条件/判定覆盖、条件组合覆盖、修正的条件/判定覆盖和路径覆盖等。

语句覆盖是指选择足够多的测试用例，使得运行这些测试用例时，被测程序的每个语句至少执行一次。

判定覆盖也称为分支覆盖，它是指不仅每个语句至少执行一次，而且每个判定的每种可能的结果（分支）都至少执行一次。

条件覆盖是指不仅每个语句至少执行一次，而且使判定表达式中的每个条件都取得各种可能的结果。

条件/判定覆盖同时满足判定覆盖和条件覆盖。它的含义是选取足够的测试用例，使得判定表达式中每个条件的所有可能结果至少出现一次，而且每个判定本身的所有可能结果也至少出现一次。

条件组合覆盖是指选取足够的测试用例，使得每个判定表达式中条件结果的所有可能组合至少出现一次。

修正的条件/判定覆盖。需要足够的测试用例来确定各个条件能够影响到包含的判定结果。

路径覆盖是指选取足够的测试用例，使得程序的每条可能执行到的路径都至少经过一次（如果程序中有环路，则要求每条环路路径至少经过一次）。

参考答案

（4）D

试题（5）

某企业拟生产甲、乙、丙、丁四个产品。每个产品必须依次由设计部门、制造部门和检验部门进行设计、制造和检验，每个部门生产产品的顺序是相同的。各产品各工序所需的时间如下表：

项目	设计（天）	制造（天）	检验（天）
甲	13	15	20
乙	10	20	18
丙	20	16	10
丁	8	10	15

只要适当安排好项目实施顺序，企业最快可以在__(5)__天全部完成这四个项目。

（5）A. 84　　　　　　B. 86　　　　　　C. 91　　　　　　D. 93

试题（5）分析

本题考查数学应用的能力（优化运筹）。

节省时间的安排方法必然是紧随衔接和尽可能并行安排生产。

第 1 个产品的设计和最后 1 个产品的检验是无法与其他工作并行进行的，因此，应安排"首个设计时间+末个检验时间"尽可能短。为此，应先安排生产丁，最后安排生产丙。

如果按丁、甲、乙、丙顺序实施，则共需 84 天，如下图所示。

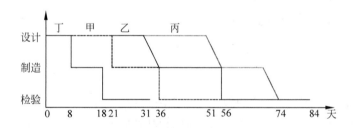

如果按丁、乙、甲、丙顺序实施，则共需 86 天，如下图所示。

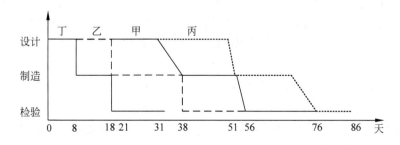

参考答案

（5）A

试题（6）

下列关于面向对象软件测试的说法中，正确的是 ___(6)___ 。

（6）A．在测试一个类时，只要对该类的每个成员方法都进行充分的测试就完成了对该类充分的测试

　　　B．存在多态的情况下，为了达到较高的测试充分性，应对所有可能的绑定都进行测试

　　　C．假设类 B 是类 A 的子类，如果类 A 已经进行了充分的测试，那么在测试类 B 时不必测试任何类 B 继承自类 A 的成员方法

　　　D．对于一棵继承树上的多个类，只有处于叶子节点的类需要测试

试题（6）分析

面向对象系统的测试目标与传统信息系统的测试目标是一致的，但面向对象系统的测试策略与传统结构化系统的测试策略有很大的不同，这主要体现在两个方面，分别是测试的焦点从模块移向了类，以及测试的视角扩大到了分析和设计模型。

与传统的结构化系统相比，面向对象系统具有三个明显特征，即封装性、继承性与多态性。封装性决定了面向对象系统的测试必须考虑到信息隐蔽原则对测试的影响，以及对象状态与类的测试序列，因此在测试一个类时，仅对该类的每个方法进行测试是不够的；继承性决定了面向对象系统的测试必须考虑到继承对测试充分性的影响，以及误用引起的错误；多态性决定了面向对象系统的测试必须考虑到动态绑定对测试充分性的影响、抽象类的测试以及误用对测试的影响。

参考答案

（6）B

试题（7）

以下关于自顶向下开发方法的叙述中，正确的是 ___(7)___ 。

（7）A．自顶向下过程因为单元测试而比较耗费时间

　　　B．自顶向下过程可以更快地发现系统性能方面的问题

　　　C．相对于自底向上方法，自顶向下方法可以更快地得到系统的演示原型

　　　D．在自顶向下的设计中，如发现了一个错误，通常是因为底层模块没有满足其规格说明（因为高层模块已经被测试过了）

试题（7）分析

自顶向下方法是一种决策的策略。软件开发涉及作什么决策、如何决策和决策顺序等决策问题。

自顶向下方法在任何时刻所作的决定都是当时对整个设计影响最大的那些决定。如果把所有决定分组或者分级，那么决策顺序是首先作最高级的决定，然后依次地作较低

级的决定。同级的决定则按照随机的顺序或者按别的方法。一个决定的级别是看它距离要达到的最终目的（因此是软件的实际实现）的远近程度。从问题本身来看，或是由外（用户所见的）向内（系统的实现）看，以距离实现近的决定为低级决定，远的为高级决定。

在这个自顶向下的过程中，一个复杂的问题（任务）被分解成若干个较小较简单的问题（子任务），并且一直继续下去，直到每个小问题（子任务）都简单到能够直接解决（实现）为止。

自顶向下方法的优点是：

- 可为企业或机构的重要决策和任务实现提供信息。
- 支持企业信息系统的整体性规划，并对系统的各子系统的协调和通信提供保证。
- 方法的实践有利于提高企业人员的整体观察问题的能力，从而有利于寻找到改进企业组织的途径。

自顶向下方法的缺点是：

- 对系统分析和设计人员的要求较高。
- 开发周期长，系统复杂，一般属于一种高成本、大投资的工程。
- 对于大系统而言，自上而下的规划对于下层系统的实施往往缺乏约束力。
- 从经济角度来看，很难说自顶向下的做法在经济上市合算的。

参考答案

（7）C

试题（8）、（9）

企业信息集成按照组织范围分为企业内部的信息集成和外部的信息集成。在企业内部的信息集成中，__(8)__实现了不同系统之间的互操作，使得不同系统之间能够实现数据和方法的共享；__(9)__实现了不同应用系统之间的连接、协调运作和信息共享。

（8）A．技术平台集成　　　　　　　　B．数据集成

　　　 C．应用系统集成　　　　　　　　D．业务过程集成

（9）A．技术平台集成　　　　　　　　B．数据集成

　　　 C．应用系统集成　　　　　　　　D．业务过程集成

试题（8）、（9）分析

本题考查企业信息集成的基础知识。

企业信息集成是指企业在不同应用系统之间实现数据共享，即实现数据在不同数据格式和存储方式之间的转换、来源不同、形态不一、内容不等的信息资源进行系统分析、辨清正误、消除冗余、合并同类，进而产生具有统一数据形式的有价值信息的过程。企业信息集成是一个十分复杂的问题，按照组织范围来分，分为企业内部的信息集成和外部的信息集成两个方面。按集成内容，企业内部的信息集成一般可分为以下四个方面：技术平台集成，数据集成，应用系统集成和业务过程集成。其中，应用系统集成是实现

不同系统之间的互操作，使得不同应用系统之间能够实现数据和方法的共享；业务过程集成使得在不同应用系统中的流程能够无缝连接，实现流程的协调运作和流程信息的充分共享。

参考答案

（8）C　　（9）D

试题（10）

以下关于为撰写学术论文引用他人资料的说法，___(10)___ 是不正确的。

（10）A．既可引用发表的作品，也可引用未发表的作品

　　　　B．只能限于介绍、评论或为了说明某个问题引用作品

　　　　C．只要不构成自己作品的主要部分，可引用资料的部分或全部

　　　　D．不必征得著作权人的同意，不向原作者支付合理的报酬

试题（10）分析

作品实际上是在吸纳和借鉴前人的多种智力成果的基础上而逐渐创作出来的。为了让作品能被更多的人所传播、利用与掌握，以有利于技术和文化的进步、发展，著作权法一方面向著作人授予精神、经济专有权利并保护这些权利所带来的利益，同时又对权利人行使其专有权利给予了一定的限制，便于公众接触、使用作品，为进一步提高技术和文化提供条件。

著作权的限制主要体现在合理使用、法定许可使用两个方面。合理使用是指在特定的条件下，法律允许他人自由使用享有著作权的作品而不必征得著作权人的同意，也不必向著作权人支付报酬的行为，但应当指明作者姓名、作品名称，并且不得侵犯著作权人依照本法享有的其他权利。法定许可使用是指除著作权人声明不得使用外，使用人在未经著作权人许可的情况下，在向著作权人支付报酬时，指明著作权人姓名、作品名称，并且不侵犯著作权人依法享有的合法权利的情况下进行使用的行为。法定许可使用与合理使用的相同处在于：以促进社会公共利益、限制著作权人权利为目的；使用的作品限于已发表作品；无须征得著作权人的同意，但必须注明作者姓名、作品名称。我国著作权法第二十二条具体规定了合理使用的 12 种情形，一种情形是"为介绍、评论某一作品或者说明某一问题，在作品中适当引用他人已经发表的作品。"题干所述"引用"是合理使用的一种，引用目的仅限于介绍、评论某一作品或者说明某一问题，所引用部分不能构成引用人作品的主要部分或者实质部分。

参考答案

（10）A

试题（11）

在 ISO/OSI 参考模型中，传输层采用三次握手协议建立连接，采用这种协议的原因是___(11)___。

（11）A．为了在网络服务不可靠的情况下也可以建立连接

B．防止因为网络失效或分组重复而建立错误的连接

C．它比两次握手协议更能提高连接的可靠性

D．为了防止黑客进行 DoS 攻击

试题（11）分析

传输层协议使用三次握手过程建立连接，这种方法可以防止出现错误连接。大部分错误连接是由于迟到的或网络中存储的连接请求引起的。由于三次握手过程强调连接的双方都要提出自己的连接请求标识，也要应答对方的连接请求标识，所以不会受到过期的连接请求的干扰。

参考答案

（11）B

试题（12）

设卫星信道的传播延迟为 270ms，数据速率为 64kb/s，帧长 4000 比特，采用停等 ARQ 协议，则信道的最大利用率为___（12）___。

（12）A．0.480　　　　B．0.125　　　　C．0.104　　　　D．0.010

试题（12）分析

停等 ARQ 协议的信道利用率为

$$E = \frac{1}{2a+1}$$

其中 $a = t_p / t_f$，t_p 为信道延迟，t_f 为帧发送或接收时间，这是在停等协议下链路的最高利用率，也可以认为是停等协议的效率。

本题中，卫星信道的传播延迟 t_p=270ms，t_f=4000÷64=62.5ms，所以：

$$a = 270 / 62.5 = 4.32$$

于是　　　　　$$E = \frac{1}{2a+1} = \frac{1}{2 \times 4.32 + 1} = \frac{1}{9.64} = 0.104$$

参考答案

（12）C

试题（13）、（14）

在相隔 2000km 的两地间通过电缆以 4800b/s 的速率传送 3000 比特长的数据包，从开始发送到接收完数据需要的时间是___（13）___，如果用 50kb/s 的卫星信道传送，则需要的时间是___（14）___。

（13）A．480ms　　　B．645ms　　　C．630ms　　　D．635ms

（14）A．70ms　　　　B．330ms　　　C．500ms　　　D．600ms

试题（13）、（14）分析

从开始发送到接收完数据需要的时间为信道传播延迟+数据包的接收（或发送）时间。通过电缆传送数据包的传播延迟=2000km÷200m/μs=10ms，数据包的接收时间=

3000÷4800=625ms，所以从开始发送到接收完数据需要的时间为 635ms。

通过卫星信道传送数据包时，信道传播延迟=270ms，数据包的接收时间=3000÷50k=60ms，所以从开始发送到接收完数据需要的时间为 330ms。

参考答案

（13）D　（14）B

试题（15）

10 个 9.6kb/s 的信道按时分多路复用在一条线路上传输，在统计 TDM 情况下，假定每个子信道只有 30% 的时间忙，复用线路的控制开销为 10%，那么复用线路的带宽应该是 __(15)__。

（15）A．32kb/s　　　　B．64kb/s　　　　C．72kb/s　　　　D．96kb/s

试题（15）分析

根据题意计算如下：9.6kb/s×10×30%÷90%=32kb/s

参考答案

（15）A

试题（16）

关于 HDLC 协议的流量控制机制，下面的描述中正确的是 __(16)__。

（16）A．信息帧（I）和管理帧（S）的控制字段都包含发送顺序号

　　　B．当控制字段 C 为 8 位长时，发送顺序号的变化范围是 0～127

　　　C．发送完一个信息帧（I）后，发送器就将其发送窗口向前移动一格

　　　D．接收器成功接收到一个帧后，就将其接收窗口后沿向前移动一格

试题（16）分析

HDLC 协议采用固定大小的滑动窗口协议进行流量控制。信息帧和控制帧是编号帧，管理帧是无编号帧；当控制字段为 8 位长时，帧编号只有 3 位长，取值范围为 0～7；发送器只有在收到肯定应答后才能向前移动窗口；接收器成功收到一个帧后，就将其窗口向前移动一格，并送回肯定应答信号。

参考答案

（16）D

试题（17）、（18）

由域名查询 IP 地址的过程分为递归查询和迭代查询两种，其中递归查询返回的结果为 __(17)__，而迭代查询返回的结果是 __(18)__。

（17）A．其他服务器的名字或地址

　　　B．上级域名服务器的地址

　　　C．域名所对应的 IP 地址或错误信息

　　　D．中介域名服务器的地址

（18）A．其他服务器的名字或地址

B．上级域名服务器的地址

C．域名所对应的 IP 地址或错误信息

D．中介域名服务器的地址

试题（17）、（18）分析

IP 地址的解析过程分为递归查询和迭代查询两种，递归查询返回的结果为域名对应的 IP 地址或错误信息，而迭代查询返回的结果是其他服务器（包括中介域名服务器和上级域名服务器）的名字或地址。

参考答案

（17）C   （18）A

试题（19）

为了满足不同用户的需求，可以把所有自动获取 IP 地址的主机划分为不同的类别，下面的选项列出的划分类别的原则中合理的是　__(19)__　。

（19）A．移动用户划分到租约期较长的类

B．固定用户划分到租约期较短的类

C．远程访问用户划分到默认路由类

D．服务器划分到租约期最短的类

试题（19）分析

在配置动态 IP 地址时对用户进行分类的原则是：移动用户划分到租约期较短的类别；固定用户划分到租约期较长的类别；远程访问用户划分到默认路由类；服务器分配静态 IP 地址。

参考答案

（19）C

试题（20）

TCP 协议在建立连接的过程中可能处于不同的状态，用 netstat 命令显示出 TCP 连接的状态为 SYN_SEND，则这个连接正处于　__(20)__　。

（20）A．监听对方的建立连接请求   B．已主动发出连接建立请求

C．等待对方的连接释放请求   D．收到对方的连接建立请求

试题（20）分析

TCP 的连接状态如图 1 所示，由图看出，当 TCP 实体主动发出连接请求（SYN）后处于 SYN_SEND 状态。

参考答案

（20）B

试题（21）

自动专用 IP 地址（Automatic Private IP Address，APIPA）是 IANA 保留的一个地址

块，其地址范围是　（21）　。

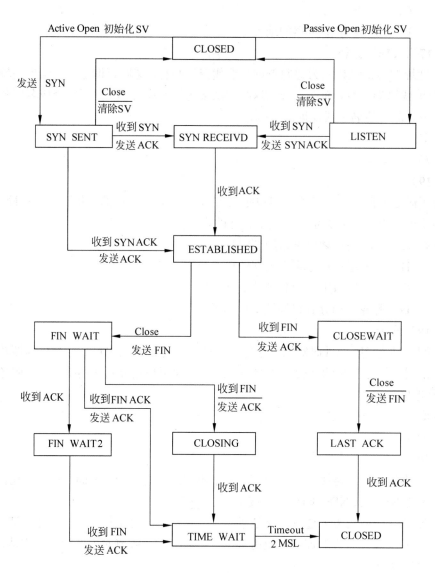

（21）A. A 类地址块 10.254.0.0～10.254.255.255

　　　　B. A 类地址块 100.254.0.0～100.254.255.255

　　　　C. B 类地址块 168.254.0.0～168.254.255.255

　　　　D. B 类地址块 169.254.0.0～169.254.255.255

试题（21）分析

　　　自动专用 IP 地址 APIPA 的范围是 B 类地址块 169.254.0.0～169.254.255.255。

参考答案

（21）D

试题（22）

下面关于 GPRS 接入技术的描述中，正确的是　(22)　。

（22）A．GPRS 是一种分组数据业务

　　　　B．GPRS 是一种第三代移动通信标准

　　　　C．GPRS 提供的数据速率可以达到 1Mb/s

　　　　D．GPRS 是一种建立在 CDMA 网络上的数据传输技术

试题（22）分析

通用分组无线业务 GPRS（General Packet Radio Service）是一种 2.5G 移动通信系统。2.5G 系统能够提供 3G 系统中才有的一些功能，例如分组交换业务，也能共享 2G 时代开发出来的 TDMA 或 CDMA 网络。GPRS 分组网络重叠在 GSM 网络之上，利用 GSM 网络中未使用的 TDMA 信道，为用户提供中等速度的移动数据业务。

GPRS 是基于分组交换的技术，多个用户可以共享带宽，每个用户只有在传输数据时才会占用信道，所有的可用带宽可以立即分配给当前发送数据的用户，适合于 Web 浏览、E-mail 收发和即时消息那样的共享带宽的间歇性数据传输业务。通常，GPRS 系统是按交换的字节数计费，而不是连接时间计费。GPRS 系统支持 IP 协议和 PPP 协议。理论上的分组交换速度大约是 170kb/s，而实际速度只有 30～70kb/s。

对 GPRS 的射频部分进行改进的技术方案称为增强数据速率的 GSM 演进（Enhanced Data rates for GSM Evolution，EDGE）。EDGE 又称为增强型 GPRS（EGPRS），可以工作在已经部署 GPRS 的网络上，只需要对手机和基站设备做一些简单的升级。EDGE 被认为是 2.75G 技术，采用 8PSK 的调制方式代替了 GSM 使用的高斯最小移位键控（GMSK）调制方式，使得一个码元可以表示 3 比特信息。理论上说，EDGE 提供的数据速率是 GSM 系统的 3 倍。2003 年 EDGE 被引入北美的 GSM 网络，支持从 20～200kb/s 的高速数据传输，最大数据速率取决于同时分配到的 TDMA 帧的时隙的多少。

参考答案

（22）A

试题（23）

IEEE 802.3 规定的 CSMA/CD 协议可以利用多种监听算法来减小发送冲突的概率，下面关于各种监听算法的描述中，正确的是　(23)　。

（23）A．非坚持型监听算法有利于减少网络空闲时间

　　　　B．坚持型监听算法有利于减少冲突的概率

　　　　C．P 坚持型监听算法无法减少网络的空闲时间

　　　　D．坚持型监听算法能够及时抢占信道

试题（23）分析

以太网的监听算法分为 3 种：

非坚持型监听算法可以最大限度地减少冲突概率，但是可能会延迟发送，引起带宽的浪费；坚持型监听算法能及时抢占信道，但是会增加冲突的概率。P-坚持型监听算法既可以及时抢占信道，也不会增加冲突的概率，但是算法复杂，需要根据网络的负载情况进行仔细的调整。

参考答案

（23）D

试题（24）

采用以太网链路聚合技术将 __(24)__ 。

（24）A．多个逻辑链路组成一个物理链路

　　　　B．多个逻辑链路组成一个逻辑链路

　　　　C．多个物理链路组成一个物理链路

　　　　D．多个物理链路组成一个逻辑链路

试题（24）分析

IEEE 802.3ad 定义了链路聚合控制协议（Link Aggregation Control Protocol，LACP），它的功能是将多个物理链路聚合成一个逻辑链路。链路汇聚技术可以将多个链路绑定在一起，形成一条高速链路，以达到更高的带宽，并实现链路备份和负载均衡。

参考答案

（24）D

试题（25）、（26）

RIP 是一种基于 __(25)__ 的内部网关协议，在一条 RIP 通路上最多可包含的路由器数量是 __(26)__ 。

（25）A．链路状态算法　　　　　　　　　B．距离矢量算法

　　　　C．集中式路由算法　　　　　　　　D．固定路由算法

（26）A．1 个　　　　　B．16 个　　　　　C．25 个　　　　　D．无数个

试题（25）、（26）分析

RIP 是一种基于距离矢量算法的内部网关协议，在一条 RIP 通路上最多可包含的路由器数量是 16 个。

参考答案

（25）B　（26）B

试题（27）

关于实现 QoS 控制的资源预约协议 RSVP，下面的描述中正确的是 __(27)__ 。

（27）A．由发送方向数据传送路径上的各个路由器预约带宽资源

　　　　B．由发送方向接收方预约数据缓冲资源

C．由接收方和发送方共同商定各条链路上的资源分配

D．在数据传送期间，预约的路由信息必须定期刷新

试题（27）分析

资源预约协议 RSVP 是根据用户要求的服务质量，由连接的接收方（或下游结点）向中间路由器（或上游结点）预约资源。预约的资源是一种"软状态"，必须定期进行更新。

参考答案

（27）D

试题（28）

OSPF 协议使用　（28）　分组来保持与其邻居的连接。

（28）A．Hello　　　　　　　　　　　　　　　B．Keepalive

　　　C．SPF（最短路径优先）　　　　　　　D．LSU（链路状态更新）

试题（28）分析

OSPF 的 5 种报文如表 1 所示，这些报文通过 TCP 连接传送。OSPF 路由器启动后以固定的时间间隔传播 Hello 报文，采用的目标地址 224.0.0.5 代表所有的 OSPF 路由器。在点对点网络上每 10 秒发送一次，在 NBMA 网络中每 30 秒发送一次。管理 Hello 报文交换的规则称为 Hello 协议。Hello 协议用于发现邻居，建立毗邻关系，还用于选举区域内的指定路由器 DR 和备份指定路由器 BDR。

表 1　OSPF 的 5 种报文类型

类型	报 文 类 型	功 能 描 述
1	Hello	用于发现相邻的路由器
2	数据库描述 DBD(Data Base Description)	表示发送者的链路状态数据库内容
3	链路状态请求 LSR(Link-State Request)	向对方请求链路状态信息
4	链路状态更新 LSU(Link-State Update)	向邻居路由器发送链路状态通告
5	链路状态应答 LSAck(Link-State Acknowledgement)	对链路状态更新报文的应答

参考答案

（28）A

试题（29）

主机 PC 对某个域名进行查询，最终由该域名的授权域名服务器解析并返回结果，查询过程如下图所示。这种查询方式中不合理的是　（29）　。

（29）A．根域名服务器采用递归查询，影响了性能

　　　B．根域名服务器采用迭代查询，影响了性能

　　　C．中介域名服务器采用迭代查询，加重了根域名服务器负担

　　　　D．中介域名服务器采用递归查询，加重了根域名服务器负担

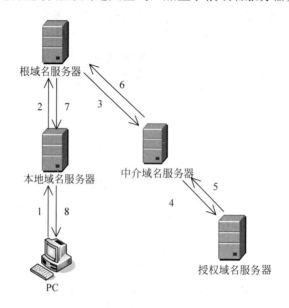

试题（29）分析

　　本题考查 DNS 服务器及其原理。

　　DNS 查询过程分为两种查询方式：递归查询和迭代查询。

　　递归查询的查询方式为：当用户发出查询请求时，本地服务器要进行递归查询。这种查询方式要求服务器彻底地进行名字解析，并返回最后的结果——IP 地址或错误信息。如果查询请求在本地服务器中不能完成，那么服务器就根据它的配置向域名树中的上级服务器进行查询，在最坏的情况下可能要查询到根服务器。每次查询返回的结果如果是其他名字服务器的 IP 地址，则本地服务器要把查询请求发送给这些服务器做进一步的查询。

　　迭代查询的查询方式为：服务器与服务器之间的查询采用迭代的方式进行，发出查询请求的服务器得到的响应可能不是目标的 IP 地址，而是其他服务器的引用（名字和地址），那么本地服务器就要访问被引用的服务器，做进一步的查询。如此反复多次，每次都更接近目标的授权服务器，直至得到最后的结果——目标的 IP 地址或错误信息。

　　根域名服务器为众多请求提供域名解析，若采用递归方式会大大影响性能。

参考答案

　　（29）A

试题（30）、（31）

　　如果 DNS 服务器更新了某域名的 IP 地址，造成客户端无法访问网站，在客户端通常有两种方法解决此问题：

1. 在 Windows 命令行下执行＿＿（30）命令；
2. 停止系统服务中的　（31）服务。

（30）A．nslookup
B．ipconfig /renew
C．ipconfig /flushdns
D．ipconfig /release

（31）A．SNMP　Client
B．DNS Client
C．Plug and Play
D．Remote Procedure Call（RPC）

试题（30）、（31）分析

本题考查 DNS 服务器及其原理。

当 DNS 服务器更新了某域名的 IP 地址后，客户端可能由于缓存中的域名记录尚未更新，无法访问网站，此时可以通过命令 ipconfig /flushdns 或停止服务 DNS Client 来更新。

参考答案

（30）C　（31）B

试题（32）

某单位采用 DHCP 进行 IP 地址自动分配，经常因获取不到地址受到用户的抱怨，网管中心决定采用 Networking Monitor 来监视客户端和服务器之间的通信。为了寻找解决问题的方法，重点要监视＿＿（32）＿＿DHCP 消息。

（32）A．DhcpDiscover
B．DhcpOffer
C．DhcpNack
D．DhcpAck

试题（32）分析

本题考查 DHCP 服务器及其原理。

由于用户获取不到地址，说明服务器没能正常地提供 Offer，因此需要从 DhcpNack 报文中查找原因。

参考答案

（32）C

试题（33）

网络需求分析包括网络总体需求分析、综合布线需求分析、网络可用性与可靠性分析、网络安全性需求分析，此外还需要进行＿＿＿（33）＿＿。

（33）A．工程造价估算
B．工程进度安排
C．硬件设备选型
D．IP 地址分配分析

试题（33）分析

本题考查网络需求分析。

工程造价估算是网络需求分析中的一个重要环节。

参考答案

（33）A

试题（34）

　　某金融网络要求网络服务系统的可用性达到 5 个 9，也就是大于 99.999%，那么每年该金融网络系统的停机时间小于___（34）___方能满足需求。

　　（34）A．5 分钟　　　　　　　　　　　　B．10 分钟

　　　　　 C．60 分钟　　　　　　　　　　　 D．105 分钟

试题（34）分析

　　本题考查网络服务系统可用性的计算方法。一年以 365 天计算，如果服务系统可用性达到 99.999%，则每年的平均无故障时间为：MTBF=0.99999×365×24×60 分钟，则每年的平均修复时间为 MTBR=(1−0.99999)×365×24×60=5.256 分钟。所以每年的停机时间必须小于 5 分钟才能满足要求。

参考答案

　　（34）A

试题（35）～（38）

　　采用可变长子网掩码可以把大的网络划分成小的子网，或者把小的网络汇聚成大的超网。假设用户 U1 有 4000 台主机，则必须给他分配___（35）___个 C 类网络，如果分配给用户 U1 的超网号为 196.25.64.0，则指定给 U1 的地址掩码为___（36）___；假设给用户 U2 分配的 C 类网络号为 196.25.16.0～196.25.31.0，则 U2 的地址掩码应为___（37）___；如果路由器收到一个目标地址为 11000100.00011001.01000011.00100001 的数据报，则该数据报应送给用户___（38）___。

　　（35）A．4　　　　　　B．8　　　　　　　C．10　　　　　　D．16

　　（36）A．255.255.255.0　　　　　　　　　B．255.255.250.0

　　　　　 C．255.255.248.0　　　　　　　　　D．255.255.240.0

　　（37）A．255.255.255.0　　　　　　　　　B．255.255.250.0

　　　　　 C．255.255.248.0　　　　　　　　　D．255.255.240.0

　　（38）A．U1　　　　　　B．U2　　　　　　C．U1 或 U2　　　D．不可到达

试题（35）～（38）分析

　　用户 U1 有 4000 台主机，则必须给他分配 16 个 C 类网络（256×16），则指定给 U1 的地址掩码应为 255.255.240.0。

　　给用户 U2 分配的 C 类网络号为 196.25.16.0～196.25.31.0，其中包含 16 个 C 类网络，所以用户 U2 的地址掩码应为 255.255.240.0。

　　用户 U1 的网络地址 196.25.64.0/20：**11000100.00011001.01**000000.00000000

　　用户 U2 的网络地址 196.25.64.0/20：11000100.00011001.00100000.00000000

　　路由器收到的数据报目标地址为：**11000100.00011001.01**000011.00100001

　　根据最长匹配原则，该数据报应送给用户 U1。

参考答案

（35）D　（36）D　（37）D　（38）A

试题（39）、（40）

在 IPv6 地址无状态自动配置过程中，主机首先必须自动形成一个唯一的 　(39)　 ，然后向路由器发送　(40)　请求报文，以便获得路由器提供的地址配置信息。

（39）A. 可聚集全球单播地址　　　　　B. 站点本地单播地址

　　　　C. 服务器本地单播地址　　　　　D. 链路本地单播地址

（40）A. Neighbor Solicitation　　　　　B. Router Solicitation

　　　　C. Router Advertisement　　　　　D. Neighbor Discovery

试题（39）、（40）分析

在无状态自动配置过程中，主机通过两个阶段分别获得链路本地地址和可聚合全球单播地址。首先主机将其网卡 MAC 地址附加在地址前缀 1111 1110 10 之后，产生一个链路本地地址，并发出一个 ICMPv6 邻居发现请求报文，以验证其地址的唯一性。如果请求没有得到响应，则表明主机自我配置的链路本地地址是唯一的。否则，主机将使用一个随机产生的接口 ID 组成一个新的链路本地地址。获得链路本地地址后，主机以该地址为源地址，向本地链路中所有路由器组播路由器请求（Router Solicitation）报文，路由器以一个包含可聚合全球单播地址前缀的路由器公告（Router Advertisement）报文响应。主机用从路由器得到的地址前缀加上自己的接口 ID，自动配置一个全球单播地址，这样就可以与 Internet 中的任何主机进行通信了。

参考答案

（39）D　（40）B

试题（41）

下面 ACL 语句中，准确表达"允许访问服务器 202.110.10.1 的 WWW 服务"的是 　(41)　 。

（41）A. access-list 101 permit any 202.110.10.1

　　　　B. access-list 101 permit tcp any host 202.110.10.1 eq www

　　　　C. access-list 101 deny any 202.110.10.1

　　　　D. access-list 101 deny tcp any host 202.110.10.1 eq www

试题（41）分析

本题考查 ACL 语句。

正确的 ACL 语句为：access-list 101 permit tcp any host 202.110.10.1 eq www。

参考答案

（41）B

试题（42）

SSL 协议共有上下两层组成，处于下层的是　(42)　。

　　（42）A．SSL 握手协议（SSL Handshake protocol）

　　　　　B．改变加密约定协议（Change Cipher spec protocol）

　　　　　C．报警协议（Alert protocol）

　　　　　D．SSL 记录协议（SSL Record Protocol）

试题（42）分析

　　本试题考查 SSL 协议及组成。

　　SSL 协议分为两层，底层是 SSL 记录协议，运行在传输层协议 TCP 之上，用于封装各种上层协议。一种被封装的上层协议是 SSL 握手协议，由服务器和客户端用来进行身份认证，并且协商通信中使用的加密算法和密钥。SSL 协议栈如下图所示。

			应用层
SSL 握手协议	SSL 改变密码协议	SSL 警告协议	HTTP
SSL 记录协议			
TCP			
IP			

参考答案

　　（42）D

试题（43）

　　ISO 7498-2 标准规定的五大安全服务是　（43）　。

　　（43）A．鉴别服务、数字证书、数据完整性、数据保密性、抗抵赖性

　　　　　B．鉴别服务、访问控制、数据完整性、数据保密性、抗抵赖性

　　　　　C．鉴别服务、访问控制、数据完整性、数据保密性、计费服务

　　　　　D．鉴别服务、数字证书、数据完整性、数据保密性、计费服务

试题（43）分析

　　本试题考查 ISO 7498-2 标准。

　　ISO 7498-2 标准中描述了开放系统互联安全的体系结构，提出设计安全的信息系统的基础架构中应该包含 5 种安全服务（安全功能）、能够对这 5 种安全服务提供支持的 8 类安全机制和普遍安全机制，以及需要进行的 5 种 OSI 安全管理方式。其中 5 种安全服务为：鉴别服务、访问控制、数据完整性、数据保密性、抗抵赖性；8 类安全机制：加密、数字签名、访问控制、数据完整性、数据交换、业务流填充、路由控制、公证。

参考答案

　　（43）B

试题（44）

　　下面关于第三方认证服务说法中，正确的是　（44）　。

(44) A．Kerberos 认证服务中保存数字证书的服务器叫 CA

　　　B．第三方认证服务的两种体制分别是 Kerberos 和 PKI

　　　C．PKI 体制中保存数字证书的服务器叫 KDC

　　　D．Kerberos 的中文全称是"公钥基础设施"

试题（44）分析

本题考查认证服务。

Kerberos 可以防止偷听和重放攻击，保护数据的完整性。Kerberos 的安全机制如下。

- AS（Authentication Server）：认证服务器，是为用户发放 TGT 的服务器。
- TGS（Ticket Granting Server）：票证授予服务器，负责发放访问应用服务器时需要的票证。认证服务器和票据授予服务器组成密钥分发中心（Key Distribution Center，KDC）。
- V：用户请求访问的应用服务器。
- TGT（Ticket Granting Ticket）：用户向 TGS 证明自己身份的初始票据，即 $K_{TGS}(A, K_S)$。

公钥基础结构（Public Key Infrastructure，PKI）是运用公钥的概念和技术来提供安全服务的、普遍适用的网络安全基础设施，包括由 PKI 策略、软硬件系统、认证中心、注册机构（Registration Authority，RA）、证书签发系统和 PKI 应用等构成的安全体系。

参考答案

(44) B

试题（45）

下面安全协议中，IP 层安全协议是 　(45)　 。

(45) A．IPSec　　　　B．L2TP　　　　C．TLS　　　　D．PPTP

试题（45）分析

本题考查安全协议的工作层次。

IPSec、L2TP、PPTP 均是隧道协议，其中 L2TP、PPTP 工作在数据链路层，IPSec 工作在 IP 层；TLS 是传输层安全协议。

参考答案

(45) A

试题（46）

采用 Kerberos 系统进行认证时，可以在报文中加入 　(46)　 来防止重放攻击。

(46) A．会话密钥　　　B．时间戳　　　C．用户 ID　　　D．私有密钥

试题（46）分析

本题考查 Kerberos 系统认证。

时间戳可用来进行防重放攻击。

参考答案

（46）B

试题（47）

某单位建设一个网络，设计人员在经过充分的需求分析工作后，完成了网络的基本设计。但是，由于资金受限，网络建设成本超出预算，此时，设计人员正确的做法是__(47)__。

（47）A. 为符合预算，推翻原设计，降低网络设计标准重新设计

B. 劝说该单位追加预算，完成网络建设

C. 将网络建设划分为多个周期，根据当前预算，设计完成当前周期的建设目标

D. 保持原有设计，为符合预算降低设备性能，采购低端设备

试题（47）分析

本题考查网络的需求分析与设计。

若网络建设成本超出预算，需根据当前预算，设计完成当前周期的建设目标。

参考答案

（47）C

试题（48）～（50）

某数据中心根据需要添加新的数据库服务器。按照需求分析，该数据库服务器要求具有高速串行运算能力，同时为了该服务器的安全，拟选用 Unix 操作系统。根据以上情况分析，该服务器应选择__(48)__架构的服务器。其中__(49)__系列的 CPU 符合该架构。若选用了该 CPU，则采用__(50)__操作系统是合适的。

（48）A. RISC   B. CISC   C. IA-32   D. VLIW

（49）A. Opteron   B. Xeon   C. Itanium   D. Power

（50）A. HP-UX   B. Solaris   C. AIX   D. A/UX

试题（48）～（50）分析

本题考查服务器的基础知识。

按服务器的处理器架构（即服务器 CPU 所采用的指令系统）可把服务器划分为 RISC 架构服务器和 IA 架构服务器。后者包括 CISC 架构服务器和 VLIW 架构服务器两种。

其中 RISC 的指令系统相对简单，它只要求硬件执行很有限且最常用的那部分指令，大部分复杂的操作则使用成熟的编译技术，由简单指令合成。目前在中高档服务器特别是高档服务器普遍采用 RISC 指令系统的 CPU。

配备 RISC 架构 CPU 的服务器一般采用 Unix 操作系统，其具备高速运算能力，并且由于使用 Unix 操作系统，其安全性、可靠性较高。

根据题目要求需要选择数据库服务器，数据库服务器对于处理器性能要求很高。数据库服务器需要根据需求进行查询，然后将结果反馈给用户。如果查询请求非常多，比如大量用户同时查询的时候，如果服务器的处理能力不够强，无法处理大量的查询请求并做出应答。同时为了数据库服务器的安全，拟选用 Unix 操作系统，所以此时应选取

RISC 架构服务器。

IBM 公司的 Power 系列处理器是 RISC 处理器芯片， Opteron（皓龙）是美国 AMD 公司生产基于 x86-64 架构的 CPU，Xeon 则是 Intel 公司的 X86 架构的 CPU，而 Itanium（官方中文名称为安腾），是 Intel Itanium 架构（通常称之为 IA-64）的 64 位处理器。根据问题（48）可以判定，此处应选择 Power 系列的 CPU。

由于确定采用 IBM 公司的 Power 系列处理器，所以操作系统的选取就应该为 AIX。这是因为 RISC 架构服务器采用的主要是封闭的发展策略，即由单个厂商提供垂直的解决方案，从服务器的系统硬件到系统软件都由这个厂商完成。AIX 是 IBM 开发的一套 Unix 操作系统，其全面支持 IBM 公司的 Power 系列处理器；HP-UX 全称为 Hewlett Packard UniX，是惠普 9000 系列服务器的操作系统，可以在 HP 的 PA-RISC 处理器、Intel 的 Itanium 处理器的电脑上运行；Solaris 是 Sun Microsystems 研发的 Unix 操作系统操作系统，其支持多种系统架构：SPARC，x86 and x64；A/UX（Apple Unix）是苹果电脑（Apple Computer）公司所开发的 UNIX 操作系统，此操作系统可以在该公司的一些麦金塔电脑（Macintosh）上运行。

参考答案

（48）A （49）D （50）C

试题（51）

网络安全设计是网络规划与设计中的重点环节，以下关于网络安全设计原则的说法，错误的是__(51)__。

（51）A．网络安全应以不能影响系统的正常运行和合法用户的操作活动为前提

B．强调安全防护、监测和应急恢复。要求在网络发生被攻击的情况下，必须尽可能快地恢复网络信息中心的服务，减少损失

C．考虑安全问题解决方案时无须考虑性能价格的平衡，强调安全与保密系统的设计应与网络设计相结合

D．充分、全面、完整地对系统的安全漏洞和安全威胁进行分析、评估和检测，是设计网络安全系统的必要前提条件

试题（51）分析

本题考查网络安全设计。

网络安全应以不能影响系统的正常运行和合法用户的操作活动为前提；强调安全防护、监测和应急恢复。要求在网络发生被攻击的情况下，必须尽可能快地恢复网络信息中心的服务，减少损失；考虑性能价格的平衡，强调安全与保密系统的设计应与网络设计相结合；充分、全面、完整地对系统的安全漏洞和安全威胁进行分析、评估和检测，是设计网络安全系统的必要前提条件。

参考答案

（51）C

试题（52）～（54）

某财务部门需建立财务专网，A 公司的李工负责对该网络工程项目进行逻辑设计，他调研后得到的具体需求如下：

① 用户计算机数量 40 台，分布在二层楼内，最远距离约 60 米；

② 一共部署 7 个轻负载应用系统，其中 5 个系统不需要 Internet 访问，2 个系统需要 Internet 访问；

李工据此给出了设计方案，主要内容可概述为：

① 出口采用核心交换机+防火墙板卡设备组成财务专网出口防火墙，并通过防火墙策略将需要 Internet 访问的服务器进行地址映射；

② 财务专网使用 WLAN 为主，报账大厅用户、本财务部门负责人均可以访问财务专网和 Internet；

③ 采用 3 台高性能服务器部署 5 个不需要 Internet 访问的应用系统，1 台高性能服务器部署 2 个需要 Internet 访问的应用系统。

针对用户访问，你的评价是 ___（52）___。

针对局域网的选型，你的评价是 ___（53）___。

针对服务器区的部署，你的评价是 ___（54）___。

（52）A．用户权限设置合理

B．不恰当，报账大厅用户不允许访问 Internet

C．不恰当，财务部门负责人不允许访问 Internet

D．不恰当，财务部门负责人不允许访问财务专网

（53）A．选型恰当

B．不恰当，WLAN 成本太高

C．不恰当，WLAN 不能满足物理安全要求

D．不恰当，WLAN 不能满足覆盖范围的要求

（54）A．部署合理

B．不恰当，7 个业务系统必须部署在 7 台物理服务器上

C．不恰当，没有备份服务器，不能保证数据的安全性和完整性

D．不恰当，所有服务器均需通过防火墙策略进行地址映射

试题（52）～（54）分析

本题考查逻辑网络设计、物理网络设计的相关知识。

从用户的主要需求可以看出，覆盖范围最远距离未超出 90 米，可以覆盖。

财务专网是安全级别比较高的财务部门内部网络，如果采用 WLAN 为主，不能满足物理安全要求，要求一般财务人员只能访问财务专网进行办公，不能访问 Internet。

业务系统最好按照允许访问对象划分部署，通过防火墙进行安全防火和地址转换，但是业务系统中数据非常重要，所以必须有备份服务器来保证数据的安全性和完整性。

参考答案

（52）B （53）C （54）C

试题（55）

按照 IEEE 802.3 标准，以太帧的最大传输效率为 __（55）__ 。

（55）A．50%   B．87.5%   C．90.5%   D．98.8%

试题（55）分析

本题考查以太帧的基础知识。

按照 IEEE 802.3 标准，标准以太帧的最大 MTU 值为 1500Byte 而在以太帧中头标记和 CRC（Cyclic Redundancy Check）共有 18Bytes，所以其最大传输效率 1500/1518=98.8%。

参考答案

（55）D

试题（56）

以下关于层次化网络设计原则的叙述中，错误的是 __（56）__ 。

（56）A．层次化网络设计时，一般分为核心层、汇聚层、接入层三个层次

B．应当首先设计核心层，再根据必要的分析完成其他层次设计

C．为了保证网络的层次性，不能在设计中随意加入额外连接

D．除去接入层，其他层次应尽量采用模块化方式，模块间的边界应非常清晰

试题（56）分析

本题考查层次化网络设计原则的基础知识。

层次化网络设计应该遵循一些简单的原则，这些原则可以保证设计出来的网络更加具有层次的特性：

① 在设计时，设计者应该尽量控制层次化的程度，一般情况下，由核心层、汇聚层、接入层三个层次就足够了，过多的层次会导致整体网络性能的下降，并且会提高网络的延迟，同时也方便网络故障排查和文档编写。

② 在接入层应当保持对网络结构的严格控制，接入层的用户总是为了获得更大的外部网络访问带宽，而随意申请其他的渠道访问外部网络，这是不允许的。

③ 为了保证网络的层次性，不能在设计中随意加入额外连接，额外连接是指打破层次性，在不相邻层次间的连接，这些连接会导致网络中的各种问题，例如缺乏汇聚层的访问控制和数据报过滤等。

④ 在进行设计时，应当首先设计接入层，根据流量负载、流量和行为的分析，对上层进行更精细得容量规划，再依次完成各上层的设计。

⑤ 除去接入层的其他层次，应尽量采用模块化方式，每个层次由多个模块或者设备集合构成，每个模块间的边界应非常清晰。

参考答案

（56）B

试题（57）

在以下各种网络应用中，节点既作为客户端同时又作为服务端的是__（57）__。

（57）A．P2P 下载

　　　　B．B/S 中应用服务器与客户机之间的通信

　　　　C．视频点播服务

　　　　D．基于 SNMP 协议的网管服务

试题（57）分析

本题考查网络应用的基础知识。

B/S 中应用服务器与客户机之间的通信、视频点播服务和基于 SNMP 协议的网管服务在工作是基于 Client/Server 和 Browse/Server 模式，这些模式的特点是：它们都是以应用为核心的，在网络中必须有应用服务器，用户的请求必须通过应用服务器完成。而 P2P 下载服务是对等网络结构，网上各台节点有相同的功能，无主从之分，一个节点都是既可作为服务器，又可以作为工作站。

参考答案

（57）A

试题（58）

在 OSPF 中，路由域存在骨干域和非骨干域，某网络自治区域中共有 10 个路由域，其区域 id 为 0～9，其中__（58）__为骨干域。

（58）A．Area 0　　　　　B．Area 1　　　　　C．Area 5　　　　　D．Area 9

试题（58）分析

本题考查 OSPF 的基础知识。

在 OSPF 中，采用分区域计算，将网络中所有 OSPF 路由器划分成不同的区域，每个区域负责各自区域精确的 LSA 传递与路由计算，然后再将一个区域的 LSA 简化和汇总之后转发到另外一个区域。区域的命名可以采用整数数字，如 1、2、3、4，也可以采用 IP 地址的形式，0.0.0.1、0.0.0.2，因为采用了 Hub-Spoke 的架构，所以必须定义出一个核心，然后其他部分都与核心相连，OSPF 的区域 0 就是所有区域的核心，称为 BackBone 区域（骨干区域），而其他区域称为 Normal 区域（常规区域）。

参考答案

（58）A

试题（59）

测试工具应在交换机发送端口产生__（59）__线速流量来进行链路传输速率测试。

（59）A．100%　　　　　B．80%　　　　　C．60%　　　　　D．50%

试题（59）分析

本题考查网络系统测试过程中，针对交换机发送端口进行链路传输速率测试的标准。

在交换机发送端口产生 100% 满线速流量，在 HUB 发送端口产生 50% 线速流量。

参考答案

（59）A

试题（60）、（61）

某高校的校园网由 1 台核心设备、6 台汇聚设备、200 台接入设备组成，网络拓扑结构如下图所示，所有汇聚设备均直接上联到核心设备，所有接入设备均直接上联到汇聚设备，在网络系统抽样测试中，按照抽样规则，最少应该测试　（60）　条汇聚层到核心层的上联链路和　（61）　条接入层到汇聚层的上联链路。

（60）A. 3　　　　　B. 4　　　　　C. 5　　　　　D. 6

（61）A. 20　　　　B. 30　　　　　C. 40　　　　　D. 50

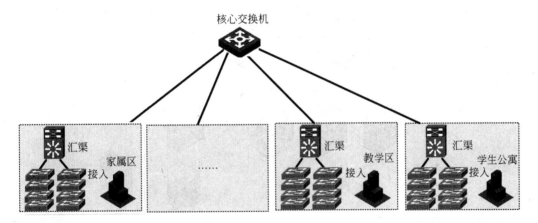

试题（60）、（61）分析

本题考查网络系统抽样测试中的抽样规则：对核心层的骨干链路，应进行全部测试；对汇聚层到核心层的上联链路，应进行全部测试；对接入层到汇聚层的上联链路，以不低于 10% 的比例进行抽样测试，抽样链路数不足 10 条时，按 10 条进行计算或者全部测试。

该网络中汇聚层到核心层一共 6 条上联链路，接入层到汇聚层一共 200 条上联链路。根据该抽样规则，则一共应测试 6 条汇聚层到核心层上联链路，20 条接入层到汇聚层的上联链路。

参考答案

（60）D　（61）A

试题（62）

某公司主营证券与期货业务，有多个办公网点，要求企业内部用户能够高速地访问企业服务器，并且对网络的可靠性要求很高。工程师给出设计方案：

① 采用核心层、汇聚层、接入层三层结构；

② 骨干网使用千兆以太网；

③ 为了不改变已有建筑的结构，部分网点采用 WLAN 组网；

④ 根据企业需求，将网络拓扑结构设计为双核心来进行负载均衡，当其中一个核心交换机出现故障时，数据能够转换到另一台交换机上，起到冗余备份的作用。

网络拓扑如下图所示。

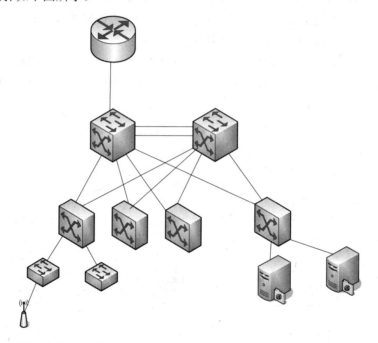

针对网络的拓扑设计，你的评价是＿＿（62）＿＿。

（62）A．恰当合理

　　　B．不恰当，两个核心交换机都应直接上联到路由器上，保证网络的可靠性

　　　C．不恰当，为保证高速交换，接入层应使用三层交换机

　　　D．不恰当，为保证核心层高速交换，服务器应放在接入层

试题（62）分析

本题考查网络规划与设计。

两个核心交换机都应直接上联到路由器上，采用冗余连接保证网络的可靠性；接入层只是保障用户接入，无须三层交换机；服务器放在接入层印象访问速度。

参考答案

（62）B

试题（63）

一台 CISCO 交换机和一台 H3C 交换机相连，互联端口都工作在 VLAN TRUNK 模式下，这两个端口应该使用的 VLAN 协议分别是＿＿（63）＿。

（63）A．ISL 和 IEEE 802.10　　　　　B．ISL 和 ISL

　　　　C．ISL 和 IEEE 802.1Q　　　　D．IEEE 802.1Q 和 IEEE 802.1Q

试题（63）分析

本题考查 VLAN TRUNK 的基本知识。

在交换设备之间实现 VLAN TRUNK 功能，必须遵守相同的 VLAN 协议标准。

目前，在交换设备中常用的 VLAN 协议有 ISL（Cisco 公司内部交换链路协议）、IEEE 802.10（原为 FDDI 的安全标准协议）和国际标准 IEEE 802.1Q。其中，ISL（Inter-Switch Link）是 Cisco 交换机内部链路的一个 VLAN 协议，它是个私有协议，仅适用于 Cisco 设备。IEEE 802.10 的正式名称是 IEEE 802.10 Interoperable LAN/MAN Security Standard，是一个 OSI 第二层的协议，包括了验证（Authentication）和加密（Encryption）等机制。其目的是在数据链路层内安全地交换数据，为此它定义了称为安全数据互换（SDE：Secure Data Exchange）的协议数据单元（PDU）。虽然 802.10 确实是一个标准，但它毕竟只是一个安全性标准，并不能完全满足虚拟网的需要，而且目前对 802.10 报头中域的使用，各厂家仍是各自为政，互不兼容。IEEE 802.1Q 标准提供了对 VLAN 明确的定义及其在交换式网络中的应用。该标准的发布，确保了不同厂商产品的互操作能力，并在业界获得了广泛的推广。它成为 VLAN 发展史上的里程碑。IEEE 802.1Q 的出现打破了 VLAN 依赖于单一厂商的僵局，从一个侧面推动了 VLAN 的迅速发展。因此，在不同厂家交换机互连要实现 VLAN TRUNK 功能时，必须在直接相连的两台交换机端口都封装 IEEE 802.1Q 协议，从而保证协议的一致性，否则不能正确地传输多个 VLAN 信息。

参考答案

（63）D

试题（64）、（65）

在进行无线 WLAN 网络建设时，现在经常使用的协议是 IEEE 802.11b/g/n，采用的共同工作频带为＿＿（64）＿。其中为了防止无线信号之间的干扰，IEEE 将频段分为 13 个信道，其中仅有三个信道是完全不覆盖的，它们分别是＿＿（65）＿。

（64）A．2.4 GHz　　　　B．5 GHz　　　　C．1.5 GHz　　　　D．10 GHz

（65）A．信道 1、6 和 13　　　　　B．信道 1、7 和 11

　　　　C．信道 1、7 和 13　　　　D．信道 1、6 和 11

试题（64）、（65）分析

本题考查 WLAN 的有关基本知识。

802.11 是 IEEE 最初制定的一个无线局域网标准，主要用于解决网络用户与用户终端的无线接入；其中 802.11a 工作在 5.4GHz 频段、最高速率 54Mb/s、主要用在远距离的无线连接；802.11b 工作在 2.4GHz 频段、最高速率 11Mb/s、目前已经逐步被淘汰；802.11g 工作在 2.4GHz 频段、最高速率 54Mb/s；802.11n 工作在 2.4GHz 或者 5GHz、最高速率可达 600Mb/s。因此 IEEE 802.11b/g/n，采用的共同工作频带为 2.4GHz。

目前主流的无线 WIFI 网络设备不管是 802.11b/g 还是 802.11b/g/n 一般都支持 13 个信道。它们的中心频率虽然不同，但是因为都占据一定的频率范围，所以会有一些相互重叠的情况。信道也称作通道（Channel）、频段，是以无线信号（电磁波）作为传输载体的数据信号传送通道。无线网络（路由器、AP 热点、电脑无线网卡）可在多个信道上运行。在无线信号覆盖范围内的各种无线网络设备应该尽量使用不同的信道，以避免信号之间的干扰。

下表是常用的 2.4GHz（=2400MHz）频带的信道划分。实际一共有 14 个信道（图中画出了第 14 信道），但第 14 信道一般不用。表中列出的是信道的中心频率。每个信道的有效宽度是 20MHz，另外还有 2MHz 的强制隔离频带。即对于中心频率为 2412 MHz 的 1 信道，其频率范围为 2401～2423MHz。

信道	中心频率	信道	中心频率	信道	中心频率
1	2412MHz	2	2417MHz	3	2422MHz
4	2427MHz	5	2432MHz	6	2437MHz
7	2442MHz	8	2447MHz	9	2452MHz
10	2457MHz	11	2462MHz	12	2467MHz
13	2472MHz				

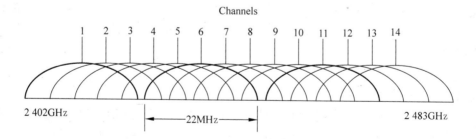

从上图中很容易看到其中 1、6、11 这三个信道（红色标记）之间是完全没有交叠的，也就是三个不互相重叠的信道，每个信道 20MHz 带宽。图中也很容易看清楚其他各信道之间频谱重叠的情况。另外，如果设备支持，除 1、6、11 三个一组互不干扰的信道外，还有 2、7、12；3、8、13；4、9、14 三组互不干扰的信道。

参考答案

（64）A   （65）D

试题（66）

在网络数据传输过程中都是收、发双向进行的。一般来说，对于光纤介质也就需要两条光纤分别负责数据的发送和接受。近年来已经有了在单条光纤上同时传输收发数据的技术，下面支持单条光纤上同时传输收发数据的技术是__(66)__。

(66) A．WiFi 和 WiMAX   B．ADSL 和 VDSL

     C．PPPoE 和 802.1x   D．GPON 和 EPON

试题（66）分析

无源光网络（Passive Optical Network，PON）是一种纯介质网络，PON 目前主要有 GPON（ITU 协议）和 EPON（IEEE 协议）两种协议技术。

通过 PON，单根光纤从服务提供商的设备延伸到靠近居民区或商务中心的位置。"无源"是指该系统在服务提供商和客户之间不需要电源和有源的电子组件。它仅由光纤、分路器、接头和连接器组成。一根光纤可为多个客户提供服务，而此前的系统要求每个客户都有独立的光纤，这样就大大节省了光纤资源。

参考答案

(66) D

试题（67）

光缆布线工程结束后进行测试是工程验收的关键环节。以下指标中不属于光缆系统的测试指标的是__(67)__。

(67) A．最大衰减限值   B．回波损耗限值

     C．近端串扰   D．波长窗口参数

试题（67）分析

本题主要考察光缆布线工程中对光缆系统的测试指标。其中近端串扰（Near End Cross-Talk（NEXT））是指在 UTP 电缆链路中一对线与另一对线之间的因信号耦合效应而产生的串扰，是对性能评价的最主要指标，近端串扰用分贝（dB）来度量，不属于光缆系统的测试指标。

参考答案

(67) C

试题（68）、（69）

如图所示网络结构，当 Switch 1 和 Switch 2 都采用默认配置，那么 PC2 和 PC4 之间不能通信，其最可能的原因是__(68)__。如果要解决此问题，最快捷的解决方法是__(69)__。

(68) A．PC2 和 PC4 的 IP 地址被交换机禁止通过

     B．PC2 和 PC4 的 VLAN 被交换机禁止通过

     C．PC2 和 PC4 的 MAC 地址被交换机禁止通过

     D．PC2 和 PC4 的接入端口被交换机配置为 down

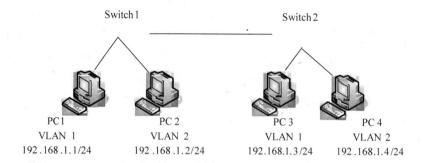

（69）A. 把 Switch 1 和 Switch 2 连接端口配置为 trunk 模式

　　　　B. 把 Switch 1 和 Switch 2 连接端口配置为 access 模式

　　　　C. 把 Switch 1 和 Switch 2 设备配置为服务器模式

　　　　D. 把 Switch 1 和 Switch 2 设备配置为客户端模式

试题（68）、（69）分析

本题考查交换机基本配置的相关知识。

根据题意及图中所示，Switch 1 和 Switch 2 采用默认配置，则 IP 地址、MAC 地址都不会被禁止，端口也为激活状态。在没有配置 VLAN 之前，由交换机互连的网络默认同属于 VLAN1。VLAN1 也是默认的本征 VLAN。本征 VLAN 是指交换机允许默认传输信息的 VLAN。对于不是本征 VLAN 的其他 VLAN 默认是不允许在交换机之间传输信息的。

PC2 和 PC4 的 IP 地址为同一网段，也属于同一 VLAN（VLAN2）。PC2 和 PC4 之间不能通信的原因可能是 Switch 1 和 Switch 2 的连接端口不允许除本征 VLAN 之外的其他 VLAN（VLAN2）通过，默认情况下 Switch 1 和 Switch 2 连接端口为 access 模式，因此，要解决此问题，最快捷的解决方法是把 Switch 1 和 Switch 2 连接端口配置为 trunk 模式，该模式下允许多个不同的 VLAN 通过。

参考答案

（68）B　（69）A

试题（70）

在 STP 生成树中，断开的链路并不是随意选择的，而是通过设备、接口、链路优先级等决定的。在下图所示的连接方式中，哪条链路是作为逻辑链路断开而备份使用的？　(70)　。

（70）A. SW1 和 SW2 之间的链路

　　　　B. SW1 和 SW3 之间的链路

　　　　C. SW2 和 SW3 之间的链路

　　　　D. 任意断开一条皆可

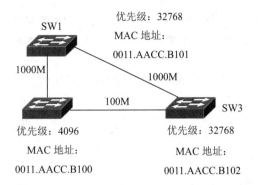

试题（70）分析

本题考查 STP 生成树的有关知识。在 STP 生成树中，断开的链路并不是随意选择的，而是通过设备、接口、链路优先级等决定的。具体的原则为：首先在局域网中找一台设备为根桥，根桥由桥 ID 的大小决定，桥 ID 值最小的设备为根桥。桥 ID=桥优先级+桥 MAC 地址，其中"桥"就是"网桥"，即交换机。默认情况下交换机的优先级都是 32768，如果需要某一台设备为根桥的话，直接将其优先级改小即可，不过交换机的优先级规定必须为 4096 的倍数。

如图所示，SW2 是根桥，SW3 到 SW2 有两条路径，要根据两条链路的成本值决定应该逻辑断开哪一条。其中 SW2 和 SW3 的优先级相同，又根据链路带宽成本，其中 100M 的路径成本为 19，1000M 的路径成本为 4。所以 SW2-SW3 的直连链路成本为 19，SW3-SW1-SW2 的链路成本为 8，所以应该断开 SW2-SW3 之间的逻辑链路，备份使用。

参考答案

（70）C

试题（71）～（75）

The API changes should provide both source and binary ___（71）___ for programs written to the original API. That is, existing program binaries should continue to operate when run on a system supporting the new API. In addition, existing ___（72）___ that are re-compiled and run on a system supporting the new API should continue to operate. Simply put, the API ___（73）___ for multicast receivers that specify source filters should not break existing programs. The changes to the API should be as small as possible in order to simplify the task of converting existing ___（74）___ receiver applications to use source filters. Applications should be able to detect when the new ___（75）___ filter APIs are unavailable (e.g., calls fail with the ENOTSUPP error) and react gracefully (e.g., revert to old non-source-filter API or display a meaningful error message to the user).

（71）A. capability   B. compatibility   C. labiality   D. reliability

（72）A. systems   B. programs   C. applications D. users

（73）A. connections   B. changes   C. resources   D. considerations

（74）A. multicast　　　　B. unicast　　　　C. broadcast　　　　D. anycast

（75）A. resource　　　　B. state　　　　C. destination　　　　D. source

参考译文

　　对于 API 的改变应该与用原来 API 编写的程序的源代码和二进制代码兼容。亦即，原有程序的二进制代码应该可以运行在支持新 API 的系统上。此外，现有的应用经过重新编译，也可以运行在支持新 API 的系统上。简言之，对于说明了源过滤的组播接收器，API 的改变不能破坏现有的程序。API 的改变应该尽量小，以便简化转换现有的使用源过滤的组播接收器应用的工作。当新的源过滤 API 不可用时，应用程序应该能够检测到（例如调用失败，出现 ENOTSUPP 错误），并且给出温和的反应（例如转向老的非源过滤 API，或者向用户显示有用的错误信息）。

参考答案

　　（71）B　（72）C　（73）B　（74）A　（75）D

第5章　2013下半年网络规划设计师下午试卷 I
试题分析与解答

试题一（共 25 分）

阅读以下关于某园区企业网络的叙述，回答问题 1 至问题 4。

企业网络拓扑结构如图 1-1 所示。

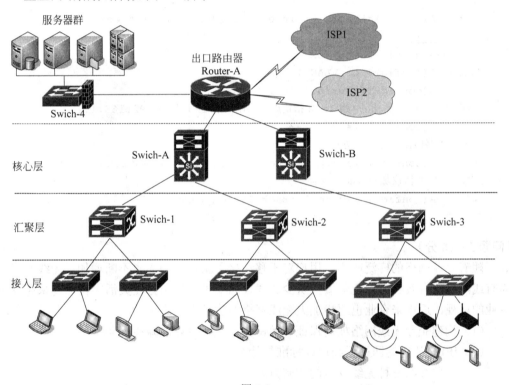

图 1-1

【问题 1】（5 分）

企业网络的可用性和可靠性是至关重要的，经常会出现因网络设备、链路损坏等导致整个网络瘫痪的现象。为了解决这个问题，需要在已有的链路基础上再增加一条备用链路，这称作网络冗余。

（1）对于企业来说，直接增加主干网络链路带宽的方法有哪些？并请分析各种方法的优缺点。（3 分）

（2）一般常用的网络冗余技术可以分为哪两种。（2分）

【问题 2】（10 分）

（1）网络冗余是当前网络为了提高可用性、稳定性必不可少的技术，在本企业网络中要求使用双核心交换机互做备份实现两种网络冗余技术，同时出口路由器因为负载过重也需要进行网络结构调整优化，请画图说明在不增加网络设备的情况下完成企业主干网络结构调优。（4分）

（2）在两台核心交换机上配置 VRRP 冗余，以下为部分配置命令。根据需求，完成（或解释）核心交换机 Switch-A 的部分配置命令。（6分）

```
Switch-A:
Switch-A(config)#track 100 interface F0/1 line-protocol
//_____①_____
Switch-A(config-track)#exit
Switch-A(config)#int VLAN 1
Switch-A(config-if)#vrrp 1 ip 192.168.1.254
//在 VLAN1 中配置 VRRP 组 1，并指定虚拟路由器的 IP 地址为 192.168.1.254
Switch-A(config-if)#_____②_____
//开启主路由器身份抢占功能
Switch-A(config-if)#vrrp 1authentication md5 key-string Cisco
//配置 VRRP 协议加密认证
Switch-A(config-if)#vrrp 1 track 100 decrement 30
//_____③_____
```

【问题 3】（6 分）

随着企业网络的广泛应用，用户对于移动接入企业网的需求不断增加，无线网络作为有线网络的有效补充，凭借着投资少、建设周期短、使用方便灵活等特点越来越受到企业的重视，近年来企业也逐步加大无线网络的建设力度。

（1）构建企业无线网络如何保证有效覆盖区域并尽可能减少死角？（2分）

（2）IEEE 认定的四种无线协议标准是什么？（2分）

（3）简单介绍三种无线安全的加密方式。（2分）

【问题 4】（4 分）

随着企业关键网络应用业务的发展，在企业网络中负载均衡的应用需求也越来越大。

（1）负载均衡技术是什么？负载均衡会根据网络的不同层次（网络七层）来划分。其中，第二层的负载均衡是什么技术？（2分）

（2）服务器集群技术和服务器负载均衡技术的区别是什么？（2分）

试题一分析

本题主要考查企业网络规划中网络的可靠性。

【问题 1】

本问题主要考查网络冗余技术。

互联网发展速度迅猛，企业对于网络的性能、网速和带宽的要求日益增加，在这种发展势头下，企业网络难免会出现链路带宽不足的现象。对于企业来说，解决链路带宽不足可以采用多种方法来解决。一是直接升级主干网络带宽，如将百兆网络升级为千兆网络，千兆网络升级为万兆网络等，这种升级效果比较明显，但是在升级中不单是要考虑更换网络连接线缆，很多设备往往也要更换，因此需要结合企业的经济状况和业务需求综合考虑。

另外一种方法是将关键设备间的链路数量增加，这样一来升级成本就大大降低。但是直接在设备之间连接多条线缆的话可能会造成环路，导致广播风暴。所以还要采用相应的技术限制环路的产生，一般这里使用的技术被称为以太网信道或者端口聚合。使用该技术首先需要两端的设备都要支持端口聚合技术（以太网信道技术），同时进行端口捆绑的多个接口状态必须相同，如带宽、速度、双工模式等，最好用相邻的端口。

随着 Internet 技术的发展，大型园区网络从简单的信息承载平台转变成一个公共服务提供平台。作为终端用户，希望能时时刻刻保持与网络的联系，因此健壮、高效和可靠成为园区网发展的重要目标，而要保证网络的可靠性，就需要使用到冗余技术。高冗余网络就是在网络设备、链路发生中断或者变化的时候，用户几乎感觉不到。一般常用的网络冗余技术可以分作二层链路冗余和三层网关冗余。在二层链路中实现冗余的方式主要有两种，生成树协议和链路捆绑技术。其中生成树协议是一个纯二层协议，但是链路捆绑技术在二层接口和三层接口上都可以使用。三层链路冗余技术较二层链路冗余技术丰富很多，依靠各种路由协议可以实现三层链路冗余和负载均衡。另外三层链路捆绑技术也提供了路由协议之外的一种选择。对于使用网络的终端用户来讲，也需要一种机制来保证其与园区网络的可靠连接，这就是三层网关级冗余技术。VRRP（Virtual Router Redundancy Protocol，虚拟路由冗余协议）、HSRP（Hot Stand by Router Protocol，热备份路由器协议）及 GLBP（Gateway Load Balancing Protocol，网关负载均衡协议）都是比较常用的网关冗余方法。但是 HSRP 和 GLBP 是思科的专有协议，VRRP 协议是开放的。所以在设备比较复杂的大型网络里面，大都使用 VRRP 协议实现网关冗余。

【问题 2】

本问题主要考查网络的优化及基于 VLAN 的多层网络冗余配置。

在图 1-1 中，整个企业网络在网络冗余方面几乎没有做任何设置，如两台核心交换机之间没有互联，汇聚交换机到核心交换机之间没有链路冗余，这样主干网的带宽和链路冗余都得不到保障，因此整个网络的可靠性会很差。其次，在网络出口路由器上接入了服务器群，这样在网络进出口流量比较大的时候，出口路由器负担就会比较重，会影响网络的正常访问速度，需要调整服务器群的接入位置。

如图 1-2 所示，优化整个网络布局。其中虚线为增加的链路。首先在两台核心交换机之间实现链路聚合以增加主干网络带宽。其次按照图中的连接方法已经构成了二层环路，链路冗余已经产生，关键是要把两台核心交换机定义为 STP 的根桥；三层网关冗余技术主要是做网关备份，因此，需要在双核心交换机上配置 VRRP 协议。最后为了减少出口路由器的负担，考虑把服务器群接入到核心交换机 A 或者 B 上。

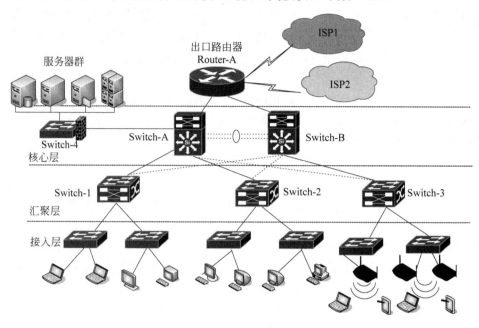

图 1-2　优化后的企业网络拓扑图

　　三层链路冗余技术主要是做网关备份，在配置之前首先要确保网络访问畅通。所以要正确配置接口 IP 地址及合适的路由。在配置网关冗余时主要使用 VRRP 协议，每一个 VLAN 作为一个 VRRP 组进行配置，按照题目要求，为双核心三层交换机的 VLAN 配置 VRRP 协议的部分配置命令如下：

```
Switch-A:
Switch-A(config)#track 100 interface F0/1 line-protocol
//开启路由器端口跟踪功能，当三层交换机上端链路故障时可通过接口 F0/1 的跟踪功能判断整
    条链路故障，从而使 VRRP 主路由器身份跳转
Switch-A(config-track)#exit
Switch-A(config)#int VLAN 1
Switch-A(config-if)#vrrp 1 ip 192.168.1.254
//在 VLAN1 中配置 VRRP 组 1，并指定虚拟路由器的 IP 地址为 192.168.1.254
Switch-A(config-if)# vrrp 1 preempt
//开启主路由器身份抢占功能
Switch-A(config-if)#vrrp 1authentication md5 key-string Cisco
```

//配置 VRRP 协议加密认证

```
Switch-A(config-if)#vrrp 1 track 100 decrement 30
```

//端口跟踪，当发现链路故障时，自动将优先级降低 30，以便其他可用链路的设备抢夺 VRRP
主路由器身份

【问题 3】

本问题主要考查 WLAN 无线网络建设的相关知识。

（1）在架设无线网络过程中，因为无线网络并不像有线网络那么直观，所以在架设无线网络时一般为了减少死角，必须让两个相邻的 AP 覆盖的无线区域重叠。因为一个 AP 覆盖的无线网络区域一般是球形的，只有两个区域部分相互重叠才能确保无线信号更全面。除此之外，选择 AP 时也要考虑当前物理环境，如果是空旷的环境可以选择使用放射信号为球形的 AP 设备（全向天线），如果是在楼层中可以考虑使用向某个区域放射信号的 AP 设备（定向天线）。

（2）目前，主流的无线协议都是由 IEEE 所制定，IEEE 认定的四种无线协议标准分别为 IEEE 802.11a、IEEE 802.11b、IEEE 802.11g 和 IEEE 802.11n。IEEE 802.11a 标准工作在 5GHzU-NII 频带，物理层速率最高可达 54Mbps，传输层速率最高可达 25Mbps。IEEE 802.11b 是无线局域网的一个标准。其载波的频率为 2.4GHz，传送速度为 11Mbit/s。IEEE 802.11b 是所有无线局域网标准中最著名，也是普及最广的标准。IEEE 802.11b 的后继标准是 IEEE 802.11g，其载波的频率为 2.4GHz（跟 802.11b 相同），原始传送速度为 54Mbit/s，净传输速度约为 24.7Mbit/s（跟 802.11a 相同）。IEEE 802.11n 于 2009 年 9 月正式批准。使用 2.4GHz 频段和 5GHz 频段，传输速度 300Mbps，最高可达 600Mbps，可向下兼容 802.11b、802.11g。

（3）无线网络通过无线信号进行信息传输，数据的安全性难以保障，因此为了保障无线网络数据的安全性，各种各样的无线加密算法应运而生。第一种：WEP 加密，WEP（有线对等保密）协议，它主要用于 WLAN 中链路层信息数据的加密，采用的是静态的密钥。第二种：WPA 加密，如 WPA 和 WPA2，WPA 算法主要用于增强 WLAN 系统的数据保护和访问控制水平，采用了动态的密钥，WPA2 是在 WPA 的基础之上经 WiFi 联盟验证过的 IEEE 802.11i 标准的验证形式，是目前公认的比较安全的无线加密算法。第三种：WPA-PSK 加密，如 WPA-PSK 和 WPA2-PSK，由于 WPA 操作复杂，因此经常采用其简化版 WPA-PSK 和 WPA2-PSK，不需要设置复杂的身份证明等信息，因而在实际使用中最为普遍。

【问题 4】

本问题主要考查负载均衡技术的相关知识。

（1）负载均衡（Load Balancing）技术建立在现有网络结构之上，它提供了一种廉价有效透明的方法，扩展网络设备和服务器的带宽，增加吞吐量，加强网络数据处理能力，提高网络的灵活性和可用性。

负载均衡有两方面的含义：首先，单个重负载的运算分担到多台节点设备上做并行处理，每个节点设备处理结束后，将结果汇总，返回给用户，系统处理能力得到大幅度提高，这就是常说的集群（Clustering）技术。第二层含义就是：大量的并发访问或数据流量分担到多台节点设备上分别处理，减少用户等待响应的时间，这主要针对 Web 服务器、FTP 服务器、企业关键应用服务器等网络应用。通常，负载均衡会根据网络的不同层次（网络七层）来划分。其中，第二层的负载均衡指将多条物理链路当作一条单一的聚合逻辑链路使用，这就是链路聚合（Trunking）技术，它不是一种独立的设备，而是交换机等网络设备的常用技术。现代负载均衡技术通常操作于网络的第四层或第七层，这是针对网络应用的负载均衡技术，它完全脱离于交换机、服务器而成为独立的技术设备。近年来，四到七层网络负载均衡首先在电信、移动、银行、大型网站等单位进行了应用，因为其网络流量瓶颈的现象最突出。这也就是为何每通一次电话，就会经过负载均衡设备的原因。另外，在很多企业，随着企业关键网络应用业务的发展，负载均衡的应用需求也越来越大了。

（2）集群（Cluster）：集群就是一组连在一起的计算机，从外部看它是一个系统，各节点可以是不同的操作系统或不同硬件构成的计算机。如一个提供 Web 服务的集群，对外界来看是一个大 Web 服务器。不过集群的节点也可以单独提供服务。因此可以说集群是一组独立的计算机系统构成一个松耦合的多处理器系统，它们之间通过网络实现进程间的通信。应用程序可以通过网络共享内存进行消息传送，实现分布式计算机。主要解决高可靠性（HA）和高性能计算（HP）。

负载均衡建立在现有网络结构之上，它提供了一种廉价有效的方法扩展服务器带宽和增加吞吐量，加强网络数据处理能力，提高网络的灵活性和可用性。它主要完成以下任务：解决网络拥塞问题，服务就近提供，实现地理位置无关性；为用户提供更好的访问质量；提高服务器响应速度；提高服务器及其他资源的利用效率；避免了网络关键部位出现单点失效。

区别是集群系统（Cluster）主要解决下面几个问题：高可靠性（HA），利用集群管理软件，当主服务器故障时，备份服务器能够自动接管主服务器的工作，并及时切换过去，以实现对用户的不间断服务；高性能计算（HP）：即充分利用集群中的每一台计算机的资源，实现复杂运算的并行处理，通常用于科学计算领域，比如基因分析，化学分析等。负载平衡：即把负载压力根据某种算法合理分配到集群中的每一台计算机上，以减轻主服务器的压力，降低对主服务器的硬件和软件要求。主要解决的是大量的并发访问或数据流量分担到多台节点设备上分别处理，减少用户等待响应的时间。

参考答案

【问题 1】

（1）一般有两种方法，一是直接升级主干网络带宽。优点是效果显著，不足之处是这种方法投入较大；二是采用以太网信道或者端口聚合技术。优点是投入较小，缺点是使用该技术需要两端设备都支持端口聚合技术，且进行端口捆绑的多个接口状态必须相同。

（2）一般常用的网络冗余技术可以分为二层链路冗余和三层网关冗余。

【问题 2】

（1）如图 1-3 所示，虚线为增加的链路。首先在两台核心交换机之间实现链路聚合以增加主干网络带宽。其次是要把两台核心交换机定义为 STP 的根桥；同时要做网关备份，主要是在双核心交换机上配置 VRRP 协议。最后为了减少出口路由器的负担，考虑把服务器群接入到核心交换机 A 或者 B 上。

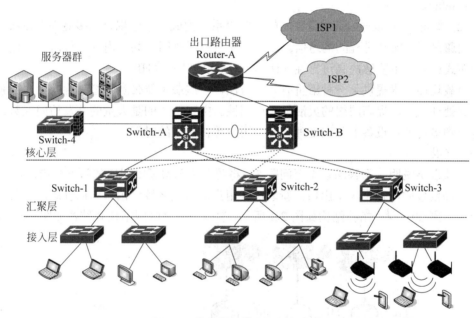

图 1-3　优化后的企业网络拓扑图

（2）① 开启路由器端口跟踪功能。

　　② vrrp 1 preempt。

　　③ 端口跟踪，当发现链路故障时，自动将优先级降低 30，以便其他可用链路的设备抢夺 VRRP 主路由器身份。

【问题 3】

（1）构建企业无线网络为了减少死角，必须让两个 AP 覆盖的无线区域重叠。除此之外，选择 AP 时也要考虑当前物理环境，如果是空旷的环境可以选择使用放射信号为球形的 AP 设备，如果是在楼层中可以考虑使用向某个区域放射信号的 AP 设备。

（2）目前，主流的无线协议都是由 IEEE 所制定，IEEE 认定的四种无线协议标准分别为 IEEE 802.11a、IEEE 802.11b、IEEE 802.11g 和 IEEE 802.11n。

（3）第一种：WEP 加密 WEP（有线对等保密）协议

第二种：WPA 加密 WPA 和 WPA2

第三种：WPA-PSK 加密 WPA-PSK 和 WPA2-PSK

【问题 4】

（1）负载均衡（Load Balancing）技术建立在现有网络结构之上，它提供了一种廉价有效透明的方法，扩展网络设备和服务器的带宽，增加吞吐量，加强网络数据处理能力，提高网络的灵活性和可用性。

第二层的负载均衡指将多条物理链路当作一条单一的聚合逻辑链路使用，即链路聚合（Trunking）技术。

（2）集群（Cluster）：是一组独立的计算机系统构成一个松耦合的多处理器系统，它们之间通过网络实现进程间的通信。应用程序可以通过网络共享内存进行消息传送，实现分布式计算。主要解决高可靠性（HA）和高性能计算（HP）。

负载均衡技术提供了一种廉价有效的方法，扩展服务器带宽和增加吞吐量，加强网络数据处理能力，提高网络的灵活性和可用性。主要解决的是大量的并发访问或数据流量分担到多台节点设备上分别处理，减少用户等待响应的时间。

试题二（共 25 分）

阅读以下说明，回答问题 1 至问题 5，将解答填入答题纸对应的解答栏内。

某高校校园网使用 3 个出口，新老校区用户均通过老校区出口访问互联网，其中新老校区距离 20 千米，拓扑结构如图 2-1 所示，学校服务器区网络拓扑结构如图 2-2 所示。

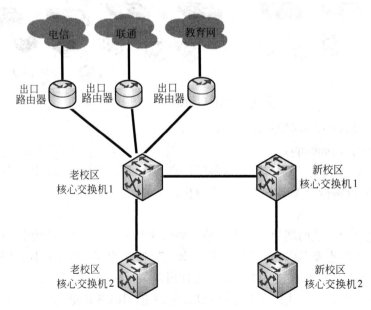

图 2-1 拓扑结构图 1

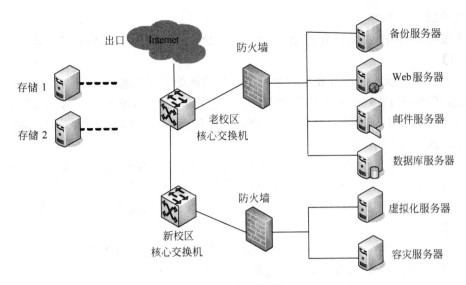

图 2-2　拓扑结构图 2

【问题 1】（3 分）

实现多出口负载均衡通常有依据源地址和目标地址两种方式，分别说明两种方式的实现原理和特点。

【问题 2】（7 分）

根据学校多年实际运行情况，现需对图 2-1 所示网络进行优化改造，要求：

（1）在只增加负载均衡设备的情况下，且仅限通过老校区核心交换机 1 连接出口路由器；

（2）采用网络的冗余，解决新老校区互联网络中的单点故障；

（3）通过多出口线路负载，解决单链路过载；

（4）考虑教育网的特定应用，需采用明确路由。

试画出图 2-1 优化后的网络拓扑结构，并说明改造理由。

【问题 3】（5 分）

现学校有两套存储设备，均放置于老校区中心机房，存储 1 是基于 IP-SAN 技术，存储 2 是基于 FC-SAN 技术。试说明图 2-2 中数据库服务器和容灾服务器应采用哪种存储技术，并说明理由。

【问题 4】（5 分）

当前存储磁盘柜中通常包含 SAS 和 SATA 磁盘类型，试说明图 2-2 中数据库服务器和容灾服务器各应选择哪种磁盘类型，并说明理由。

【问题 5】（5 分）

目前存储中使用较多的是 RAID5 和 RAID10，试说明图 2-2 中数据库服务器和容灾服务器（数据级）各应选择哪种 RAID 技术，并说明理由。

试题二分析

本题考查网络规划和优化的相关知识，涉及网络负载均衡、网络存储系统。

【问题 1】

本问题考查依据源地址和目的地址的负载均衡的实现原理和优缺点，是理论性知识。依据源地址负载均衡根据源 IP 地址来选择不同外网出口，可以根据各出口带宽按比例划分对应的源 IP 子网段，达到出口负载均衡的作用，但是访问同一资源时，部分用户响应快，部分用户响应慢。

依据目的地址负载均衡根据目的 IP 地址来选择不同外网出口，内部用户可以根据不同运营商提供的资源，选择相应运营商的出口，但是会导致提供资源丰富的运营商出口负载过大，提供资源相对比较少的运营商出口负载很轻，造成各出口不均衡的现象。

【问题 2】

整合改造方案中，要根据题目中的限制条件进行设计优化改造方案。

根据题目要求，可以看出需要改造的地方：

（1）将 4 台核心交换机组成环网结构，避免新老校区设备或单链路故障造成新老校区网络中断；

（2）在电信、联通链路增加负载均衡设备，平衡各出口的负载和加快内部用户访问外网的速度；

（3）同时考虑教育网的特定应用，配置教育网的明确路由。

【问题 3】

本问题考查 IP-SAN 技术和 FC-SAN 技术的优缺点，结合实际应用选择。

（1）容灾服务器：容灾服务器和存储设备距离 20 千米，需要远距离传输，所以只能选择 IP-SAN 技术。

（2）数据库服务器：需要高性能、高并发、快速响应，最合理应该选择 FC-SAN 技术。

【问题 4】

数据库服务器和容灾服务器相比，数据库服务器数据容量小，读写频繁，要求速度快，而容灾服务器不追求速度，侧重于大容量。

所以综合 SAS 磁盘和 SATA 磁盘在传输速率、安全型和性价比方面的优缺点，采取数据库服务器选择 SAS 磁盘，容灾服务器选择 SATA 磁盘。

【问题 5】

数据库服务器性能、安全级别都比容灾服务器要求高，所以数据库服务器选择 RAID10，容灾服务器选择 RAID5。原因如下：

（1）I/O：读操作上，RAID10 和 RAID5 是相当的，写操作上，RAID10 好于 RAID5；

（2）数据重构：在一块磁盘失效，进行数据重构期间，RAID5 要比 RAID10 耗时长，负荷大，数据丢失可能性高，可靠性低。

参考答案

【问题 1】

依据源地址负载均衡：根据源 IP 地址来选择不同外网出口，可以根据各出口带宽按比例划分对应的源 IP 子网段，达到出口负载均衡的作用，但是访问同一资源时，部分用户响应快，部分用户响应慢。

依据目的地址负载均衡：根据目的 IP 地址来选择不同外网出口，内部用户可以根据不同运营商提供的资源，选择相应运营商的出口，但是会导致提供资源丰富的运营商出口负载过大，提供资源相对比较少的运营商出口负载很轻，造成各出口不均衡的现象。

【问题 2】

改造后的出口网络拓扑如图 2-3 所示。

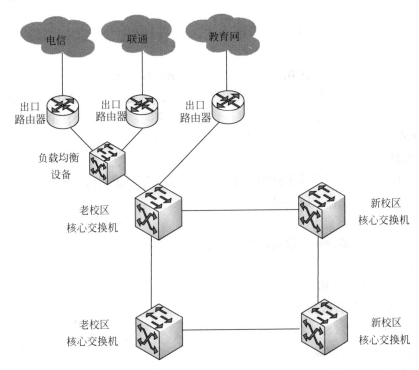

图 2-3　改造后的出口网络拓扑

改造原因：

（1）将 4 台核心交换机组成环网结构，避免新老校区设备或单链路故障造成新老校区网络中断；

（2）在电信、联通链路增加负载均衡设备，平衡各出口的负载和加快内部用户访问外网的速度；

（3）同时考虑教育网的特定应用，配置教育网的明确路由。

【问题 3】

（1）容灾服务器：容灾服务器和存储设备距离 20 千米，需要远距离传输，所以只能选择 IP-SAN 技术；

（2）数据库服务器：需要高性能、高并发、快速响应，最合理的应该选择 FC-SAN技术。

【问题 4】

数据库服务器选择 SAS 磁盘，容灾服务器选择 SATA 磁盘。原因如下：

（1）SAS 是双端口，采用全双工的工作方式传输数据，而 SATA 是单端口，采用半双工的工作方式传输数据；

（2）SAS 使用 SCSI 命令进行错误校正和错误报告，这比 SATA 采用的 ATA 命令集有更多的功能；

（3）SAS 磁盘容量小， 价格比较昂贵，SATA 磁盘容量大，价格比较便宜。

【问题 5】

数据库服务器选择 RAID10，容灾服务器选择 RAID5。原因如下：

（1）I/O：读操作上，RAID10 和 RAID5 是相当的，写操作上，RAID10 好于 RAID5；

（2）数据重构：在一块磁盘失效，进行数据重构期间，RAID5 要比 RAID10 耗时长，负荷大，数据丢失可能性高，可靠性低。

试题三（共 25 分）

阅读以下说明，回答问题 1 至问题 4，将解答填入答题纸对应的解答栏内。

某高校网络拓扑结构如图 3-1 所示。

【问题 1】（7 分）

目前网络中存在多种安全攻击，需要在不同的位置部署不同的安全措施进行防范。常见的安全防范措施有：

1. 防非法 DHCP 欺骗

2. 用户访问权限控制技术

3. 开启环路检测（STP）

4. 防止 ARP 网关欺骗

5. 广播风暴的控制

6. 并发连接数控制

7. 病毒防治

其中：在安全设备 1 上部署的措施有：＿＿＿＿＿（1）＿＿＿＿＿；

　　　在安全设备 2 上部署的措施有：＿＿＿＿＿（2）＿＿＿＿＿；

　　　在安全设备 3 上部署的措施有：＿＿＿＿＿（3）＿＿＿＿＿；

　　　在安全设备 4 上部署的措施有：＿＿＿＿＿（4）＿＿＿＿＿。

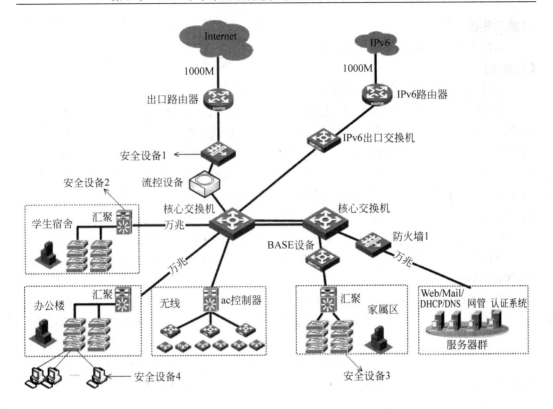

图 3-1　某高校网络拓扑结构图

【问题 2】（8 分）

　　学校服务器群目前共有 200 台服务器为全校提供服务，为了保证各服务器能提供正常的服务，需对图 3-1 所示防火墙 1 进行安全配置，设计师制定了 2 套安全方案，请根据实际情况选择合理的方案并说明理由。

　　方案一：根据各业务系统的重要程度，划分多个不同优先级的安全域，每个安全域采用一个独立子网，安全域等级高的主机默认允许访问安全域等级低的主机，安全域等级低的主机不能直接访问安全域等级高的主机，然后根据需要添加相应安全策略。

　　方案二：根据各业务系统提供的服务类型，划分为数据库、Web、认证等多个不同虚拟防火墙，同一虚拟防火墙中相同 VLAN 下的主机可以互访，不同 VLAN 下的主机均不允许互访，不同虚拟防火墙之间主机均不能互访。

【问题 3】（6 分）

　　为了防止资源的不合理使用，通常在核心层架设流控设备进行流量管理和终端控制，请列举出 3 种以上流控的具体实现方案。

【问题 4】（4 分）

　　非法 DHCP 欺骗是网络中常见的攻击行为，说明其实现原理并说明如何防范。

试题三分析

本题主要考查园区网络安全设计。

【问题 1】

本问题主要考查安全技术加载的位置。

从 DHCP 工作原理可以看出，如果客户端是第一次、重新登录或租期已满不能更新租约，客户端都是以广播的方式来寻找服务器，并且只接收第一个到达的服务器提供的网络配置参数，如果在网络中存在多台 DHCP 服务器（有一台或更多台是非授权的），谁先应答，客户端就采用其提供的网络配置参数。假如非授权的 DHCP 服务器先应答，这样客户端最后获得的网络参数即是非授权的，客户端即被欺骗了。而在实际应用 DHCP 的网络中，基本上都会采用 DHCP 中继，这样的话，本网络的非授权 DHCP 服务器一般都会先于其余网络的授权 DHCP 服务器的应答（由于网络传输的延迟），在这样的应用中，DHCP 欺骗更容易完成。对 DHCP 欺骗的防范方法主要是在交换机上启用 DHCP SNOOPING 功能。

用户访问权限控制通常读取第三层及第四层包头中的信息如源地址、目的地址、源端口、目的端口等，根据预先定义好的规则对包进行过滤，从而达到访问控制的目的。通常加载在汇聚层交换机上。

频繁改动网络时很容易引发网络环路，网络环路引起的网络堵塞现象常常具有较强的隐蔽性，不利于故障现象的高效排除。开启环路检测（STP）通常加载在接入交换机上，通过配置交换机的环回监测功能，快速地判断局域网中是否存在网络环路。

ARP 网关欺骗是局域网中一台机器，反复向其他机器，特别是向网关，发送假冒的 ARP 应答信息包，造成严重的网络堵塞。解决的方法是在某个网络内采用检测技术，防止欺骗。

并发连接数控制整个网络中的连接数，需在核心层完成。

病毒防治在网络内，通常在单机上完成。

【问题 2】

本问题主要考查防火墙安全技术的设计。

方案一按照主机添加安全策略，防火墙的安全策略数量比较多，对防火墙的资源消耗也会比较大，方案二按照服务添加安全策略，所以防火墙安全策略数量不多，对防火墙的资源消耗也会比较小。

如果某一主机感染病毒或木马时，方案一安全域级别低或者相同的其他主机会受到影响，方案二相同虚拟防火墙中相同 VLAN 主机会受到影响，其余主机不会影响；而且后期服务器数量大幅增加，方案一需新增加多条安全策略，方案二服务类型不新增的情况下，安全策略基本不需增加。

综上，选择方案二。

【问题 3】

本问题主要考查流量管理的实现技术。

通常在核心层架设流控设备进行流量管理和终端控制，有以下 3 种：

（1）针对地址进行带宽限制。针对源 IP 地址、目的 IP 地址进行带宽限制，防止某地址独占带宽。

（2）针对子网进行带宽限制。针对子网进行带宽限制，防止某子网独占带宽，如某个部门划分一个子网。

（3）针对服务进行带宽限制。针对服务进行带宽限制，防止某服务独占带宽，如视频、BT 等。

【问题 4】

本问题主要考查非法 DHCP 欺骗原理。

客户端第一次登录、重新登录或租期已满不能更新租约时，以广播方式寻找服务器，并且只接收第一个到达的服务器提供的网络配置参数，如果在网络中存在多台 DHCP 服务器（有一台或更多台是非授权的），并且非授权的 DHCP 服务器先应答，那么客户端就会获得非授权的网络参数。可以在交换机上开启 DHCP SNOOPING，通过建立和维护 DHCP SNOOPING 绑定表并过滤不可信任的 DHCP 信息，只让合法的 DHCP 应答通过交换机，阻断非法应答，从而防止 DHCP 欺骗。

参考答案

【问题 1】

（1）6．并发连接数控制

（2）2．用户访问权限控制技术

（3）1．防非法 DHCP 欺骗

　　3．开启环路检测（STP）

　　4．防止 ARP 网关欺骗

　　5．广播风暴的控制

（4）7．病毒防治

【问题 2】

1．选择方案二

2．理由：

（1）如果服务器规模比较大，方案一按照主机添加安全策略，所以防火墙的安全策略数量比较多，对防火墙的资源消耗也会比较大，方案二按照服务添加安全策略，所以防火墙安全策略数量不多，对防火墙的资源消耗也会比较小；

（2）如果某一主机感染病毒或木马时，方案一安全域级别低或者相同的其他主机会受到影响，方案二相同虚拟防火墙中相同 VLAN 主机会受到影响，其余主机不会影响；

（3）后期服务器数量大幅增加，方案一需新增多条安全策略，方案二服务类型不新增的情况下，安全策略基本不需增加。

【问题 3】

（1）针对地址进行带宽限制。针对源 IP 地址、目的 IP 地址进行带宽限制，防止某地址独占带宽。

（2）针对子网进行带宽限制。针对子网进行带宽限制，防止某子网独占带宽，如某个部门划分一个子网。

（3）针对服务进行带宽限制。针对服务进行带宽限制，防止某服务独占带宽，如视频、BT 等。

【问题 4】

1. 非法 DHCP 欺骗原理：客户端第一次登录、重新登录或租期已满不能更新租约时，以广播方式寻找服务器，并且只接收第一个到达的服务器提供的网络配置参数，如果在网络中存在多台 DHCP 服务器（有一台或更多台是非授权的），并且非授权的 DHCP 服务器先应答，那么客户端就会获得非授权的网络参数。

2. 防范：可以在交换机上开启 DHCP SNOOPING，通过建立和维护 DHCP SNOOPING 绑定表并过滤不可信任的 DHCP 信息，只让合法的 DHCP 应答通过交换机，阻断非法应答，从而防止 DHCP 欺骗。

第6章 2013下半年网络规划设计师下午试卷 II 写作要点

试题一 论云计算的体系架构和关键技术

云计算是一种网络计算模式，在这种模式下可以随时随地、方便快捷地按需使用互联网上的计算资源。自从2006年Google等公司提出了云计算的构想以来，这种计算模式得到了学术界和工业界的广泛关注，近年来出现了众多研究成果和云计算平台，许多云计算服务已经出现在各种终端应用上。政府和企业都把云计算作为战略竞争的关键技术，在财力和物力上进行了大量的投入。

请围绕"云计算的体系架构和关键技术"论题，从以下三个方面进行论述。

1. 通过应用实例解释云计算的基本概念。

2. 就下面的分层模型简要描述云计算的体系架构，各个层次包含的主要构件和需要解决的主要问题。

用户访问接口
管理中间件
资源池
物理资源

3. 选择云计算的关键技术进行深入论述，例如数据存储技术、虚拟化技术、任务调度技术、编程模型等（或者你熟悉的其他技术）。

写作要点

1. 云计算的基本概念和应用实例

从用户的角度看，云计算是一种信息基础设施，包含硬件设备、软件平台、系统管理和信息服务设施，用户可以按照需求定制云服务，利用网络资源进行需要的计算，而系统维护和安全管理都由云端负责，用户只需按照使用的服务量支付一定的费用。云计算真正实现了用户像使用自来水和电力一样使用网络计算机资源的梦想。

云安全是网络信息安全方面的新进展。通过对网络中大量客户端的监测，可以获得互联网中各种恶意程序发生的最新信息，并推送到服务器端进行分析和处理，再把有关病毒和木马的解决方案分发到各个客户端。云计算强大的数据处理能力和同步调度能力极大地提升了网络安全公司对新威胁的响应速度。

云计算对信息检索带来了巨大影响。云存储改变了数据存储的模式，由单个服务器独立存储变成了分布式存储基础上的集中数据管理，从而可以使过去在单个服务器上的串行检索改变为云存储模式下的分布式并行数据处理。当云服务界面中的检索代理接受了用户的信息检索请求时，就将检索提问分发给云端的各个存储服务器，分布式检索的结果在检索代理中进行相关度排序后呈现在用户面前。

2．云计算的体系架构

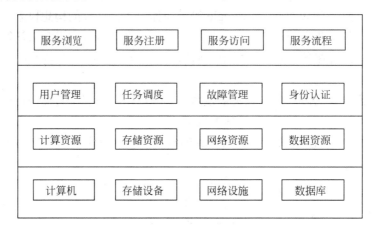

3．云计算的关键技术

数据存储技术：采用分布式文件系统实现海量数据的分布式存储，分布式数据库技术用以实现结构化数据检索服务。

虚拟化技术：实现物理资源的逻辑抽象和统一表示，可以根据用户需求进行资源配置，实现动态的负载均衡，并通过自愈功能来提高系统的可靠性。

任务调度技术：求解的问题被拆分为若干子任务，分派到若干云节点中进行分布式计算，通过多个处理器协同工作，并将计算结果进行排序、合并和汇总，这需要在各个独立的操作系统之间进行任务调度。

编程模型：云计算需要有一种特殊的编程模式，能够把云计算能力封装成标准的Web Services。在这种编程环境下，大的计算任务被映像为多个细小的可计算单元，通过云节点处理后再归约为最终的计算结果。

试题二　论无线网络中的安全问题及防范技术

随着网络技术的飞速发展和普及，无线网络也逐步发展起来，近年来，无线网络已经成为网络扩展的一种重要方式，人们对无线网络依赖的程度也越来越高。无线网络具有安装简便、可移动性、开放性、高灵活性等特点，这些都为人们带来了极大的方便。但也正是因为这些特点，决定了无线网络面临许多安全问题，这些安全问题迫使技术人员开发了相应的安全防范技术和方法。

请围绕"无线网络中的安全问题及防范技术"论题，依次对以下四个方面进行论述。

1．简要论述无线网络面临的安全问题。

2．详细论述针对无线网络主要安全问题的防范技术。

3．详细论述你参与设计和实施的无线网络项目中采用的安全防范方案。

4．分析和评估你所采用的安全防范方案的效果以及进一步改进的措施。

写作要点

1．对无线网络面临的安全问题的叙述要点：

（1）无线网络的类型

根据网络覆盖范围、传输速率和用途的差异，无线网络大体可分为无线广域网、无线城域网、无线局域网、无线个域网和无线体域网。

从网络拓扑结构角度，无线网络又可分为有中心网络和无中心、自组织网络。

（2）无线网络安全与有线网络安全的区别

无线网络的开放性使得网络更容易受到被动窃听或主动干扰等各种攻击；

无线网络的移动性使得安全管理难度更大；

无线网络动态变化的拓扑结构使得安全方案的实施难度更大；

无线网络传输信号的不稳定性带来无线通信网络及其安全机制的健壮性问题；

无线网络终端设备具有与有线网络终端设备不同的特点。

（3）无线网络面临的主要攻击威胁

WEP 攻击

MAC 地址欺骗

DoS 攻击

AP 口令攻击

伪装 AP 攻击

2．对无线网络主要安全问题的防范技术的论述要点：

（1）访问控制

利用 MAC 地址访问控制和服务区认证 ID（SSID）技术来防止非法的无线设备入侵。由于每台计算机的网卡拥有唯一的 MAC 地址，因此可以使用 MAC 地址过滤的策略来防止非法的地址入侵。SSID 使得只有计算机的 SSID 与无线路由器的 SSID 一致时才能访问，因此可以采用隐蔽 SSID 的方法来拒绝非法访问。

（2）数据加密

数据加密是无线网络安全的基础，对传输的数据进行加密是为了防止其在未授权的情况下数据被泄露、破坏或篡改。各个组织和国家提出了多种解决方案，从开始的 WEP 协议，经历 WPA，到 802.11i 协议，安全技术不断地进步。

（3）端口访问技术（802.1x）控制网络接入

IEEE 802.1x 协议是一种基于端口访问的控制协议,能够实现对局域网设备的安全认证和授权。

3．叙述自己参与设计和实施的无线网络项目，该项目应有一定的规模，自己在该项目中担任的主要工作应有一定的分量，说明项目中设计的安全方案以及选用该方案的理由。

4．具体讨论在方案实施过程中遇到的问题和解决措施，以及实际运行效果。

试题三　论数字化技术的运用及关键技术

随着网络信息技术的进步和社会信息化程度的不断提高，一个由庞大的网络产业带动，并导致整个经济社会产生巨大变革的数字经济时代已经离我们越来越近。目前，"数字化校园""数字企业""数字城市"等一系列项目快速上马，在这些项目中，信息的数字化与数字信息的网络传输起着举足轻重的作用。

请围绕"数字化技术的运用及关键技术"论题，依次对以下四个方面进行论述。

1．简要介绍单位具体需求，叙述数字化建设的必要性。

2．叙述数字化建设中整体框架及数字化资源。

3．叙述数字化建设中的网络支撑平台。

4．分析在数字化建设中涉及的关键技术及采用的具体举措。

写作要点

1．对数字化建设的必要性的叙述

从单位具体实际出发，介绍原有资源的组织形式，描述清楚数字化建设的必要性，给单位资源利用带来的好处。

2．数字化建设中整体框架及数字化资源的叙述

（1）描述数字化建设常采用的框架，本单位建设框架的选择及理由；

（2）对那些资源进行了数字化。

3．数字化建设中的网络支撑平台的叙述

（1）描述整体网络架构；

（2）实现资源快速共享采用的主要技术；

（3）数字化资源模块的网络组织形式。

4．涉及的关键技术及采用的具体举措的叙述

（1）在方案实施过程中遇到的问题，采用的关键技术；

（2）关键技术产生的实际运行效果。

第7章　2014下半年网络规划设计师上午试题分析与解答

试题（1）

计算机采用分级存储体系的主要目的是为了 __(1)__ 。

(1) A. 解决主存容量不足的问题

　　B. 提高存储器读写可靠性

　　C. 提高外设访问效率

　　D. 解决存储的容量、价格和速度之间的矛盾

试题（1）分析

本题考查计算机系统基础知识。

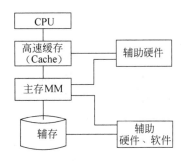

存储体系结构包括不同层次上的存储器，通过适当的硬件、软件有机地组合在一起形成计算机的存储体系结构。例如，由高速缓存（Cache）、主存储器（MM）和辅助存储器构成的3层存储器层次结构存如右图所示。

接近CPU的存储器容量更小、速度更快、成本更高；辅存容量大、速度慢，价格低。采用分级存储体系的目的是解决存储的容量、价格和速度之间的矛盾。

参考答案

(1) D

试题（2）

设关系模式 R(U,F)，其中 U 为属性集，F 是 U 上的一组函数依赖，那么函数依赖的公理系统（Armstrong 公理系统）中的合并规则是指 __(2)__ 为 F 所蕴涵。

(2) A. 若 A→B，B→C，则 A→C

　　B. 若 Y⊆X⊆U，则 X→Y

　　C. 若 A→B，A→C，则 A→BC

　　D. 若 A→B，C⊆B，则 A→C

试题（2）分析

本题考查函数依赖推理规则。

函数依赖的公理系统（即 Armstrong 公理系统）为：设关系模式 R(U,F)，其中 U 为属性集，F 是 U 上的一组函数依赖，那么有如下推理规则：

A1 自反律：若 Y⊆X⊆U，则 X→Y 为 F 所蕴涵。

A2 增广律：若 X→Y 为 F 所蕴涵，且 Z⊆U，则 XZ→YZ 为 F 所蕴涵。

A3 传递律：若 X→Y，Y→Z 为 F 所蕴涵，则 X→Z 为 F 所蕴涵。

根据上述三条推理规则又可推出下述三条推理规则：

A4 合并规则：若 X→Y，X→Z，则 X→YZ 为 F 所蕴涵。

A5 伪传递率：若 X→Y，WY→Z，则 XW→Z 为 F 所蕴涵。

A6 分解规则：若 X→Y，Z⊆Y，则 X→Z 为 F 所蕴涵。

选项 A 符合规则为 A3，即传递规则；选项 B 符合规则为 A1，即为自反规则；选项 C 符合规则为 A4，即为合并规则；选项 D 符合规则为 A6，即为分解规则。

参考答案

（2）C

试题（3）、（4）

在结构化分析方法中，用 __(3)__ 表示功能模型，用 __(4)__ 表示行为模型。

（3）A．ER 图   B．用例图   C．DFD   D．对象图

（4）A．通信图   B．顺序图   C．活动图   D．状态转换图

试题（3）、（4）分析

结构化分析方法的基本思想是自顶向下，逐层分解，把一个大问题分解成若干个小问题，每个小问题再分解成若干个更小的问题。经过逐层分解，每个最低层的问题都是足够简单、容易解决的。结构化方法分析模型的核心是数据字典，围绕这个核心，有三个层次的模型，分别是数据模型、功能模型和行为模型（也称为状态模型）。在实际工作中，一般使用 E-R 图表示数据模型，用 DFD 表示功能模型，用状态转换图表示行为模型。这三个模型有着密切的关系，它们的建立不具有严格的时序性，而是一个迭代的过程。

参考答案

（3）C   （4）D

试题（5）

以下关于单元测试的方法中，正确的是 __(5)__ 。

（5）A．驱动模块用来调用被测模块，自顶向下的单元测试中不需要另外编写驱动模块

        B．桩模块用来模拟被测模块所调用的子模块，自顶向下的单元测试中不需要另外编写桩模块

        C．驱动模块用来模拟被测模块所调用的子模块，自底向上的单元测试中不需要另外编写驱动模块

        D．桩模块用来调用被测模块，自底向上的单元测试中不需要另外编写桩模块

试题（5）分析

本题考查单元测试的基本概念。

单元测试也称为模块测试，测试的对象是可独立编译或汇编的程序模块、软件构件或面向对象软件中的类（统称为模块），其目的是检查每个模块能否正确地实现设计说明中的功能、性能、接口和其他设计约束等条件，发现模块内可能存在的各种差错。单元

测试的技术依据是软件详细设计说明书。

测试一个模块时，可能需要为该模块编写一个驱动模块和若干个桩模块。驱动模块用来调用被测模块，它接收测试者提供的测试数据，并把这些数据传送给被测模块，然后从被测模块接收测试结果，并以某种可见的方式将测试结果返回给测试人员；桩模块用来模拟被测模块所调用的子模块，它接受被测模块的调用，检验调用参数，并以尽可能简单的操作模拟被调用的子程序模块功能，把结果送回被测模块。顶层模块测试时不需要驱动模块，底层模块测试时不要桩模块。

单元测试策略主要包括自顶向下的单元测试、自底向上的单元测试、孤立测试和综合测试策略。

① 自顶向下的单元测试。先测试上层模块，再测试下层模块。测试下层模块时由于它的上层模块已测试过，所以不必另外编写驱动模块。

② 自底向上的单元测试。自底向上的单元测试先测试下层模块，再测试上层模块。测试上层模块由于它的下层模块已经测试过，所以不必另外编写桩模块。

③ 孤立测试不需要考虑每个模块与其他模块之间的关系，逐一完成所有模块的测试。由于各模块之间不存在依赖性，单元测试可以并行进行，但因为需要为每个模块单独设计驱动模块和桩模块，增加了额外的测试成本。

④ 综合测试。上述三种单元测试策略各有利弊，实际测试时可以根据软件特点和进度安排情况，将几种测试方法混合使用。

参考答案

（5）A

试题（6）、（7）

某公司欲开发一个用于分布式登录的服务端程序，使用面向连接的 TCP 协议并发地处理多客户端登录请求。用户要求该服务端程序运行在 Linux、Solaris 和 Windows NT 等多种操作系统平台之上，而不同的操作系统的相关 API 函数和数据都有所不同。针对这种情况，公司的架构师决定采用"包装器外观（Wrapper Facade）"架构模式解决操作系统的差异问题。具体来说，服务端程序应该在包装器外观的实例上调用需要的方法，然后将请求和请求的参数发送给 __(6)__，调用成功后将结果返回。使用该模式 __(7)__。

（6）A. 客户端程序　　　　　　　　　　B. 操作系统 API 函数
　　　C. TCP 协议 API 函数　　　　　　D. 登录连接程序

（7）A. 提高了底层代码访问的一致性，但降低了服务端程序的调用性能
　　　B. 降低了服务端程序功能调用的灵活性，但提高了服务端程序的调用性能
　　　C. 降低了服务端程序的可移植性，但提高了服务端程序的可维护性
　　　D. 提高了系统的可复用性，但降低了系统的可配置性

试题（6）、（7）分析

本题主要考查考生对设计模式的理解与应用。

题干描述了某公司欲开发一个用于分布式登录的服务端程序，使用面向连接的 TCP 协议并发地处理多客户端登录请求。用户要求该服务端程序运行在 Linux、Solaris 和 Windows NT 等多种操作系统平台之上，而不同的操作系统的相关 API 函数和数据都有所不同。针对这种情况，公司的架构师决定采用"包装器外观（Wrapper Facade）"架构模式解决操作系统的差异问题。具体来说，服务端程序应该在包装器外观的实例上调用需要的方法，然后将请求和请求的参数发送给操作系统 API 函数，调用成功后将结果返回。使用该模式提高了底层代码访问的一致性，但降低了服务端程序的调用性能。

参考答案

（6）B　　　　　（7）A

试题（8）

某服装店有甲、乙、丙、丁四个缝制小组。甲组每天能缝制 5 件上衣或 6 条裤子；乙组每天能缝制 6 件上衣或 7 条裤子；丙组每天能缝制 7 件上衣或 8 条裤子；丁组每天能缝制 8 件上衣或 9 条裤子。每组每天要么缝制上衣，要么缝制裤子，不能弄混。订单要求上衣和裤子必须配套（每套衣服包括一件上衣和一条裤子）。只要做好合理安排，该服装店 15 天最多能缝制__（8）__套衣服。

（8）A．208　　　　B．209　　　　C．210　　　　D．211

试题（8）分析

本题考查数学应用能力。

根据题意，甲、乙、丙、丁四组做上衣和裤子的效率之比分别为 5/6、6/7、7/8、8/9，并且依次增加。因此，丁组做上衣效率更高，甲组做裤子效率更高。为此，安排甲组 15 天全做裤子，丁组 15 天全做上衣。

设乙组用 x 天做上衣，15-x 天做裤子；丙组用 y 天做上衣，15-y 天做裤子，为使上衣和裤子配套，则有

$$0+6x+7y+8*15=6*15+7(15-x)+8(15-y)+0$$

所以，$13x+15y=13*15$，$y=13-13x/15$

15 天共做套数 $6x+7y+8*15=6x+7(13-13x/15)+120=211-x/15$

只有在 x=0 时，最多可做 211 套。

此时，y=13，即甲乙丙丁四组分别用 0、0、13、15 天做上衣，用 15、15、2、0 天做裤子。

参考答案

（8）D

试题（9）

生产某种产品有两个建厂方案：（1）建大厂，需要初期投资 500 万元。如果产品销路好，每年可以获利 200 万元；如果销路不好，每年会亏损 20 万元。（2）建小厂，需要初期投资 200 万元。如果产品销路好，每年可以获利 100 万元；如果销路不好，每年只

能获利 20 万元。

市场调研表明，未来 2 年，这种产品销路好的概率为 70%。如果这 2 年销路好，则后续 5 年销路好的概率上升为 80%；如果这 2 年销路不好，则后续 5 年销路好的概率仅为 10%。为取得 7 年最大总收益，决策者应　(9)　。

(9) A．建大厂，总收益超 500 万元　　　B．建大厂，总收益略多于 300 万元

　　　 C．建小厂，总收益超 500 万元　　　D．建小厂，总收益略多于 300 万元

试题（9）分析

本题考查数学应用能力。

采用决策树分析方法解答如下：

先画决策树，从左至右逐步画出各个决策分支，并在各分支上标出概率值，再在最右端分别标出年获利值。然后，从右至左，计算并填写各节点处的期望收益。

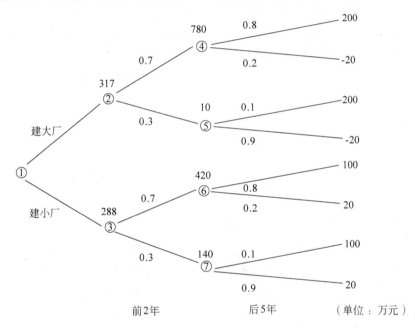

在右面四个节点处依次按下列算式计算 5 年的期望值，并将结果分别写在节点处。

节点④：　{200*0.8+(-20)*0.2}*5=780

节点⑤：　{200*0.1+(-20)*0.9)*5=10

节点⑥：　{100*0.8+20*0.2}*5=420

接点⑦：　{100*0.1+20*0.9}*5=140

再在②、③节点处按如下算式计算 2 年的期望值（扣除投资额），并将结果（7 年总收益）写在节点处。

节点②：　{200*0.7+(-20)*0.3}*2+{780*0.7+10*0.3}-500=317

节点③：{100*0.7+20*0.3}*2+{420*0.7+140*0.3}-200=288

由于节点②处的总收益值大于节点③处的总收益值。因此决定建大厂。

参考答案

（9）B

试题（10）

软件商标权的保护对象是指　__（10）__　。

（10）A．商业软件 　　　　　　　　　B．软件商标

　　　C．软件注册商标 　　　　　　　D．已使用的软件商标

试题（10）分析

软件商标权是软件商标所有人依法对其商标（软件产品专用标识）所享有的专有使用权。在我国，商标权的取得实行的是注册原则，即商标所有人只有依法将自己的商标注册后，商标注册人才能取得商标权，其商标才能得到法律的保护。对其软件产品已经冠以商品专用标识，但未进行商标注册，没有取得商标专用权，此时该软件产品专用标识就不能得到商标法的保护，即不属于软件商标权的保护对象。未注册商标可以自行在商业经营活动中使用，但不受法律保护。未注册商标不受法律保护，不等于对使用未注册商标行为放任自流。为了更好地保护注册商标的专用权和维护商标使用的秩序，需要对未注册商标的使用加以规范。所以商标法第四十八条专门对使用未注册商标行为做了规定。未注册商标使用人不能违反此条规定，否则商标行政主管机关将依法予以查处。

参考答案

（10）C

试题（11）、（12）

基于模拟通信的窄带 ISDN 能够提供声音、视频、数据等传输服务。ISDN 有两种不同类型的信道，其中用于传送信令的是　（11）　，用于传输语音/数据信息的是　（12）　。

（11）A．A 信道 　　　B．B 信道 　　　C．C 信道 　　　D．D 信道

（12）A．A 信道 　　　B．B 信道 　　　C．C 信道 　　　D．D 信道

试题（11）、（12）分析

ISDN 分为窄带 ISDN（Narrowband ISDN，N-ISDN）和宽带 ISDN（Broadband ISDN，B-ISDN）。窄带 ISDN 的目的是以数字系统代替模拟电话系统，把音频、视频和数据业务在一个网络上统一传输。窄带 ISDN 系统提供两种用户接口：即基本速率接口 2B+D 和基群速率接口 30B+D。其中的 B 信道是 64kb/s 的话音或数据信道，而 D 信道是 16kb/s 或 64kb/s 的信令信道。对于家庭用户，通信公司在用户住所安装一个第一类网络终接设备 NT1。用户可以在连接 NT1 的总线上最多挂接 8 台设备，共享 2B+D 的 144kb/s 信道。大型商业用户则要通过第二类网络终接设备 NT2 连接 ISDN，这种接入方式可以提供 30B+D（2.048Mb/s）的接口速率。

参考答案

　（11）D　　　（12）B

试题（13）

　　下面关于帧中继的描述中，错误的是　（13）。

　（13）A．帧中继在第三层建立固定虚电路和交换虚电路

　　　　　B．帧中继提供面向连接的服务

　　　　　C．帧中继可以有效地处理突发数据流量

　　　　　D．帧中继充分地利用了光纤通信和数字网络技术的优势

试题（13）分析

　　帧中继（Frame Relay，FR）网络运行在 OSI 参考模型的物理层和数据链路层。FR 用第二层协议数据单元帧来承载数据业务，因而第三层被省掉了。帧中继提供面向连接的服务，在互相通信的每对设备之间都存在一条定义好的虚电路，并且指定了一个链路识别码 DLCI。帧中继利用了光纤通信和数字网络技术的优势，FR 帧层操作比 HDLC 简单，只检查错误，不再重传，没有滑动窗口式的流量控制机制，只有拥塞控制。所以，帧中继比 X.25 具有更高的传输效率。

参考答案

　（13）A

试题（14）、（15）

　　海明码是一种纠错编码，一对有效码字之间的海明距离是　（14）。如果信息为 10 位，要求纠正 1 位错，按照海明编码规则，需要增加的校验位是（15）位。

　（14）A．两个码字的比特数之和　　　　B．两个码字的比特数之差

　　　　　C．两个码字之间相同的比特数　　D．两个码字之间不同的比特数

　（15）A．3　　　　B．4　　　　C．5　　　　D．6。

试题（14）、（15）分析

　　海明（Hamming）研究了用冗余数据位来检测和纠正代码差错的理论和方法。按照海明的理论，可以在数据代码上添加若干冗余位组成码字。码字之间的海明距离是一个码字要变成另一个码字时必须改变的最小位数。例如，7 位 ASCII 码增加一位奇偶位成为 8 位的码字，这 128 个 8 位的码字之间的海明距离是 2。所以当其中 1 位出错时便能检测出来。两位出错时就变成另外一个有效码字了。

　　按照海明的理论，纠错编码就是要把所有合法的码字尽量安排在 n 维超立方体的顶点上。使得任一对码字之间的距离尽可能大。如果任意两个码字之间的海明距离是 d，则所有少于等于 d-1 位的错误都可以被检查出来，所有少于 d/2 位的错误都可以被纠正。一个自然的推论是，对某种长度的错误串，要纠正它就要用比仅仅检测它多一倍的冗余位。

　　如果对于 m 位的数据，增加 k 位冗余位，则组成 n=m+k 位的纠错码。对于 2^m 个有

效码字中的任意一个，都有 n 个无效但可以纠错的码字。这些可纠错的码字与有效码字的距离是 1，含单个错误位。这样，对于一个有效码字总共有 n+1 个可识别的码字。这 n+1 个码字相对于其他 2^m-1 有效码字的距离都大于 1。这意味着总共有 $2^m(n+1)$ 个有效的或是可纠错的码字。显然这个数应小于等于码字的所有可能的个数 2^n。于是，我们有

$$2^m(n+1) < 2^n$$

因为 n=m+k，我们得出

$$M+k+1 < 2^k$$

对于给定的数据位 m，上式给出了 k 的下界，即要纠正单个错误，k 是必须取的最小值。本题中由于 m=10，所以得到 k=4。

参考答案

（14）D　　　（15）B

试题（16）、（17）

PPP 的认证协议 CHAP 是一种 __(16)__ 的安全认证协议，发起挑战的应该是 __(17)__ 。

（16）A. 一次握手　　　B. 两次握手　　　C. 三次握手　　　D. 同时握手

（17）A. 连接方　　　B. 被连接方　　　C. 任意一方　　　D. 第三方

试题（16）、（17）分析

PPP 支持的质询握手认证协议（Challenge Handshake Authentication Protocol，CHAP）采用三次握手方式周期地验证对方的身份。首先是逻辑链路建立后认证服务器（被连接方）就要发送一个挑战报文（随机数），终端计算该报文的 Hash 值并把结果返回服务器。然后认证服务器把收到的 Hash 值与自己计算的 Hash 值进行比较，如果匹配，则认证通过，连接得以建立，否则连接被终止。计算 Hash 值的过程有一个双方共享的密钥参与，而密钥是不通过网络传送的，所以 CHAP 是很安全的认证机制。在后续的通信过程中，每经过一个随机的间隔，这个认证过程都可能被重复，以缩短入侵者进行持续攻击的时间。值得注意的是，这种方法可以进行双向身份认证，终端也可以向服务器进行挑战，使得双方都能确认对方身份的合法性。

参考答案

（16）C　　　（17）B

试题（18）

关于无线网络中的直接序列扩频技术，下面描述中错误的是 __(18)__ 。

（18）A. 用不同的频率传播信号扩大了通信的范围

　　　B. 扩频通信减少了干扰并有利于通信保密

　　　C. 每一个信号比特可以用 N 个码片比特来传输

　　　D. 信号散布到更宽的频带上降低了信道阻塞的概率

试题（18）分析

在直接序列扩频方案中，信号源中的每一比特用称为码片的 N 个比特来传输，这个过程在扩展器中进行。然后把所有的码片用传统的数字调制器发送出去。在接收端，收到的码片解调后被送到一个相关器，自相关函数的尖峰用于检测发送的比特。好的随机码相关函数具有非常高的尖峰/旁瓣比，如下图所示。数字系统的带宽与其所采用的脉冲信号的持续时间成反比。在 DSSS 系统中，由于发射的码片只占数据比特的 1/N，所以 DSSS 信号的带宽是原来数据带宽的 N 倍。

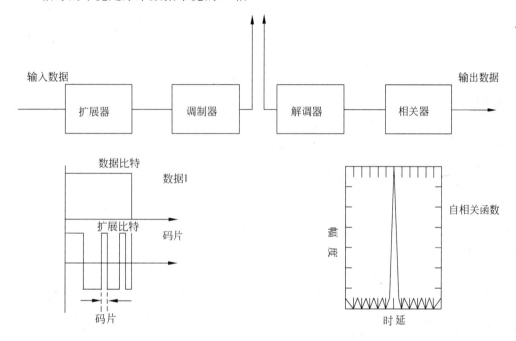

图 DSSS 的频谱扩展器和自相关检测器

在 DSSS 扩频通信中，每一个信号比特用 N 个比特的码片来传输，这样使得信号散布到更宽的频带上，降低了信道阻塞的概率，减少了干扰并有利于通信保密。

参考答案

（18）A

试题（19）

IETF 定义的集成服务（IntServ）把 Internet 服务分成了三种服务质量不同的类型，这三种服务不包括__(19)__。

(19) A．保证质量的服务：对带宽、时延、抖动和丢包率提供定量的保证

　　　B．尽力而为的服务：这是一般的 Internet 服务，不保证服务质量

　　　C．负载受控的服务：提供类似于网络欠载时的服务，定性地提供质量保证

　　　D．突发式服务：如果有富余的带宽，网络保证满足服务质量的需求

试题（19）分析

IETF 集成服务（IntServ）工作组根据服务质量的不同，把 Internet 服务分成了三种类型：

① 保证质量的服务（Guranteed Services）：对带宽、时延、抖动和丢包率提供定量的保证；

② 负载受控的服务（Controlled-load Services）：提供一种类似于网络欠载情况下的服务，这是一种定性的指标；

③ 尽力而为的服务（Best-Effort）：这是 Internet 提供的一般服务，基本上无任何质量保证。

参考答案

（19）D

试题（20）

按照网络分层设计模型，通常把局域网设计为 3 层，即核心层、汇聚层和接入层，以下关于分层网络功能的描述中，不正确的是___（20）___。

（20）A．核心层设备负责数据包过滤、策略路由等功能

B．汇聚层完成路由汇总和协议转换功能

C．接入层应提供一部分管理功能，例如 MAC 地址认证、计费管理等

D．接入层要负责收集用户信息，例如用户 IP 地址、MAC 地址、访问日志等

试题（20）分析

三层模型将大型局域网划分为核心层、汇聚层和接入层。每一层都有特定的作用。

① 核心层是因特网络的高速骨干网，由于其重要性，因此在设计中应该采用冗余组件设计。在设计核心层设备的功能时，应尽量避免使用数据包过滤和策略路由等降低数据包转发速率的功能。如果需要连接因特网和外部网络，核心层还应包括一条或多条连接到外部网络的连接。

② 汇聚层是核心层和接入层之间的分界点，应尽量将资源访问控制、流量的控制等在汇聚层实现。为保证层次化的特性，汇聚层应该向核心层隐藏接入层的细节，例如不管接入层划分了多少个子网，汇聚层向核心层路由器进行路由宣告时，仅宣告由多个子网地址汇聚而成的网络。为保证核心层能够连接运行不同协议的区域网络，各种协议的转换都应在汇聚层完成。

③ 接入层为用户提供在本地网段访问应用系统的能力，也要为相邻用户之间的互访需求提供足够的带宽。接入层还应该负责一些用户管理功能，以及用户信息的收集工作。

参考答案

（20）A

试题（21）、（22）

配置路由器有多种方法，一种方法是通过路由器 console 端口连接___（21）___进行配

置，另一种方法是通过 TELNET 协议连接　(22)　进行配置。

　　(21) A. 中继器　　　　B. AUX 接口　　　C. 终端　　　　D. TCP/IP 网络

　　(22) A. 中继器　　　　B. AUX 接口　　　C. 终端　　　　D. TCP/IP 网络

试题 (21)、(22) 分析

　　对路由器进行初始配置时，要用工作电缆连接仿真终端和路由器的 Console 端口。当路由器部署在网络中时，可以在终端上运行 TELNET 协议，通过 TCP/IP 网络登录到路由器，再在终端上键入配置命令，对路由器进行配置。

参考答案

　　(21) C　　　　　(22) D

试题 (23)

　　如果允许来自子网 172.30.16.0/24 到 172.30.31.0/24 的分组通过路由器，则对应 ACL 语句应该是　(23)　。

　　(23) A. access-list 10 permit 172.30.16.0 255.255.0.0

　　　　 B. access-list 10 permit 172.30.16.0 0.0.255.255

　　　　 C. access-list 10 permit 172.30.16.0 0.0.15.255

　　　　 D. access-list 10 permit 172.30.16.0 255.255.240.0

试题 (23) 分析

　　如果允许来自子网 172.30.16.0/24 到 172.30.31.0/24 的分组通过路由器，则对应的 ACL 语句应该是 access-list 10 permit 172.30.16.0 0.0.15.255。值得注意的是反掩码 0.0.15.255 正好覆盖了 172.30.16.0 网络中最后 12 位表示的全部地址。

参考答案

　　(23) C

试题 (24)

　　结构化布线系统分为六个子系统，其中水平子系统　(24)　。

　　(24) A. 由各种交叉连接设备以及集线器和交换机等交换设备组成

　　　　 B. 连接干线子系统和工作区子系统

　　　　 C. 由终端设备到信息插座的整个区域组成

　　　　 D. 实现各楼层设备间子系统之间的互连

试题 (24) 分析

　　结构化布线系统分为 6 个子系统：工作区子系统、水平子系统、管理子系统、干线（或垂直）子系统、设备间子系统和建筑群子系统。其中水平系统是指各个楼层接线间的配线架到工作区信息插座之间所安装的线缆系统，其作用是将干线子系统与用户工作区连接起来。

参考答案

　　(24) B

试题（25）

边界网关协议 BGP4 被称为路径矢量协议，它传送的路由信息是由一个地址前缀后跟（25）组成。

(25) A. 一串 IP 地址   B. 一串自治系统编号

      C. 一串路由器编号   D. 一串子网地址

试题（25）分析

边界网关协议 BGP 是应用于自治系统（AS）之间的外部网关协议。BGP4 基本上是一个距离矢量路由协议，但是与 RIP 协议采用的算法稍有区别。BGP 不但为每个目标计算最小通信费用，而且跟踪通向目标的路径。它不但把目标的通信费用发送给每一个邻居，而且也公告通向目标的最短路径（由地址前缀后跟一串自治系统编号组成）。所以 BGP4 被称为路径矢量协议。

参考答案

（25）B

试题（26）

与 RIPv2 相比，IGRP 协议增加了一些新的特性，下面的描述中错误的是 __(26)__ 。

(26) A. 路由度量不再把跳步数作为唯一因素，还包含了带宽、延迟等参数

      B. 增加了触发更新来加快路由收敛，不必等待更新周期结束再发送更新报文

      C. 不但支持相等费用通路负载均衡，而且支持不等费用通路的负载均衡

      D. 最大跳步数由 15 跳扩大到 255 跳，可以支持更大的网络

试题（26）分析

内部网关路由协议（Interior Gateway Routing Protocol，IGRP）是 Cisco 公司 20 世纪 80 年代设计的一种动态距离矢量路由协议。它组合了网络配置的各种因素，包括带宽、延迟、可靠性和负载等作为路由度量。它支持相等费用通路负载均衡和不等费用通路负载均衡。IGRP 的最大跳步数由 15 跳扩大到 255 跳，可以支持比 RIPv2 更大的网络。

默认情况下，IGRP 每 90s 发送一次路由更新广播，在 3 个更新周期内（即 270s）没有从某个路由器接收到更新报文，则宣布该路由不可访问。在 7 个更新周期即 630s 后，IOS 从路由表中清除该路由表项。

用触发更新来加快路由收敛，这是 RIPv2 和 IGRP 都有的功能。

参考答案

（26）B

试题（27）、（28）

城域以太网在各个用户以太网之间建立多点的第二层连接，IEEE 802.1ad 定义的运营商网桥协议提供的基本技术是在以太帧中插入 __(27)__ 字段，这种技术被称为 __(28)__ 技术。

(27) A. 运营商 VLAN 标记   B. 运营商虚电路标识

    C．用户 VLAN 标记   D．用户帧类型标记

（28）A．Q-in-Q   B．IP-in-IP

    C．NAT-in-NAT   D．MAC-in-MAC

试题（27）、（28）分析

  城域以太网论坛（Metro Ethernet Forum，MEF）是由网络设备制造商和网络运营商组成的非盈利组织，专门从事城域以太网的标准化工作。MEF 定义的 E-LAN 服务的基本技术是 802.1q 的 VLAN 帧标记。假定各个用户的以太网称为 C-网，运营商建立的城域以太网称为 S-网。如果不同 C-网中的用户要进行通信，以太帧在进入用户网络接口（User-Network Interface，UNI）时被插入一个 S-VID（Server Provider-VLAN ID）字段，用于标识 S-网中的传输服务，而用户的 VLAN 帧标记（C-VID）则保持不变，当以太帧到达目标 C-网时，S-VID 字段被删除，如下图所示。这样就解决了两个用户以太网之间透明的数据传输问题。这种技术定义在 IEEE 802.1ad 的运营商网桥协议（Provider Bridge Protocol）中，被称为 Q-in-Q 技术。

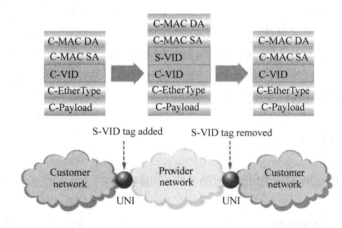

图 802.1ad 的帧格式

  Q-in-Q 实际上是把用户 VLAN 嵌套在城域以太网的 VLAN 中传送，由于其简单性和有效性而得到电信运营商的青睐。但是这样一来，所有用户的 MAC 地址在城域以太网中都是可见的，任何 C-网的改变都会影响到 S-网的配置，增加了管理的难度。而且 S-VID 字段只有 12 位，只能标识 4096 个不同的传输服务，网络的可扩展性也受到限制。从用户角度看，网络用户的 MAC 地址都暴露在整个城域以太网中，使得网络的安全性受到威胁。

参考答案

  （27）A   （28）A

试题（29）

  数据传输时会存在各种时延，路由器在报文转发过程中产生的时延不包括 (29)。

（29）A．排队时延　　　　　　　　　B．TCP 流控时延

　　　　C．路由计算时延　　　　　　　D．数据包处理时延

试题（29）分析

本题考查路由器的工作原理。

路由器在接收到报文后，先在输入链路进行排队，然后进行检验，计算路由，加入到输出链路进行转发。

参考答案

（29）B

试题（30）、（31）

某用户为了保障信息的安全，需要对传送的信息进行签名和加密，考虑加解密时的效率与实现的复杂性，加密时合理的算法是__(30)__，签名时合理的算法为__(31)__。

（30）A．MD5　　　　　B．RC-5　　　　　C．RSA　　　　　D．ECC

（31）A．RSA　　　　　B．SHA-1　　　　C．3DES　　　　D．RC-5

试题（30）、（31）分析

本题考查加密和签名算法。

考虑加解密时的效率与实现的复杂性，通常采用对称密钥加密算法对数据进行加密，采用公钥算法进行签名。SHA-1 和 MD5 属于摘要算法，3DES 和 RC-5 属于对称密钥加密算法，ECC 和 RSA 是公钥算法。

参考答案

（30）B　　（31）A

试题（32）

某单位采用 DHCP 进行 IP 地址自动分配，用户收到__(32)__消息后方可使用其中分配的 IP 地址。

（32）A．DhcpDiscover　　　　　　　　B．DhcpOffer

　　　　C．DhcpNack　　　　　　　　　D．DhcpAck

试题（32）分析

本题考查 DHCP 协议的工作原理。

当用户初始启动时发送 DhcpDiscover 报文请求 IP 地址；如果有服务器进行响应，发送 DhcpOffer 报文；若用户采用某服务器提供的 IP 地址，采用 DhcpRequest 报文进行请求；服务器在接收到报文后，采用 DhcpAck 报文进行确认，用户收到报文后就可以采用服务器提供的 IP 地址了。

参考答案

（32）D

试题（33）

DNS 服务器中提供了多种资源记录，其中__(33)__定义了域名的反向查询。

（33）A．SOA　　　　　　B．NS　　　　　　　C．PTR　　　　　　　D．MX

试题（33）分析

本题考查 DNS 服务器中的资源记录。

DNS 服务器中提供了多种资源记录，其中类型 SOA 查询的是授权域名服务器；NS 查询的是域名；PTR 是依据 IP 查域名，即域名的反向查询；MX 是邮件服务器记录。

参考答案

（33）C

试题（34）

IIS 服务支持多种身份验证，其中 (34) 提供的安全功能最低。

（34）A．.NET Passport 身份验证　　　B．集成 Windows 身份验证

　　　　C．基本身份验证　　　　　　　　D．摘要式身份验证

试题（34）分析

本题考查 IIS 模块中身份验证相关问题。

基本身份验证采用明文形式对用户名和口令进行传送和验证，安全级别最低。

参考答案

（34）C

试题（35）、（36）

Windows 中的 Netstat 命令显示有关协议的统计信息。下图中显示列表第二列 Local Address 显示的是　 (35) 　。当 TCP 连接处于 SYN_SENT 状态时，表示　(36) 　。

```
C:\Documents and Settings\Administrator>netstat -o 4

Active Connections

  Proto  Local Address           Foreign Address         State           PID
  TCP    x4ep512rdszwjzp:1172    121.11.159.208:http     SYN_SENT        1572

Active Connections

  Proto  Local Address           Foreign Address         State           PID
  TCP    x4ep512rdszwjzp:1173    121.11.159.208:http     SYN_SENT        1572

Active Connections

  Proto  Local Address           Foreign Address         State           PID
  TCP    x4ep512rdszwjzp:1173    121.11.159.208:http     SYN_SENT        1572

Active Connections

  Proto  Local Address           Foreign Address         State           PID
  TCP    x4ep512rdszwjzp:1176    124.115.3.126:http      ESTABLISHED     3096
  TCP    x4ep512rdszwjzp:1178    124.115.6.52:http       ESTABLISHED     3096
  TCP    x4ep512rdszwjzp:1179    124.115.6.52:http       ESTABLISHED     3096
  TCP    x4ep512rdszwjzp:1180    124.115.6.52:http       ESTABLISHED     3096
  TCP    x4ep512rdszwjzp:1182    124.115.3.126:http      ESTABLISHED     3096
  TCP    x4ep512rdszwjzp:1183    124.115.6.52:http       ESTABLISHED     3096
  TCP    x4ep512rdszwjzp:1184    124.115.6.52:http       ESTABLISHED     3096
  TCP    x4ep512rdszwjzp:1185    222.73.73.173:http      ESTABLISHED     3096
  TCP    x4ep512rdszwjzp:1186    222.73.78.14:http       SYN_SENT        3096
```

（35）A．本地计算机的 IP 地址和端口号

  B. 本地计算机的名字和进程 ID

  C. 本地计算机的名字和端口号

  D. 本地计算机的 MAC 地址和进程 ID

（36）A. 已经发出了连接请求

  B. 连接已经建立

  C. 处于连接监听状态

  D. 等待对方的释放连接响应

试题（35）、（36）分析

本题考查网络管理命令及 TCP 三次握手建立连接状态。

在 Windows 操作系统中，采用命令 Netstat 来显示本机 Internet 应用的统计信息。其中 Local Address 显示的是本地主机的名称及 TCP 连接或 UDP 所采用的端口号。

当 TCP 连接处于 SYN_SENT 状态时，表示已经发出了连接请求，等待对方握手信号；处于连接监听状态是对方被动打开，等待连接建立请求，状态为 LISTEN；连接已经建立状态是 ESTABLISHED；等待对方的释放连接响应状态是 FIN-WAIT-1。

参考答案

（35）C （36）A

试题（37）

设有下面 4 条路由：210.114.129.0/24、210.114.130.0/24、210.114.132.0/24 和 210.114.133.0/24，如果进行路由汇聚，能覆盖这 4 条路由的地址是___（37）___。

（37）A. 210.114.128.0/21   B. 210.114.128.0/22

  C. 210.114.130.0/22   D. 210.114.132.0/20

试题（37）分析

展开 IP 地址的第 3 字节如下：

第 1 条路由：10000001

第 2 条路由：10000010

第 3 条路由：10000100

第 4 条路由：10000101

聚合之后该字节前 5 比特网络号，后 3 比特主机号，即网络号 210.114.128.0，掩码长度 21 位。

参考答案

（37）A

试题（38）

下面的地址中属于单播地址的是___（38）___。

（38）A. 125.221.191.255/18   B. 192.168.24.123/30

  C. 200.114.207.94/27   D. 224.0.0.23/16

试题（38）分析

下面 4 个网络地址的二进制形式是

A. 125.221.191.255/18　　**01111101 .11011101 .10**111111.11111111

B. 192.168.24.123/30　　　**11000000.10101000.00011000.011110**11

C. 200.114.207.94/27　　　**11001000.01110010.11001111.010**11110

D. 224.0.0.23/16　　　　　**11100000.00000000.**00000000.00010111

上面各地址二进制表示中的加黑部分是子网掩码，可以看出 A 和 B 都是广播地址，D 是组播地址，只有 C 是单播主机地址。

参考答案

（38）C

试题（39）

IP 地址 202.117.17.255/22 是什么地址？　(39)　。

（39）A. 网络地址　　　　　　　　　　B. 全局广播地址

　　　C. 主机地址　　　　　　　　　　D. 定向广播地址

试题（39）分析

IP 地址 202.117.17.255/22 的二进制形式是 **11001010.01110101.000100**01.11111111，其中的网络号是 **11001010.01110101.000100**，主机号是 01.11111111。

参考答案

（39）C

试题（40）

IPv6 地址的格式前缀用于表示地址类型或子网地址，例如 60 位的地址前缀 10DE00000000CD3 有多种合法的表示形式，下面的选项中，不合法的是　(40)　。

（40）A. 10DE:0000:0000:CD30:0000:0000:0000:0000/60

　　　B. 10DE::CD30:0:0:0:0/60

　　　C. 10DE:0:0:CD3/60

　　　D. 10DE:0:0:CD30::/60

试题（40）分析

以上 IPv6 地址前缀中不合法的是 10DE:0:0:CD3/60，因为这种表示可展开为 10DE:0000:0000:0000:0000:0000:0000:0CD3，另外 CD30 也变成了 0CD3，这些都是错误的。

参考答案

（40）C

试题（41）

下列攻击方式中，　(41)　不是利用 TCP/IP 漏洞发起的攻击。

（41）A. SQL 注入攻击　　　　　　　　B. Land 攻击

　　　　　C．Ping of Death　　　　　　　　D．Teardrop 攻击

试题（41）分析

　　本题考查网络安全攻击的基础知识。

　　SQL 注入攻击是指用户通过提交一段数据库查询代码，根据程序返回的结果，获得攻击者想要的数据，这就是所谓的 SQL Injection，即 SQL 注入攻击。这种攻击方式是通过对数据库查询代码和返回结果的分析而实现的。

　　Land 攻击是指攻击者将一个包的源地址和目的地址都设置为目标主机的地址，然后将该包通过 IP 欺骗的方式发送给被攻击主机，这种包可以造成被攻击主机因试图与自己建立连接而陷入死循环，从而很大程度地降低了系统性能。

　　Ping of Death 攻击是攻击者向被攻击者发送一个超过 65536 字节的数据包 ping 包，由于接收者无法处理这么大的 ping 包而造成被攻击者系统崩溃、挂机或重启。

　　Teardrop 攻击就是利用 IP 包的分段/重组技术在系统实现中的一个错误，即在组装 IP 包时只检查了每段数据是否过长，而没有检查包中有效数据的长度是否过小，当数据包中有效数据长度为负值时，系统会分配一个巨大的存储空间，这样的分配会导致系统资源大量消耗，直至重新启动。

　　通过以上解释，可见，Land 攻击、Ping of Death 攻击和 Teardrop 攻击均是利用 TCP/IP 的漏洞所发起的攻击。

参考答案

　　（41）A

试题（42）

　　下列安全协议中 ___(42)___ 是应用层安全协议。

　　（42）A．IPSec　　　　　B．L2TP　　　　　C．PAP　　　　　D．HTTPS

试题（42）分析

　　本题考查网络安全协议的基础知识。

　　IPSec 是 IETF 制定的 IP 层加密协议，PKI 技术为其提供了加密和认证过程的密钥管理功能。IPSec 主要用于开发新一代的 VPN。

　　L2TP 是一种二层协议主要是对传统拨号协议 PPP 的扩展，通过定义多协议跨越第二层点对点链接的一个封装机制，来整合多协议拨号服务至现有的因特网服务提供商点，保证分散的远程客户端通过隧道方式经由 Internet 等网络访问企业内部网络。

　　PAP 协议是二层协议 PPP 协议的一种握手协议，以保证 PPP 链接安全性。

　　HTTPS 是一个安全通信通道，用于在客户计算机和服务器之间交换信息。它使用安全套接字层（SSL）进行信息交换，所有的数据在传输过程中都是加密的。

参考答案

　　（42）D

试题（43）

某网络管理员在园区网规划时，在防火墙上启用了 NAT，以下说法中错误的是　(43)　。

(43) A．NAT 为园区网内用户提供地址翻译和转换，以使其可以访问互联网

　　　B．NAT 为 DMZ 区的应用服务器提供动态的地址翻译和转换，使其能访问外网

　　　C．NAT 可以隐藏内部网络结构以保护内部网络安全

　　　D．NAT 支持一对多和多对多的地址翻译和转换

试题（43）分析

本题考查防火墙功能的知识。

NAT（Network Address Translation）叫作网络地址翻译，或者网络地址转换，它的主要功能是对使用似有地址内部网络用户提供 Internet 接入的方式，将私有地址固定地转换为公有地址以访问互联网，NAT 支持一对多和多对多的地址转换方式。由于通过 NAT 访问互联网的用户经过了地址翻译/转换，并非使用原地址访问互联网，因此外部网络对内网的地址结构是不得而知的，依此形成了对内部网络的隐藏和保护。

不能对内部网络中服务器使用 NAT 进行地址转换或者地址翻译，否则，用户将无法联系到内部网络的服务器。

参考答案

(43) B

试题（44）

在 SET 协议中，默认使用　(44)　对称加密算法。

(44) A．IDEA　　　　　B．RC5　　　　　C．三重 DES　　　　D．DES

试题（44）分析

本题考查安全支付协议的知识。

SET 协议是 PKI 框架下的一个典型实现。安全核心技术主要有公开密钥加密、数字签名、数字信封、消息摘要、数字证书等，主要应用于 B2C 模式中保障支付信息的安全性。SET 协议使用密码技术来保障交易的安全，主要包括散列函数、对称加密算法和非对称加密算法等。SET 中默认使用的散列函数是 SHA，对称密码算法则通常采用 DES，公钥密码算法一般采用 RSA。

参考答案

(44) D

试题（45）～（47）

2013 年 6 月，WiFi 联盟正式发布 IEEE 802.11ac 无线标准认证。802.11ac 是 802.11n 的继承者，新标准的理论传输速度最高可达到 1Gbps。它采用并扩展了源自 802.11n 的空中接口概念，其中包括：更宽的 RF 带宽，最高可提升至　(45)　；更多的 MIMO 空间流，最多增加到　(46)　个；多用户的 MIMO，以及更高阶的调制，最大达到

（47）____。

    （45）A．40MHz   B．80MHz   C．160MHz   D．240MHz

    （46）A．2   B．4   C．8   D．16

    （47）A．16QAM   B．64QAM   C．128QAM   D．256QAM

试题（45）～（47）分析

    本题考查新的 802.11ac 无线标准认证。IEEE 802.11ac，是一个 802.11 无线局域网（WLAN）通信标准，它通过 5GHz 频带（也是其得名原因）进行通信。理论上，它能够提供最少 1Gbps 带宽进行多站式无线局域网通信，或是最少 500Mbps 的单一连接传输带宽。802.11ac 是 802.11n 的继承者。它采用并扩展了源自 802.11n 的空中接口（air interface）概念，包括：更宽的 RF 带宽（提升至 160MHz），更多的 MIMO 空间流（spatial streams）（增加到 8），多用户的 MIMO，以及更高阶的调制（modulation）（达到 256QAM）。

参考答案

    （45）C   （46）C   （47）D

试题（48）

    RAID 系统有不同的级别，如果一个单位的管理系统既有大量数据需要存取，又对数据安全性要求严格，那么此时应采用____（48）____。

    （48）A．RAID 0   B．RAID 1   C．RAID 5   D．RAID 0+1

试题（48）分析

    本题考查 RAID 的基本功能和应用。

    独立硬盘冗余阵列（RAID, Redundant Array of Independent Disks），旧称廉价磁盘冗余阵列（Redundant Array of Inexpensive Disks），简称硬盘阵列。其基本思想就是把多个相对便宜的硬盘组合起来，成为一个硬盘阵列组，使性能达到甚至超过一个价格昂贵、容量巨大的硬盘。根据选择的版本不同，RAID 比单颗硬盘有以下一个或多个方面的好处：增强数据集成度，增强容错功能，增加处理量或容量。另外，磁盘阵列对于电脑来说，看起来就像一个单独的硬盘或逻辑存储单元，分为 RAID-0、RAID-1、RAID-1E、RAID-5、RAID-6、RAID-7、RAID-10、RAID-50、RAID-60。

    ① RAID0：它将两个以上的磁盘串联起来，成为一个大容量的磁盘。在存放数据时，分段后分散存储在这些磁盘中，因为读写时都可以并行处理，所以在所有的级别中，RAID 0 的速度是最快的。但是 RAID 0 既没有冗余功能，也不具备容错能力，如果一个磁盘（物理）损坏，所有数据都会丢失。

    ② RAID1：将两组以上的 N 个磁盘相互作镜像，在一些多线程操作系统中能有很好的读取速度，理论上读取速度等于硬盘数量的倍数，另外写入速度有微小的降低。只要一个磁盘正常即可维持运作，可靠性最高。

    ③ RAID5：这是一种储存性能、数据安全和存储成本兼顾的存储解决方案。它使用的是 Disk Striping（硬盘分区）技术。RAID 5 至少需要三颗硬盘，RAID 5 不是对存储的

数据进行备份，而是把数据和相对应的奇偶校验信息存储到组成 RAID5 的各个磁盘上，并且奇偶校验信息和相对应的数据分别存储于不同的磁盘上。当 RAID5 的一个磁盘数据发生损坏后，可以利用剩下的数据和相应的奇偶校验信息去恢复被损坏的数据。RAID 5 可以理解为是 RAID 0 和 RAID 1 的折衷方案。

④ RAID0+1：这是 RAID 0 和 RAID 1 的组合形式，也称为 RAID 01。该方案是存储性能和数据安全兼顾的方案。它在提供与 RAID 1 一样的数据安全保障的同时，也提供了与 RAID 0 近似的存储性能。

参考答案

（48）D

试题（49）

采用 ECC 内存技术，一个 8 位的数据产生的 ECC 码要占用 5 位的空间，一个 32 位的数据产生的 ECC 码要占用 __（49）__ 位的空间。

（49）A．5　　　　　　　B．7　　　　　　　C．20　　　　　　　D．32

试题（49）分析

本题考查服务器技术的相关概念。

ECC（Error Checking and Correcting，错误检查和纠正）不是一种内存类型，只是一种内存技术。ECC 纠错技术也需要额外的空间来储存校正码，但其占用的位数跟数据的长度并非成线性关系。

ECC 码将信息进行 8 比特位的编码，采用这种方式可以恢复 1 比特的错误。每一次数据写入内存的时候，ECC 码使用一种特殊的算法对数据进行计算，其结果称为校验位（Check Bits）。然后将所有校验位加在一起的和是"校验和"（checksum），校验和与数据一起存放。当这些数据从内存中读出时，采用同一算法再次计算校验和，并和前面的计算结果相比较，如果结果相同，说明数据是正确的，反之说明有错误，ECC 可以从逻辑上分离错误并通知系统。当只出现单比特错误的时候，ECC 可以把错误改正过来不影响系统运行。

一个 8 位的数据产生的 ECC 码要占用 5 位的空间，16 位数据需占用 6 位；而 32 位的数据则只需再在原来基础增加一位，即 7 位的 ECC 码即可，以此类推。

参考答案

（49）B

试题（50）

在微软 64 位 Windows Server 2008 中集成的服务器虚拟化软件是 __（50）__ 。

（50）A．ESX Server　　　　B．Hyper-V　　　　C．XenServer　　　　D．vserver

试题（50）分析

本题考查服务器技术的相关概念。

虚拟化打破了底层设备、操作系统、应用程序，以及用户界面之间牢固绑定的纽带，彼此之间不再需要紧密耦合，从而可以变成可以按需递交的服务。最终可以实现这样的目标：在任何时间、任何地方，任何用户可以访问任何应用程序，都可以获得任何所需的用户体验。

选项中 ESX Server 是由 VMware 开发的 VMware ESX Server 服务器，该服务器在通用环境下分区和整合系统的虚拟主机软件。

Hyper-V 是由 Windws Server 2008 中集成的服务器虚拟化软件，其采用微内核架构，兼顾了安全性和性能的要求。

XenServer 是思杰基于 Linux 的虚拟化服务器，是一种全面而易于管理的服务器虚拟化平台，基于 Xen Hypervisor 程序之上。

Vserver 是服务器虚拟化软件，可在一台物理服务器上创建多个虚拟机，每个虚拟机相互独立，相互隔离，且像物理机一样拥有自己的 CPU、内存、磁盘和网卡等资源，从而实现物理服务器的虚拟化，同时运行多个业务系统而互不影响。

参考答案

（50）B

试题（51）

跟网络规划与设计生命周期类似，网络故障的排除也有一定的顺序。在定位故障之后，合理的故障排除步骤为 (51) 。

(51) A．搜集故障信息，分析故障原因，制定排除计划，实施排除行为，观察效果

B．观察效果，分析故障原因，搜集故障信息，制订排除计划，实施排除行为

C．分析故障原因，观察效果，搜集故障信息，实施排除行为，制订排除计划

D．搜集故障信息，观察效果，分析故障原因，制订排除计划，实施排除行为

试题（51）分析

本题考查故障排除流程。

网络故障的排除先需定位故障，分析故障原因，然后制定排除计划，实施排除行为，观察效果。

参考答案

（51）A

试题（52）

组织和协调是生命周期中保障各个环节顺利实施并进行进度控制的必要手段，其主要实施方式为 (52) 。

(52) A．技术审查　　　　B．会议　　　　C．激励　　　　D．验收

试题（52）分析

本题考查生命周期相关阶段任务。

组织和协调是进度控制的必要手段，通常采用会议形式进行。

参考答案

（52）B

试题（53）

三个可靠度 R 均为 0.9 的部件串联构成一个系统，如下图所示：

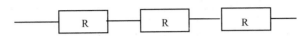

则该系统的可靠度为___（53）___。

（53）A．0.810　　　　　　B．0.729　　　　　　C．0.900　　　　　　D．0.992

试题（53）分析

本题考查系统可靠度。

由于串联，故可靠度为 0.9*0.9*0.9＝0.729。

参考答案

（53）B

试题（54）

在下列业务类型中，上行数据流量远大于下行数据流量的是___（54）___。

（54）A．P2P　　　　　　B．网页浏览　　　　C．即时通信　　　　D．网络管理

试题（54）分析

本题考查网络应用的基本知识。

P2P 是 Peer-to-Peer 的缩写。P2P 网中所有参与系统的结点处于完全对等的地位，即在覆盖网络中的每一个结点都同时扮演着服务器和客户端两种角色，每个在接受来自其他结点的服务同时，也向其他结点提供服务。因此，这类网络业务，上行数据流了与下行数据流量基本相同。

网页浏览是目前互联网上应用最为广泛的一种服务，该服务的运行是基于 B/S 结构的，即用户通过浏览器向服务器发送一个网页请求，服务器再将该网页数据返回给用户，这种模式下，下行数据流量将远大于上行数据流量。

即时通信是使用相应的即时通信软件实现用户之间实时通信和交流的一种互联网服务。在该服务中，用户在发送数据的同时也在接收数据，双向数据流量基本相同。

网络管理是网络管理员通过 SNMP 协议对网络设备发送大量管理命令和管理信息，而对于命令的接收者并无或者极少的信息反馈给管理端，在这种业务中，上行流量远远大于下行数据流量。

参考答案

（54）D

试题（55）

企业无线网络规划的拓扑图如下所示，使用无线协议是 802.11b/g/n，根据 IEEE 规

定，如果 AP1 使用 1 号信道，AP2 可使用的信道有 2 个，是___（55）___。

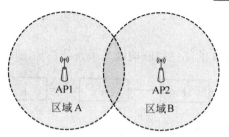

（55）A. 2 和 3   B. 11 和 12   C. 6 和 11   D. 7 和 12

试题（55）分析

本题考查无线网络的基本知识。

2.4GHz 无线网络信道划分是按照每 5MHz 一个信道划分，每个信道 22MHz，将 2.4GHz 频段划分出 13 个信道，而这 13 个信道中有相互覆盖和相互重叠的情况，为了无线网络能够互不干扰的工作，在 13 个信道中，只有 3 个信道可用，1、6、11 号信道。

参考答案

（55）C

试题（56）

目前大部分光缆工程测试都采用 OTDR（光时域反射计）来进行光纤衰减的测试，OTDR 通过测试来自光纤的背向散射光来进行测试。这种情况下采用__（56）__方法比较合适。

（56）A. 双向测试   B. 单向测试   C. 环形测试   D. 水平测试

试题（56）分析

本题考查利用 OTDR（光时域反射计）进行光缆测试的方法。目前大部分工程测试都采用 OTDR（光时域反射计）来进行光纤衰减的测试的，而 OTDR 是通过测试来自光纤的背向散射光实现测试的。这样，因为两个方向的散射光往往是不同的，从而导致两个方向测试的结果不同。严格地说，两个方向测试结果都与实际衰减值不同。将两个方向的测试结果取代数和，再除 2（这个方法也适合接头衰减的测试）的结果比较接近实际指标，因此就规定双向测试方法。

参考答案

（56）A

试题（57）

以下关于网络规划需求分析的描述中，错误的是__（57）__。

（57）A. 对于一个新建的网络，网络工程的需求分析不应与软件需求分析同步进行

     B. 在业务需求收集环节，主要需要与决策者和信息提供者进行沟通

     C. 确定网络预算投资时，需将一次性投资和周期性投资均考虑在内

D．对于普通用户的调查，最好使用设计好的问卷形式进行

试题（57）分析

本题考查网络规划需求分析的基本知识。

在整个网络开发过程中，业务需求调查是理解业务本质的关键，应尽量保证设计的网络能够满足业务的需求，在业务需求收集和调查环节，设计人员须同企业或者部门的领导者进行充分的沟通，已确定网络建设各个方面的需求和问题。

一般在进行网络工程的需求分析时，同时将软件需求分析同步进行，因为网络工程的实施和包括对于网络系统中所使用的软件的安装和调试等环节。

网络预算一般分为一次性投资预算和周期性投资预算，一般来说年度发生的周期性投资预算和一次性投资预算之间的比例为 10%～15% 是比较合理的。一次性投资预算主要用于网络的初始建设，包括设备采购、购买软件、维护和测试系统，培训工作人员以及设计和安装系统的费用等；应根据一次性投资预算，对设备、软件进行选型，对培训工作量进行限定，确保网络初始建设的可行性。周期性投资预算主要用于后期的运营维护，包括人员消耗、设备维护消耗、软件系统升级消耗、材料消耗、信息费用、线路租用费用等多个方面；同时，对客户单位的网络工作人员的能力进行分析，考察他们的工作能力和专业知识是否能够胜任以后的工作，并提出相应的建议，是评判周期性投资预算是否能够满足运营需要的关键之一。

对于普通用户的调查过程一般采用问卷调查的方式进行，这种方式能够更好地提高调查的效率和调查结果的可用性。

参考答案

（57）A

试题（58）

在局域网中，划分广播域的边界是　 (58) 　。

（58）A．HUB　　　　　B．Modem　　　　C．VLAN　　　　D．交换机

试题（58）分析

本题考查网络设备的基本知识。

HUB 也叫集线器，是一种总线型的网络连接设备，工作于 OSI 模型的物理层，使用集线器所连接的网络拓扑为总线型网络，它是一个广播域，同时也是冲突域。

Modem 是调制解调器，主要为实现在传统模拟线路上传输数字信号的一种设备。

VLAN 是一种通过逻辑地在交换机上根据一定的规则分隔广播数据包的方式，通过为进入交换机的数据帧标记不同的 vlan tag，只有带有与接口相同的 vlan tag 的数据帧才能够被转发和通信。

交换机在默认情况下，所有的接口均处于同一个广播域中，因此它不具备划分广播域边界的功能。

参考答案

（58）C

试题（59）

工程师为某公司设计了如下网络方案。

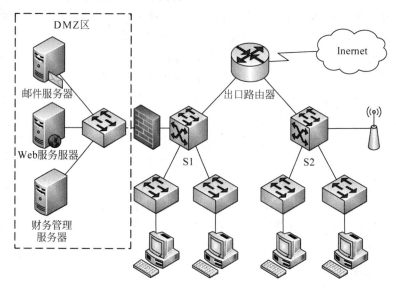

下面关于该网络结构设计的叙述中，正确的是 （59） 。

（59）A．该网络采用三层结构设计，扩展性强

　　　　B．S1、S2 两台交换机为用户提供向上的冗余连接，可靠性强

　　　　C．接入层交换机没有向上的冗余连接，可靠性较差

　　　　D．出口采用单运营商连接，带宽不够

试题（59）分析

本题考查网络设计部署的基本知识。

根据图示的拓扑链接可见，该网络规划采用的是两层结构的扁平化设计方式，而两台核心层交换机 S1、S2 之间并未提供冗余连接，这样的连接方式，会造成很严重的单点故障，因此不能为整个网络提供较高的可靠性。Internet 接入采用单运营商接入的方式，并不能够导致带宽不够的问题，而接入层向核心层并未提供冗余连接，网络的可靠性较差。

参考答案

（59）C

试题（60）

下面关于防火墙部分连接的叙述中，错误的是 （60） 。

（60）A．防火墙应与出口路由器连接

　　B．Web 服务器连接位置恰当合理

　　C．邮件服务器连接位置恰当合理

　　D．财务管理服务器连接位置恰当合理

试题（60）分析

　　本题考查网络服务器部署的基本知识。

　　网络中的防火墙位置可放置于接入互联网的路由器之前，也可将其放置于网络的核心层，以提高内部网络用户的使用体验，在防火墙的 DMZ 区中，所放置的可以是为内部网络用户或者外部网络用户提供服务的各类服务器，而财务管理服务器不属于公共服务器，应放置于专用网络中。

参考答案

　　（60）D

试题（61）

　　下面关于用户访问部分的叙述中，正确的是 ___(61)___ 。

　　（61）A．无线接入点与 S2 相连，可提高 WLAN 用户的访问速率

　　　　　B．有线用户以相同的代价访问 Internet 和服务器，设计恰当合理

　　　　　C．可增加接入层交换机向上的冗余连接，提高有线用户访问的可靠性

　　　　　D．无线接入点应放置于接入层，以提高整个网络的安全性

试题（61）分析

　　本题考查接入层网络部署的基本知识。

　　网络接入层的作用是为用户提供接入到网络的接口，无线网络接入点为无线用户提供网络的接入，一般的部署方式是将无线网络接入点放置于网络接入层设备，题（59）的图的设计中，将无线接入点与核心层设备 S2 相连是不合理的。由于核心层设备为采用冗余连接，因此两端的用户在访问内部服务器时的代价是不同的，同时，即使在接入层添加到核心层的冗余连接，也并不能提高有线网络用户访问内部网络的可靠性，因此该项设计不恰当。

参考答案

　　（61）D

试题（62）

　　下列对于网络测试的叙述中，正确的是 ___(62)___ 。

　　（62）A．对于网络连通性测试，测试路径无须覆盖测试抽样中的所有子网和 VLAN

　　　　　B．对于链路传输速率的测试，需测试所有链路

　　　　　C．端到端链路无须进行网络吞吐量的测试

　　　　　D．对于网络系统延时的测试，应对测试抽样进行多次测试后取平均值，双向延时应≤1 ms

试题（62）分析

本题考查网络测试的基本知识。

对新建网络进行测试时，无需对链路传输速率、端到端测试和所有子网和 VLAN 进行测试，一般采取抽样测试的方式进行，测试需对所有抽样进行测试，以提高测试的准确性；对于端到端链路测试中，吞吐量的测试是其中一项非常重要的测试项目。

参考答案

（62）D

试题（63）

下列地址中，___（63）___是 MAC 组播地址。

（63）A．0x0000.5E2F.FFFF   B．0x0100.5E4F.FFFF

C．0x0200.5E6F.FFFF   D．0x0300.5E8F.FFFF

试题（63）分析

本题考查网络地址的基本知识。

MAC（Media Access Control）地址，或称为 MAC 地址、硬件地址，用来定义网络设备的位置。采用十六进制数表示，共六个字节（48 位）。其中，前三个字节是由 IEEE 的注册管理机构 RA 负责给不同厂家分配的代码（高位 24 位），也称为"编制上唯一的标识符"（Organizationally Unique Identifier），后三个字节（低位 24 位）由各厂家自行指派给生产的适配器接口，称为扩展标识符（唯一性）。一个地址块可以生成 224 个不同的地址。

MAC 地址中有一部分保留地址用于组播，范围是 0100.5E00.0000---0100.5E07.FFFF。

参考答案

（63）B

试题（64）

某网络拓扑图如下所示，三台路由器上均运行 RIPv1 协议，路由协议配置完成后，测试发现从 R1 ping R2 或者 R3 的局域网，均有 50%的丢包，出现该故障的原因可能是 （64） 。

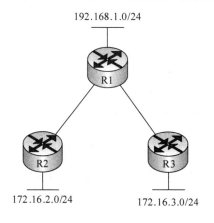

（64）A．R1 与 R2、R3 的物理链路连接不稳定

　　　B．R1 未能完整的学习到 R2 和 R3 的局域网路由

　　　C．管理员手工的对 R2 和 R3 进行了路由汇总

　　　D．RIP 协议版本配置错误，RIPv1 不支持不连续子网

试题（64）分析

本题考查网络路由协议的基本知识。

三台路由器运行 RIPv1 协议，从 R1 ping R2 或者 R3 的局域网，出现均有 50% 的丢包现象，RIPv1 不支持不连续的子网，因此，在 R1 上针对 R2 和 R3 局域网的 172.16.2.0/24 和 172.16.3.0/24 路由进行了路由汇总，统一汇总成 172.16.0.0/16 路由，因此，当从 R1 ping R2 或者 R3 时，路由器认为从 R1 与 R2 和 R3 相连的接口均可到达，实现了不恰当的负载均衡。

参考答案

（64）D

试题（65）

使用长度 1518 字节的帧测试网络吞吐量时，1000M 以太网抽样测试平均值是　（65）　时，该网络设计是合理的。

（65）A．99%　　　　　B．80%　　　　　C．60%　　　　　D．40%

试题（65）分析

本题考查网络测试的基本知识。

吞吐率是指空载网络在没有丢包的情况下，被测网络链路所能达到的最大数据包转发速率。吞吐率测试需按照不同的帧长度（包括 64、128、256、512、1024、1280、1518 字节）分别进行测量。系统在帧长度为 1518 字节测试 1000M 以太网时，测试平均值应为 99% 时，网络设计达到要求。

参考答案

（65）A

试题（66）

某企业内部两栋楼之间距离为 350 米，使用 62.5/125μm 多模光纤连接。100Base-FX 连接一切正常，但是该企业将网络升级为 1000Base-SX 后，两栋楼之间的交换机无法连接。经测试，网络链路完全正常。解决此问题的方案是　（66）　。

（66）A．把两栋楼之间的交换机模块更换为单模模块

　　　B．把两栋楼之间的交换机设备更换为路由器设备

　　　C．把两栋楼之间的多模光纤更换为 50/125μm 多模光纤

　　　D．把两栋楼之间的多模光纤更换为 8/125μm 单模光纤

试题（66）分析

本题考查网络故障解决方法。两栋楼距离 350 米，使用多模光纤连接，由 100Base-FX

升级至 1000Base-SX 后无法连通。根据光纤传输知识可知，1000BASE-SX 所使用的光纤有：波长为 850nm，分为 62.5/125 μm 多模光纤、50/125μm 多模光纤。其中使用 62.5/125 μm 多模光纤的最大传输距离为 220m，使用 50/125μm 多模光纤的最大传输距离为 500 米。因此只需要将两栋楼之间的多模光纤更换为 50/125μm 多模光纤即可。

参考答案

（66）C

试题（67）

IANA 在可聚合全球单播地址范围内指定了一个格式前缀来表示 IPv6 的 6to4 地址，该前缀为　（67）　。

（67）A．0x1001　　　B．0x1002　　　C．0x2002　　　D．0x2001

试题（67）分析

本题考查可聚合全球单播地址的知识。6to4 隧道采用特殊的 IPv6 地址。IANA（因特网编号分配委员会）为 6to4 隧道方式地分配了一个永久性的 IPv6 格式前缀 0x2002，表示成 IPv6 地址前缀格式为 2002::/16。如果一个用户站点拥有至少一个有效的全球唯一的 32 位 IPv4 地址（v4ADDR），那么该用户站点将不需要任何分配申请即可拥有如下的 IPv6 地址前缀 2002v4ADDR)::/48。

参考答案

（67）C

试题（68）～（70）

图中所示是一个园区网的一部分，交换机 A 和 B 是两台接入层设备，交换机 C 和 D 组成核心层，交换机 E 将服务器群连接至核心层。如图所示，如果采用默认的 STP 设置和默认的选举过程，其生成树的最终结果为　（68）　。

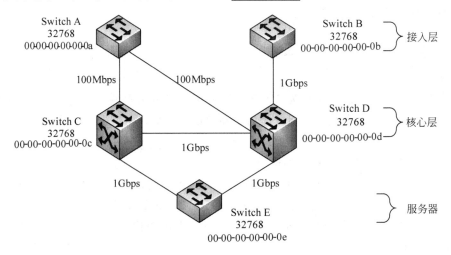

这时交换机 B 上的一台工作站要访问园区网交换机 E 上的服务器其路径为　（69）　。

由此可以看出，如果根网桥的选举采用默认配置，下列说法中不正确的是 ＿＿（70）＿＿。

（68）

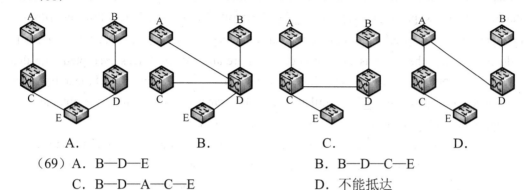

      A.   B.   C.   D.

（69）A. B—D—E   B. B—D—C—E

       C. B—D—A—C—E   D. 不能抵达

（70）A. 最慢的交换机有可能被选为根网桥

       B. 有可能生成低效的生成树结构

       C. 只能选择一个根网桥，没有备用根网桥

       D. 性能最优的交换机将被选为根网桥

试题（68）～（70）分析

本题考查 STP 相关知识。

如图所示，在默认 STP 设置下，接入层交换机 A 将成为根网桥，因为它的 MAC 地址最小，而所有交换机的优先级都一样。这样交换机 A 被选作根后，它就不能使用 1Gbps 的链路，它只有两条 100Mbps 的链路。根据默认的选举过程，删除处于阻断状态的链路后的网络，从中可以看出生成树的最终结果（如下图所示）。接入交换机 A 是根交换机，在交换机 B 上的工作站必须通过核心层（交换机 D）、接入层（交换机 A）和核心层（交换机 C），才能最后到达交换机 E 上的服务器，显然这种行为是低效的。STP 可以自动地使用默认设置和默认选举过程，但得到的树结构可能与预期的截然不同。

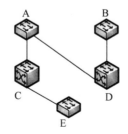

参考答案

   （68）D   （69）C （70）D

试题（71）～（75）

   There are two general approaches to attacking a ＿＿（71）＿encryption scheme. The first attack is known as cryptanalysis. Cryptanalytic attacks rely on the nature of the algorithm plus perhaps some knowledge of the general characteristics of the __(72)__ or even some sample plaintext-ciphertext pairs. This type of __(73)__ exploits the characteristics of the algorithm to attempt to deduce a specific plaintext or to deduce the key being used. If the attack succeeds in deducing the key, the effect is catastrophic: All future and past messages encrypted with that key are compromised. The second method, known as the __(74)__ -force attack, is to try every possible key on a piece of __(75)__ until an intelligible translation into plaintext is obtained. On average, half of all possible keys must be tried to achieve success.

（71）A. stream   B. symmetric   C. asymmetric   D. advanced
（72）A. operation   B. publication   C. plaintext   D. ciphertext
（73）A. message   B. knowledge   C. algorithm   D. attack
（74）A. brute   B. perfect   C. attribute   D. research
（75）A. plaintext   B. ciphertext   C. sample   D. code

参考译文

有两种常用的方法可以攻击对称密钥加密方案。第一种攻击叫作密码分析学。密码分析攻击依赖于算法的特性，也许还要加上某些有关明文的一般性特征的知识，甚至需要某些明文-密文对的样品作为辅助。这种类型的攻击利用了算法的特点，企图推导出特殊的明文或者推导出当前使用的密钥。如果这种攻击成功地导出了密钥，其效果将是灾难性的：所有将来和过去用这个密钥加密的报文都会被突破。第二种方法叫作蛮力攻击，就是用每一种可能的密钥在一段密文上进行试验，直到将其转换为可理解的明文。平均来说，要达到成功需要试验的密钥数量为各种可能的密钥数量的一半。

参考答案

（71）B   （72）C   （73）D   （74）A   （75）B

第8章 2014下半年网络规划设计师
下午试卷I试题分析与解答

试题一（共25分）

阅读下列说明，回答问题1至问题5，将解答填入答题纸的对应栏内。

【说明】

某高校拟对学生公寓网络（已知网络主机超过3000台）进行改造，该校网络部门在技术方案讨论的过程中，提出了以太网接入、ADSL接入和PON接入三种思路。该部门技术主管在对三种方案的建设成本、网络安全、系统容易维护、宽带综合业务等方面综合考虑后决定采用GPON接入方式，并给出了基于GPON技术的学生公寓宽带初步设计方案，如图1-1所示。

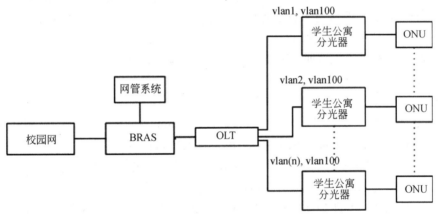

图 1-1

【问题1】（5分）

请比较以太网接入、ADSL接入以及GPON接入三种方式的特点，并简要说明选择GPON接入方式的理由。

【问题2】（5分）

已知网络部门对学生公寓网络分配了一个地址段59.74.116.0/24。请给出学生公寓网络地址规划与设计方案。

【问题3】（6分）

请依据图1-1设计方案，并且结合用户上网方式是拨号上网、网络安全控制以及采用带内管理方式管理网络等技术因素，说明BRAS（Broadband Remote Access Server）和OLT设备性能及配置描述。

【问题 4】（5 分）

如果将图 1-1 中 BRAS 设备用路由器（Router）替换，请分析在学生公寓网络规划上可能有哪些变化。

【问题 5】（4 分）

请简要说明 GPON 接入相比 EPON 接入对支持"三网合一"的发展有什么优势。

试题一分析

本题考查网络接入技术以及局域网配置、产品主要性能指标等相关知识即应用。

【问题 1】

无源光纤网络 PON（Passive optical network）又称被动式光纤网络，是光纤通信网络的一种，其特色为不用电源就可以完成信号处理，除了终端设备需要用到电以外，其中间的节点则以精致小巧的光纤元件构成。PON 系统结构主要由中心局的光线路终端（OLT）、包含无源光器件的光分配网（ODN）、用户端的光网络单元/光网络终端（ONU/ONT，其区别为 ONT 直接位于用户端，而 ONU 与用户之间还有其他网络，如以太网）以及网元管理系统（EMS）组成，通常采用点到多点的树型拓扑结构。在下行方向，IP 数据、语音、视频等多种业务由位于中心局的 OLT，采用广播方式，通过 ODN 中的 1:N 无源光分配器分配到 PON 上的所有 ONU 单元。在上行方向，来自各个 ONU 的多种业务信息互不干扰地通过 ODN 中的 1:N 无源光合路器耦合到同一根光纤，最终送到位于局端 OLT 接收端。

【问题 2】

网络地址转换（NAT，Network Address Translation）属接入广域网（WAN）技术，是一种将私有（保留）地址转化为合法 IP 地址的转换技术，它被广泛应用于各种类型 Internet 接入方式和各种类型的网络中。NAT 不仅可以解决了 IP 地址不足的问题，而且还能够有效地避免来自网络外部的攻击，隐藏并保护网络内部的计算机。

虚拟局域网（Virtual Local Area Network 或简写 VLAN，V-LAN）是一种建构于局域网交换技术（LAN Switch）的网络管理的技术，网管人员可以借此通过控制交换机有效分派出入局域网的分组到正确的出入端口，达到对不同实体局域网中的设备进行逻辑分群（Grouping）管理，并降低局域网内大量数据流通时，因无用分组过多导致拥塞的问题，以及提升局域网的信息安全保障。

【问题 3】

公寓网络的宽带认证通过 BRAS 实现，从图 1-1 网络拓扑分析，选用集成 PPPoE、DHCP、NAT、防火墙的高性能 BRAS，该 BRAS 上进行 PPPoE 的配置，为每个用户设置账号和密码；启用 DHCP 服务，配置内网地址池；进行 NAT 配置，实现内外网地址转换；进行防火墙规则配置。

OLT 可以选用具有三层交换功能的机架式、大容量、全光接入的产品，单框用户数 128 口，可以满足公寓网络的需求。对于网络系统的管理采用带内方式管理，即网管信息与业务信息共用同一通道，网管单独用 1 个 VLAN，设为 VLAN100，每个业务端口均要透传 VLAN100。

【问题 4】

1. 网络边界出现变化，学生公寓网络可作为校园网的一个子网成为校园网的一个组成部分。

2. IP 地址分配、用户认证与校园网统一，NAT、认证等功能由上端设备承担。

3. 学生公寓的网络可以有多种上联方式，可以连接校园网、Internet、IPTV、NGN 等。

4. 由于全业务路由器（Service Router）的出现，在网络规划中，路由器与 BRAS 设备在特定场合也可以实现相同的功能。

【问题 5】

GPON 和 EPON 是两种主流的两种 PON 技术，GPON 符合 ITUT 的标准，而 EPON 是 IEEE 指定的标准。从速率上看 GPON 是非对称的下行 2.488Gb/s 上行 1.244Gb/s，而 EPON 上下行对称 1.25Gb/s。从分光比来看，GPON 支持最大 1:128 的分路比，而 EPON 支持 1：32；从承载业务上看 GPON 可以承载 ATM、ETH、TDM 等多种业务而 EPON 仅支持 ETH；在带宽效率、QoS、协议等多个方面，GPON 更具有广泛性。

试题一参考答案

【问题 1】

方　案	特　点
以太网接入	传统局域网采用的组网方式、成本低、多种介质
ADSL 接入	通过电话线就可实现高速网络接入
GPON 接入	成本低、维护简单、高带宽、抗干扰

理由：GPON 是由局端设备 OLT 与多个用户端设备 ONU 之间通过无源光分配网 ODN 连接的光接入网络。"无源"的特性使得成本低、维护简单，可提供千兆级带宽，并且技术成熟、抗干扰，已经逐渐成为当今主流的网络接入方式（三网合一与 FTTH 接入）。

【问题 2】

1. 需要配置一台 DHCP 服务器，实现内网地址的动态分配；

2. 已分配的网段不能满足用户地址分配的需求，需要相应的网络设备启用 NAT 来实现内外网地址的转换；

3. 由于属于一种类型的用户，公寓网络地址分配按选定网段顺次分配即可；

4. 需要对公寓网络进行 VLAN 和子网划分，便于降低冲突域和网络管理；

5. 为了实现子网间的频繁通信，汇聚各子网的设备具有三层交换功能。

【问题 3】

公寓网络的宽带认证通过 BRAS 实现，从图 1-1 网络拓扑分析，选用集成 PPPoE、DHCP、NAT、防火墙的高性能 BRAS，该 BRAS 上进行 PPPoE 的配置，为每个用户设置账号和密码；启用 DHCP 服务，配置内网地址池；进行 NAT 配置，实现内外网地址转换；进行防火墙规则配置。

OLT 可以选用具有三层交换功能的机架式、大容量、全光接入的产品，单框用户数 128 口，可以满足公寓网络的需求。对于网络系统的管理采用带内方式管理，即网管信息与业务信息共用同一通道，网管单独用 1 个 VLAN，设为 VLAN100，每个业务端口均要透传 VLAN100。

【问题 4】

1. 网络边界出现变化，学生公寓网络可作为校园网的一个子网成为校园网的一个组成部分。

2. IP 地址分配、用户认证与校园网统一，NAT、认证等功能由上端设备承担。

3. 学生公寓的网络可以有多种上联方式，可以连接校园网、Internet、IPTV、NGN 等。

4. 由于全业务路由器（Service Router）的出现，在网络规划中，路由器与 BRAS 设备在特定场合也可以实现相同的功能。

【问题 5】

GPON 接入相比 EPON 接入对支持"三网合一"上的优势：

1. 速率：GPON 支持多种速率等级，可支持上下行不对称速率。EPON 提供的是固定 1.5Gbps 上下行速率。

2. 分路比：GPON 可支持 ClassA、B 和 C，可支持高达 128 的分路比和长达 20km 的传输距离。EPON 通常支持 1∶32 的分路比，10km 的传输距离。

3. 封装：GPON 无论是在传输汇聚层还是在业务适配层的效率都是最高的，其总效率最高，且等效系统成本最低。

试题二（共 25 分）

阅读以下关于某电信运营商网络的叙述，回答问题 1 至问题 4。

【说明】

对电信运营商而言，三网融合在接入控制层面需要考虑怎样引入 IPTV，如何在多业务接入模式下实现综合运营并保障各类业务的服务质量。IPoE 方式提供多业务接入以满足三网融合发展的必要性和可行性，为运营商三网融合业务提供保障。

某电信运营商 IP 城域网拓扑结构图如图 2-1 所示。

【问题 1】（10 分）

电信运营商的网络是一种可管理网络。目前在用户管理方面用得比较多的主流认证技术主要有 PPPoE、基于 Web-Portal 以及 IEEE 802.1x。这三种接入认证技术由于产生的时间，背景各不相同，因此应用的网络环境也不同，各有利弊。下表是这三种认证技术的部分性能比较，请补充完成表 2-1 中的（1）～（10）。

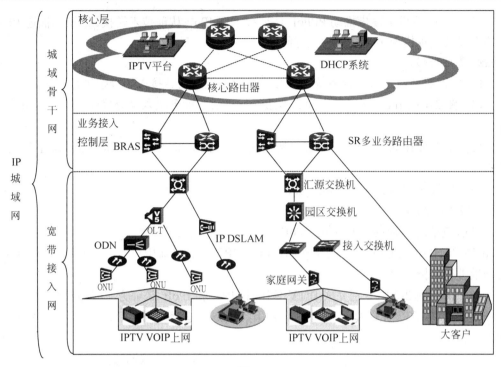

图 2-1

表 2-1 三种认证技术的部分性能指标比较表

基本指标	PPPoE	Web-Portal	802.1x
组网成本	高	高	低
数据报封装开销	(1)	(2)	低
协议运行位置	(3)	(4)	数据链路层
IP 地址分配	认证后分配	(5)	(6)
接入控制	用户	用户	端口
客户端安装	需要	不需要	需要
用户连接性	好	差	好
安全性	高	低	高
业务流与控制流	不分离	(7)	(8)
支持多播业务	(9)	(10)	支持
计费统计精细度	高	低	高

【问题 2】(5 分)

IPoE 和 PPPoE 都是技术较成熟的认证技术,在标准化程度、安全性、精确计费、带宽/端口的控制方面都有相似的优点。

(1)随着 Triple Play "三重播放"业务和以广播 IPTV 为代表的多媒体业务的发展,请简单叙述采用 PPPoE 接入方式会带来的问题。

（2）目前，业界正逐步推动 PPPoE 认证技术向 IPoE 认证技术转换。请简单描述 IPoE 的特点以及大规模商用需解决的关键问题。

【问题 3】（6 分）

IPoE 部署要从运营支撑系统、核心层、业务控制层、接入层分别进行部署。

（1）图 2-1 的 IPoE 部署采用的是多边缘架构进行业务接入区分优化，请对其简单描述一下。

（2）如果对 IPoE 部署采用单边缘架构的部署方案，请对图 2-1 简单修改画出其拓扑结构。

（3）比较多边缘和单边缘两种 IPoE 部署方案的优缺点。

【问题 4】（4 分）

目前电信运营商的用户采用 IPoE 的宽带接入主要认证场景为大客户专线接入认证、IPTV 等。IPoE 和 PPPoE 的交叉场景就是 IPTV，下面就 IPTV 应用 PPPoE 和 IPoE 的场景进行分析。

（1）请在图 2-2 中分别完成 IPTV 使用 PPPoE 和 IPoE 认证方式时多播视频流的流向和流数，并予以简单说明（其中，采用 IPoE 时多播复制点选择在园区交换机和 OLT 上）。

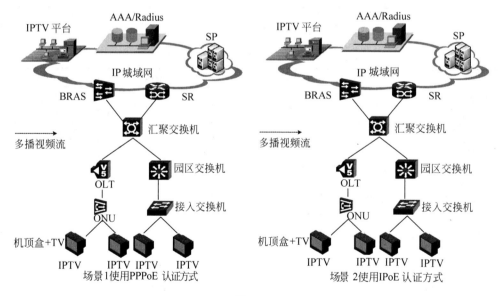

图 2-2

（2）请根据上述比较简要叙述 IPTV 业务发展不同阶段时的认证方式选择。

试题二分析

本题主要考查电信运营商网络中 IPTV 的应用。

【问题 1】

本问题主要考查运营商网络中的接入认证技术。

由于宽带业务的多样化发展趋势，用户接入认证方式作为可运营、可管理的核心，受到包括运营商、制造商、系统集成商的密切关注。当前，电信运营商发展宽带业务主要采用的是 PPPoE 接入方式。随着 IPTV 业务的规模化发展必然进行宽带网组播复制点的下移，接入认证方式将发生重大变革。目前成熟的核心认证技术主要包括 PPPoE 认证、基于 Web-Portal 的认证以及 IEEE 802.1x 认证技术。

PPPoE 继承了 PPP 协议的特点，操作简单且用户较容易接受，能够很好地实现用户计费、在线检测和速率控制等功能。但是，PPPoE 的缺点也同样很明显。PPPoE 所包含的 PPP 包需要被再次封装进以太网报文内才能进行传输，封装效率受到一定影响。由于发现阶段的机制所限，会产生大量的广播包，不但使得网络承受了较大的压力，同时也使得基于组播的业务（如视频会议等）无法开展。除此之外，还需要宽带远程接入服务器 BRAS（Broadband Remote Access Server）的支持，使用这种电信级别的设备成本比较高昂，并且用户的业务数据流和控制认证流都需通过该设备，因此很容易形成网络瓶颈，降低网络性能。

基于 Web-Portal 技术的认证是一种业务类型的认证，由于使用了 Web 页面进行用户名和密码的登入验证，所以省去了安装客户端的麻烦，也避免了系统兼容性的问题。并且，由于承载在应用层之上，无须特别的数据包封装，提高了效率，也减小了网络维护的成本。不过，也正是由于基于 Web-Portal 的认证协议处在 OSI 模型的最高层，所以对设备的要求比较高，建网的成本高。且易用性不高，标准不能统一。IP 地址在用户授权之前就已经分配给用户，不是十分合理。Web 服务器对授权用户和非授权用户来说都是可达的，因此很容易受到恶意攻击，存在安全隐患。同 PPPoE 一样，用户的业务数据流和控制认证流无法区分，造成设备不必要的压力。

IEEE802.1x 就是 IEEE 为了解决基于端口的接入控制而定义的一个标准。作为基于 C/S 的访问控制和认证协议，未经授权的用户或是设备若是未通过 IEEE 802.1x 协议的认证是无法通过接入端口（Access Port）访问网络的。IEEE 802.1x 协议为二层协议不需要到达三层，业务报文直接承载在正常的二层报文上。用户通过认证后实现业务流和认证流分离，不再将数据包进行拆解。IEEE 802.1x 封装效率极高。采用了各端口独立控制处理的方式，因此认证处理容量可以很大，远远高于传统的 BRAS 设备，所有的业务流量和认证系统分开，有效地解决了网络瓶颈问题。与基于七层协议的 Web-Portal 认证相比，能够及时处理异常掉线情况和实现基于时间的计费。数据分离的特点使得 IEEE 802.1x 的认证过程变得简单。整个用户认证在二层网络上实现，可以结合 MAC、端口、账户和密码等，具有很高的安全性。

由上述分析可知，这三种接入认证技术应用的网络环境不同，各有利弊。目前三种认证方式都获得了很多成功的应用：PPPoE 现在最主要的用户人群是 ADSL 用户，由电信级别的运营商提供接入服务。而基于 Web-Portal 的认证一般用于旅馆酒店，并多用于无线网络的认证。而 IEEE 802.1x 认证则普遍用于规模较大，接入用户数目庞大的以太网。下表就一些基本的网络数据指标对它们进行了比较。

表　三种认证技术的部分性能指标比较表

基本指标	PPPoE	Web-Portal	802.1x
组网成本	高	高	低
数据报封装开销	高	低	低
协议运行位置	数据链路层	应用层	数据链路层
IP 地址分配	认证后分配	认证前分配	认证后分配
接入控制	用户	用户	端口
客户端安装	需要	不需要	需要
用户连接性	好	差	好
安全性	高	低	高
业务流与控制流	不分离	不分离	分离
支持多播业务	不支持	支持	支持
计费统计精细度	高	低	高

【问题 2】

本问题主要考查在电信运营商的 IPTV 实施中 IPoE 和 PPPoE 各自的技术特点。

（1）对于大量的视频流，只有通过组播方式传送才能最大化地利用带宽，缓解网络瓶颈。而 PPPoE 数据包，给所有数据包都封装 PPP 包头，在 BRAS 与所连接的上万个宽带用户终端之间建立了相同数量的点对点连接。这种方式决定了 BRAS 到所有终端都是唯一的点到点链路，二者之间的任何二层设备对所传送的数据包都没有办法进行组播复制。因此，采用 PPPoE 封装传送广播 IPTV 组播数据流，BRAS 设备会在所有到用户终端的点到点连接上复制组播数据流。这就造成大量数据包在 BRAS 下的交换机和 EPON 单元上被重复传送，严重浪费 BRAS 下联链路的有限带宽。

BRAS 设备要时刻接受用户拨入请求，与 Radius 服务器合作完成用户的认证工作，同时还要维护大量的 PPPoE 状态信息，对设备的要求是比较高的。IPTV 数据流量大，要求低时延，线速转发，如果进行 PPPoE 数据包封装，在用户量稍大时，BRAS 设备的负载将非常大。采用 PPPoE 技术承载 IPTV 类业务，造成 BRAS 设备处理能力、BRAS 与接入设备之间的带宽两个瓶颈，效率低，扩展性差，基本不能发挥组播技术的优势。

（2）IPoE 认证方式不需要在用户终端上安装任何客户端程序，不需要输入用户名和密码，非常适合新型网络设备，如智能手机，数字电视，PSP（PlayStationPortable，多功能掌机系列，具有游戏、音乐、视频等多项功能）等很难支持内置的 PPPoE 拨号程序的终端应用互联网业务。IPoE 技术的特点：支持用户会话保护，满足运营商对个人宽带业务认证、计费需求；高效的组播传播，适合 IPTV 业务；长接在线，适合语音及视频电话业务；减少多余开销，提高传输效率。

IPoE 技术需要解决的问题：IPoE 认证没有像 PPPoE 认证那样在网络层面提供唯一的点到点的通信机制，运营商在部署 IPoE 认证时，要重点关注安全问题。如：DHCP 溢出攻击和应对策略；ARP 溢出攻击和应对策略；Session 终结管理，根据 DHCP 协议的特性，当 Session 终结后，用户的 IP 地址并不能及时释放并回收。

【问题 3】

本问题主要考查 IPoE 的实际部署。

（1）IPoE 部署要从运营支撑系统、核心层、业务控制层、接入层分别进行部署。具体的运营支撑系统改造方案主要要新建 IPoE 业务的运营支撑系统（DHCP 系统），该系统能够提供用户认证、动态分配地址、动态调整每用户的带宽和 QoS 属性，针对预付费、流量、时长等提供多种计费手段，提供精细化管理和控制。DHCP 系统新增服务器包括认证服务器、DHCP 服务器、Web/Portal 服务器等。在网络部署方案上分为采用多边缘架构进行业务接入区分优化和采用单边缘架构统一业务接入两种方案。

图 2-1 采用的是多边缘架构进行业务接入区分优化方案。其中城域骨干网的设备一般都已支持 IPoE。核心层的设备保持不变，在业务接入控制层根据不同的业务需求进行设备接入区分优化。将宽带接入服务器（BRAS）作为使用 PPPoE 上网业务的边缘控制设备，业务路由器（SR）作为使用 IPoE 的 IPTV、流媒体等关键业务的边缘控制设备，形成多边缘的网络架构。宽带接入网主要将接入层设备改造成支持 IPoE 的设备。接入层设备包括 OLT、EPON、园区交换机和楼道交换机等，需要支持灵活 QinQ、IGMP Snooping、IGMP、IGMP Proxy、DHCP OPTION 82、DHCP OPTION 60，并支持对多播频道的控制功能。

（2）采用单边缘架构统一业务接入（如下图所示）。

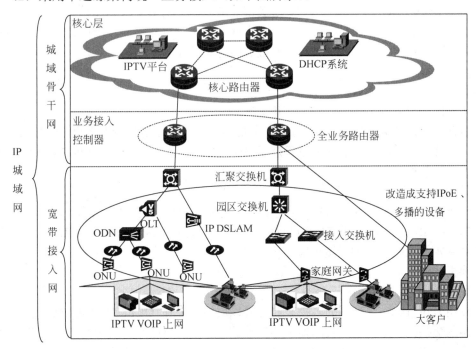

图　采用单边缘架构接入方案图

其中城域骨干网核心层的设备保持不变，在业务接入控制层选择新建全业务路由器，或升级现网 BRAS 为全业务网关来负责业务统一接入，具备 BRAS 和 SR 的功能，并管理 IPoE Session 会话，形成单边缘的网络架构；宽带接入网主要将接入层设备改造成支持 IPoE 的设备。接入层设备包括 OLT、EPON、园区交换机和楼道交换机等，接入层网的改造和采用多边缘架构进行业务接入区分优化的方案一样。

（3）多边缘和单边缘两种 IPoE 部署方案的比较如下表所示。

表　方案比较表

	方案 1（多边缘）	方案 2（单边缘）
优点	实现 IPoE 的部署，有利于 IPTV 等关键业务的扩展； 现网结构保持不变或改动小，投资较小； 上网业务和视频等业务区分接入，可满足不同业务的需求	实现 IPoE 的部署，有利于 IPTV 等关键业务的扩展； 全业务统一接入，便于业务管理； 简化了业务控制层的结构及设备维护； 简化接入层 QoS 的策略部署
缺点	多边缘的网络架构存在多张计费清单，存在同步等问题； 对接入层设备要求高，需对不同业务做分离，接入层 QoS 策略复杂	现网结构改动大，投资大

在一段时间内，IPoE 和 PPPoE 的认证方式会共存并逐步过渡到以 IPoE 为主。IPoE 主要用于 IPTV、NGN、大客户 VPN 等关键业务，为保证 IPTV、NGN、大客户 VPN 等关键业务的承载，运营商往往选择与普通上网业务区分承载层面，因此运营商可根据自身业务的发展情况，在建设、优化 IP 城域网的关键业务平面的同时，选择不同方案统一部署 IPoE。

【问题 4】

本问题主要考查 IPTV 的实际应用场景。

目前电信运营商的用户采用 IPoE 的宽带接入主要认证场景为大客户专线接入认证、IPTV 等。IPoE 和 PPPoE 的交叉场景就是 IPTV，下面就 IPTV 应用 PPPoE 和 IPoE 的不同场景进行分析。

场景 1：使用 PPPoE 认证方式

使用 PPPoE 认证，IPTV 的多播复制点只能是 BRAS。如图 2-2 所示，多播复制点为 BRAS，BRAS 面向每个 IPTV 用户都要复制一份数据。这种场景对 BRAS 下行链路（BRAS—汇聚交换机）的带宽，园区交换机、OLT 的上行链路（园区交换机、OLT—汇聚交换机）的带宽及 IP 城域网带宽资源都造成了很大的压力。

场景 2：使用 IPoE 认证方式

使用 IPoE 认证，IPTV 的多播复制点可以灵活选择在 OLT、IP DSLAM、汇聚交换机、园区交换机、接入交换机。如图 2-2 所示，多播复制点为园区交换机和 OLT，由园区交换机、OLT 面向每个 IPTV 用户进行数据复制。这种场景大大节省了 BRAS——园区交换机、OLT 链路的带宽资源，降低了 BRAS 压力。采用 IPoE，播复制点可选择最靠近用户的设备上，也可采用多级复制、逐级复制进行组播流量的优化。

下图是 IPTV 使用 PPPoE 和 IPoE 认证方式时多播视频流的流向和流数（其中，采用 IPoE 时多播复制点选择在园区交换机和 OLT 上）。

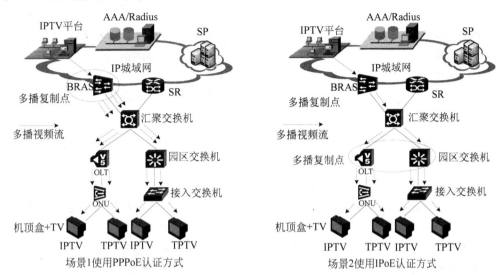

根据上述比较，在 IPTV 发展初期，用户规模比较小时，运营商往往采用 BRAS 接入，通过 PPPoE 协议认证。随着用户规模的逐步扩大，PPPoE 的缺点逐渐显现出来，联带建设成本高，因此，在 IPTV 业务快速发展时，运营商更倾向于采用 IPoE 方式承载 IPTV。

试题二参考答案

【问题 1】

（1）高

（2）低

（3）数据链路层

（4）应用层

（5）认证前分配

（6）认证后分配

（7）不分离

（8）分离

（9）不支持

（10）支持

【问题 2】

（1）

① 严重浪费 BRAS 下联链路的带宽。

② BRAS 设备的负载将非常大。

采用 PPPoE 技术承载 IPTV 类业务，造成 BRAS 设备处理能力、BRAS 与接入设备之间的带宽两个瓶颈，效率低，扩展性差，基本不能发挥组播技术的优势。

（2）

IPoE 技术的特点：支持用户会话保护，满足运营商对个人宽带业务认证、计费需求；高效的组播传播，适合 IPTV 业务；长接在线，适合语音及视频电话业务；减少多余开销，提高传输效率。

IPoE 技术需要解决的问题：IPoE 认证没有像 PPPoE 认证那样在网络层面提供唯一的点到点的通信机制，运营商在部署 IPoE 认证时，要重点关注安全问题。如：DHCP 溢出攻击、ARP 溢出攻击、Session 终结管理等。

【问题 3】

（1）

① 核心层的设备保持不变，在业务接入控制层根据不同的业务需求进行设备接入区分优化。将宽带接入服务器（BRAS）作为使用 PPPoE 上网业务的边缘控制设备，业务路由器（SR）作为使用 IPoE 的 IPTV、流媒体等关键业务的边缘控制设备，形成多边缘的网络架构。

② 宽带接入网主要将接入层设备改造成支持 IPoE 和多播的设备。接入层设备包括 OLT、EPON、园区交换机和楼道交换机等。

（2）

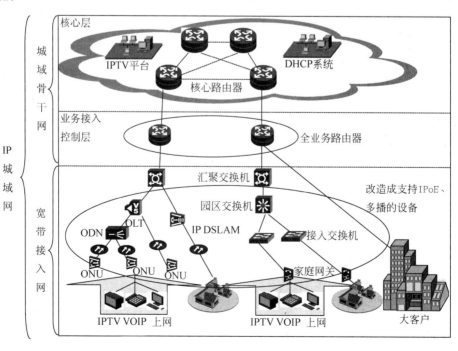

① 城域骨干网核心层的设备保持不变，在业务接入控制层选择新建全业务路由器，或升级现网 BRAS 为全业务网关来负责业务统一接入，具备 BRAS 和 SR 的功能，形成单边缘的网络架构；

② 宽带接入网主要将接入层设备改造成支持 IPoE 的设备。接入层设备包括 OLT、EPON、园区交换机和楼道交换机等。

（3）

多边缘的网络架构：

优点：现网结构保持不变或改动小，投资较小；上网业务和视频等业务区分接入，可满足不同业务的需求。

缺点：多边缘的网络架构存在多张计费清单，存在同步等问题；对接入层设备要求高，需对不同业务做分离，接入层 QoS 策略复杂。

单边缘的网络架构：

优点：全业务统一接入，便于业务管理；简化了业务控制层的结构及设备维护；简化接入层 QoS 的策略部署。

缺点：现网结构改动大，投资大。

【问题 4】

（1）

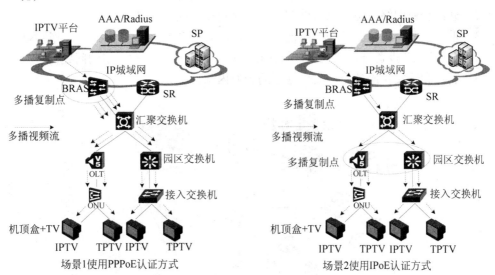

场景1使用PPPoE认证方式　　　　场景2使用IPoE认证方式

① 使用 PPPoE 认证，IPTV 的多播复制点只能是 BRAS。

如场景 1 所示，多播复制点为 BRAS，BRAS 面向每个 IPTV 用户都要复制一份数据。这种场景对 BRAS 下行链路（BRAS—汇聚交换机）的带宽，园区交换机、OLT 的上行链路（园区交换机、OLT—汇聚交换机）的带宽及 IP 城域网带宽资源造成很大的压力。

　　② 使用 IPoE 认证，IPTV 的多播复制点可以灵活选择在 OLT、IP DSLAM、汇聚交换机、园区交换机、接入交换机。

　　如场景 2 所示，多播复制点为园区交换机和 OLT，由园区交换机、OLT 面向每个 IPTV 用户进行数据复制。大大节省了带宽资源，降低 BRAS 压力。

　　（2）根据上述比较，在 IPTV 发展初期，用户规模比较小时，运营商往往采用 BRAS 接入，通过 PPPoE 协议认证。随着用户规模的逐步扩大，PPPoE 的缺点逐渐显露，加之建设成本高。因此，在 IPTV 业务快速发展时，运营商宜采用 IPoE 方式承载 IPTV。

试题三（共 25 分）

　　阅读下列说明，回答问题 1 至问题 5，将解答填入答题纸的对应栏内。

【说明】

　　图 3-1 是某制造企业网络拓扑，该网络包括制造生产、研发设计、管理及财务、服务器群和销售部等五个部分。该企业通过对路由器的配置、划分 VLAN、使用 NAT 技术以及配置 QoS 与 ACL 等实现对企业网络的安全防护与管理。

　　随着信息技术与企业信息化应用的深入融合，一方面提升了企业的管理效率，同时企业在经营中面临的网络安全风险也在不断增加。为了防范网络攻击、保护企业重要信息数据，企业重新制定了网络安全规划，提出了改善现有网络环境的几项要求：

　　1. 优化网络拓扑，改善网络影响企业安全运行的薄弱环节；

　　2. 分析企业网络，防范来自外部攻击，制定相应的安全措施；

　　3. 重视企业内部控制管理，制定技术方案，降低企业重要数据信息的泄露风险；

　　4. 在保证 IT 投资合理的范围，解决远程用户安全访问企业网络的问题；

　　5. 制定和落实对服务器群安全管理的企业内部标准。

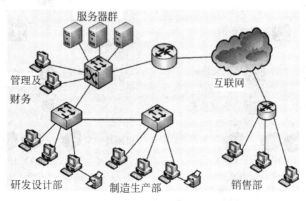

图 3-1

【问题 1】（5 分）

　　请分析说明该企业现有的网络安全措施是如何规划与部署的，应从哪些角度实现对网络的安全管理。

【问题 2】（5 分）

请分析说明该企业的网络拓扑是否存在安全隐患，原有网络设备是否可以有效防御外来攻击。

【问题 3】（5 分）

入侵检测系统（IDS）是一种对网络传输进行即时监视，在发现可疑传输时发出警报或者采取主动反应措施的网络安全设备。请简要说明该企业部署 IDS 的必要性以及如何在该企业网络中部署 IDS。

【问题 4】（5 分）

销售部用户接入企业网采用 VPN 的方式，数据通过安全的加密隧道在公共网络中传播，具有节省成本、安全性高、可以实现全面控制和管理等特点。简要说明 VPN 采用了哪些安全技术以及主要的 VPN 隧道协议有哪些。

【问题 5】（5 分）

请结合自己做过的案例，说明在进行企业内部服务器群的安全规划时需要考虑哪些因素。

试题三分析

本题考查局域网络安全的相关知识，包括 NAT、VLAN、GAP(网闸)、ACL、VPN 等的综合运用以及网络安全拓扑的规划、管理等内容。

【问题 1】

该企业现有的网络需要进行多级的安全部署。首先在接入层交换机上进行访问控制；采用 VLAN 技术通过用户隔离，实现对敏感信息的访问进行限制；在边界路由器上配置 NAT，屏蔽内网地址信息，降低外部的攻击；边界路由器上配置 ACL 访问控制列表，可以实现策略控制，进行访问权限控制。

【问题 2】

该企业现有的网络存在诸多安全隐患：

1. 制造生产部子网络应该直接接入核心交换机，该网络中当研发部子网络的交换设备故障时将会直接对制造生产部的一线产生影响；

2. 在内部网和外部网之间、专用网与公共网之间没有专门的防护设备，不能防御外来攻击；

3. 服务器群应设置在防火墙的 DMZ 区；

4. 应当配备 IPS 设备、流量监控、上网行为管理和网络病毒防护设备；

5. 采用网闸物理隔离财务部门和有关涉密部门。GAP 全称安全隔离网闸。安全隔离网闸是一种由带有多种控制功能专用硬件在电路上切断网络之间的链路层连接，并能够在网络间进行安全适度的应用数据交换的网络安全设备。

【问题 3】

入侵检测系统（IDS）是一种对网络传输进行即时监视，在发现可疑传输时发出警报或者采取主动反应措施的网络安全设备。通常 IDS 采用旁路方式接入核心交换机，可以和防火墙互为补充，防止内部人员攻击，攻击发生后的取证等。

【问题 4】

VPN（虚拟专用网络）是指在公用网络上建立专用网络，进行加密通信。在企业网络中有广泛应用。VPN 网关通过对数据包的加密和数据包目标地址的转换实现远程访问。VPN 有多种分类方式，主要是按协议进行分类。VPN 可通过服务器、硬件、软件等多种方式实现，VPN 具有成本低，易于使用的特点。主要采用的协议有：在互联网上建立 IP 虚拟专用网隧道的协议 PPTP；建立在点对点协议 PPP 的基础上，把各种网络协议（IP、IPX 等）封装到 PPP 帧中，再把整个数据帧装入隧道协议 L2TP；对 IP 协议分组进行加密和认证的协议 IPSec。

【问题 5】

任何企业在做安全规划时，首先依据需求划分信息安全级别，然后依据安全级别，考虑 DMZ 区安全防护，机房的物理安全，主机的系统安全，数据备份机制，安全管理制度等等。

试题三参考答案

【问题 1】

1. 接入交换机上进行访问控制；

2. VLAN 技术通过用户隔离，实现对敏感信息的访问进行限制；

3. 在边界路由器上配置 NAT，屏蔽内网地址信息，降低外部的攻击；

4. 边界路由器上配置 ACL 访问控制列表，可以实现策略控制，进行访问权限控制。

【问题 2】

1. 制造生产部子网络应该直接接入核心交换机，该网络中当研发部子网络的交换设备故障时将会直接对制造生产部的一线产生影响；

2. 在内部网和外部网之间、专用网与公共网之间没有专门的防护设备，不能防御外来攻击；

3. 服务器群应设置在防火墙的 DMZ 区；

4. 应当配备 IPS 设备、流量监控、上网行为管理和网络病毒防护设备；

5. 采用网闸物理隔离财务部门和有关涉密部门。

【问题 3】

必要性：1. 防止内部人员攻击；

2. 和防火墙互为补充；

3. 攻击发生后的取证。

部署：采用旁路方式接入核心交换机

【问题 4】

VPN 采用的安全隧道技术包括：加解密技术、密钥管理技术、身份认证技术。

VPN 协议有：PPTP、L2PT、IPSec。

【问题 5】

1. 首先划分信息安全级别

2. 依据安全级别，考虑以下内容：

（1）DMZ 区安全防护

（2）机房的物理安全

（3）主机的系统安全

（4）数据备份机制

（5）安全管理制度

第9章　2014下半年网络规划设计师下午试卷 II 写作要点

论题一　论网络中心机房的规划与设计

随着计算机的发展和网络的广泛应用，越来越多的单位建立了自己的网络，网络中心机房的建设是其中一个重要环节。它不仅集建筑、电气、安装、网络等多个专业技术于一体，更需要丰富的工程实施和管理经验。网络中心机房设计与施工的优劣直接关系到机房内计算机系统是否能稳定可靠地运行，是否能保证各类信息通信的畅通。

请围绕"论网络中心机房的规划与设计"论题，依次对以下三个方面进行论述。

1. 概要叙述你参与设计实施的网络项目以及你所担任的主要工作。

2. 具体讨论在网络中心机房的规划与设计中的主要工作内容和你所采用的原则、方法和策略，以及遇到的问题和解决措施。

3. 分析你所规划和设计网络中心机房的实际运行效果。你现在认为应该做哪些方面的改进以及如何加以改进。

写作要点

1. 机房工程整体建设。

2. 防静电地板铺设。

3. 隔断装修。

4. UPS 不间断电源。

5. 精密空调系统。

6. 新风换气系统。

7. 接地系统。

8. 防雷系统。

9. 监控系统。

10. 门禁系统。

11. 漏水检测系统。

12. 机房环境及动力设备监控系统。

13. 消防系统。

14. 屏蔽系统。

论题二　大型企业集团公司网络设计解决方案

公司为了发展业务、提高核心竞争能力，希望新建一个快捷安全的通信网络综合信息系统。该公司网络的基本需求如下：

1. 公司办公地点分布在多个地方。在 A 城市除了公司本部外还有一个相距 10 千米的生产工厂，在相距 1000 千米外的 B 城市有一个研发部门，还有遍布全国 30 个大中城市的营销公司也需要联网。

2. 网络用户除固定的桌面系统外还有移动终端上网需求。

3. 公司本部包括经理办公室、生产部、市场部、人力资源部等多个办公部门，共有信息点 3000 个（不包括移动终端，下同），生产工厂和研发部也划分为一些科室，各有信息点 1000 个左右。

4. 建立一个符合开放性规范的综合业务通信网络，集成 OA 办公和企业管理，能够进行数据、声音、图像综合传输的网络平台。

5. 网络要符合下列要求：先进性、通用性和容错性，可扩展可升级，便于维护管理，性价比高。

请围绕"大型企业集团公司网络设计解决方案"论题，依次对以下四个方面进行论述。

1. 根据你自己参与的网络规划和建设项目，参考常见的网络设计方案，按照以上要求给出本网络的解决方案。

2. 描述网络连接拓扑结构、设备选型和地址分配等具体方案。

3. 概述网络安全解决方案，分析方案的优缺点及选择依据。

4. 在实际网络设计项目中需重点解决的问题。

写作要点

一、网络拓扑结构图

二、设备选型

1. 核心层交换机的选择

核心骨干设备的选择最为重要，要根据业务需求和未来发展规划，在 5 个重要的性能指标方面进行选择。

（1）网络接口类型：必须具有 10M/100M/1000M 端口。10G 以太网可以作为可选项，根据网络业务和未来发展规划确定是否必备。骨干以太网交换机大都支持广域网端口，并提供城市间网络连接，CWDM 支持也是设备选型时的重要参考。

（2）吞吐量指标：吞吐量反映了交换机对数据包的拆分、封装、策略处理、转发/路由数据包的能力。核心交换设备的最高性能是无阻塞地实现数据交换，不仅应该提供二层以太帧的线速转发，而且应该提供三层数据包的线速转发。

（3）可用性指标：交换机是否支持关键模块（电源、风扇、交换矩阵、CPU 等）的冗余；链路层是否具备弹性恢复功能，网络层是否支持动态路由协议，是否支持等价多路由功能，是否支持网关冗余协议(VRRP)。

（4）单/组播协议：必须支持单播路由协议和多路广播路由协议。作为骨干交换机必须支持 RIPv1、RIPv2、OSPF 等路由协议，这些路由协议能够很好地互通，其他路由协议根据具体的需求来确定是否必需。

（5）QoS 保障：这是在网络拥塞时确保高优先级流量获得带宽的技术。由于关键的多媒体应用大量涌现，要求交换机硬件支持优先级队列的数量越来越多，仅支持 2～3 个硬件优先级队列的产品已不能满足用户的业务需求。

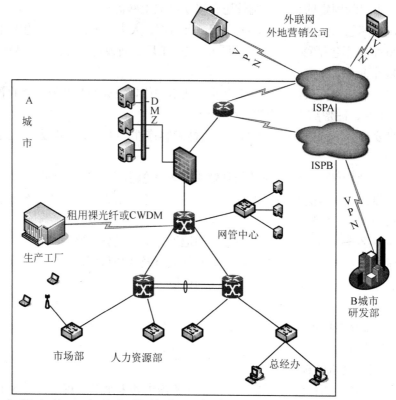

当前市场上核心交换机比较常用的有锐捷网络系列核心路由交换机、Cisco Catalyst 6500 系列，D-Link DES-7600、D-Link DES-6500 等。

2．汇聚层交换机的选型

汇聚层交换机必须具有交换路由、可管理、高 QoS 保障、高安全性，以及支持多业务应用特性等功能。

可对网络及设备监控和管理。用户在选择交换机产品时，除了能满足对整个网络节点的拓扑发现、流量监控、状态监控等需求以外，还应对交换机提出远程配置、用户管理、访问控制乃至 QoS 监控等要求。

提供 QoS 保障功能。必须具有对不同应用类型数据进行分类处理（QoS）的功能，实现端到端的 QoS 保障，因而这要求交换机支持 802.1p 优先级、IntServ（RSVP）和 DiffServ 等功能。

要求汇聚交换机支持多媒体应用。整个网络的发展趋势是朝着网络融合以及应用融合的趋势发展，对于支持语音、组播等功能的交换机产品应优先考虑。

进行访问控制。网络变得越来越智能化，而在汇聚层设备上实现用户分类、权限设置和访问控制是智能网络的重要功能。这就要求汇聚层设备能够支持 VLAN、AAA 技术（授权、认证、计费）、802.1x 等多种安全认证方式。

高安全性。为确保核心交换机不受类似拒绝服务（DoS）等攻击而导致全网瘫痪，不但要在核心交换机中采用防火墙和 IDS 预防和检测攻击的技术，在汇聚层交换设备中也必须增加此项功能，更好地实现全网安全。

比较常见的汇聚层交换机有华为 Quidway S5000 系列、Quidway S5600 系列等，锐捷 RG-5700 系列、RG-S4009 系列等，Cisco Catalyst 4500 系列、Cisco Catalyst 3700 系列等。

中低端交换机的生产厂商很多，主要有 Cisco（思科）、Juniper（杰科）、H3C（华为3COM）、中兴通信等公司。

3．防火墙产品的选择

防火墙是在内部网和外部网之间、专用网与公共网之间构造的保护屏障，它是计算机硬件和软件的结合，从而保护内部网免受非法用户的入侵。防火墙主要由服务访问策略、验证工具、包过滤和应用网关 4 个部分组成。

以防火墙所采用的技术不同来区分，可分为：①包过滤型；②代理型；③监测型。

新一代监测型防火墙能够对各层数据包进行主动的、实时的监测，有效地判断各层中的非法侵入。同时，检测型防火墙一般还带有分布式探测器，这些探测器部署在各种应用服务器和各个网络节点之中，不仅能够检测来自网络外部的攻击，同时对来自内部的恶意破坏也有极强的防范作用。例如 CISCO ASA5505-UL-BUN-K8。

4．路由器的选型

根据下列指标进行选择：

（1）路由协议

路由器是用来连接不同网络的，这些不同的网络可能采用不同的路由协议。这就要求在选配路由器时注意它所支持的网络协议有哪些，特别是对于广域网中的路由器。

（2）背板能力

通常是指路由器背板容量或总线带宽。中档路由器的包转发能力均应在 1Mpps 以上。这个性能对于保证整个网络之间的连接速度是非常重要的。

（3）丢包率

丢包率是指在一定的数据流量下，路由器不能正确进行转发的数据包在总数据包中所占的比例。正常工作的路由器丢包率应小于 1%。

（4）转发延迟

路由器的转发延迟指从转发的数据包最后一比特进入路由器端口，到该数据包第一比特出现在出口链路上的时间间隔，通常用毫秒计算。这个参数通常在路由器端口吞吐量范围内进行测试。

（5）路由表容量

路由表容量是指路由器运行中可以容纳的路由数量。一般来说，路由器越高档，路由表容量越大。这一参数与路由器自身所带的缓存大小有关。

（6）可靠性

可靠性是指路由器的可用性、无故障工作时间和平均故障修复时间等指标，这一指标对新买的路由器无法验证。所以应该选择信誉较好、技术先进的品牌。

（7）网管能力

在大型网络中，路由器支持标准的网管系统尤为重要。一般的路由器厂商都会提供一些与之配套的网络管理系统软件。选择路由器时，务必要关注网络系统的监管和配置能力是否强大，设备是否可以提供统计信息和深层故障检测的诊断功能等。

三、地址分配方案

入口路由器进行 NAT 地址变换；通过 DHCP 服务器分配内部私网地址；每个二级单位组成一个 VLAN，地址空间分配如下：

10.0.0.0/8	集团公司全部地址空间
10.16.0.0/13	集团公司本部全部地址空间
10.16.64.0/17	集团公司网管类全部地址
10.16.128.0/17	集团公司互联类全部地址
10.16.196.0/17	集团公司应用类全部地址
10.16.196.0 /21	集团公司总经办地址空间
10.16.200.0/21	集团公司生产部地址空间
10.16.204.0/21	集团公司市场部地址空间
10.16.208.0/21	集团公司后勤部地址空间
10.16.212.0/21	集团公司人力资源部地址空间
10.16.216.0/21	…………………………地址空间
10.16.220.0/21	…………………………地址空间
10.16.224.0/21	…………………………地址空间

四、网络安全解决方案

设置防火墙保护内部网络免受非法用户的入侵；旁路接入 IDS 和 IPS 设备，监测网络入侵以及网络病毒的危害；在汇聚交换机上安装用户上网行为管理设备和流量监测设备；采用安全有效的用户认证方案，结合 Windows 域用户管理和审计功能，严格实施网络资源的访问控制。

五、重点解决的问题

根据自己熟悉的领域，在需求分析、设备选型、网络安全解决方案等方面进行略微详细的论述。

第10章 2015下半年网络规划设计师上午试题分析与解答

试题（1）、（2）

一个大型软件系统的需求总是有变化的。为了降低项目开发的风险，需要一个好的变更控制过程。如下图所示的需求变更管理过程中，①②③处对应的内容应是 __(1)__ ；自动化工具能够帮助变更控制过程更有效地运作， __(2)__ 是这类工具应具有的特性之一。

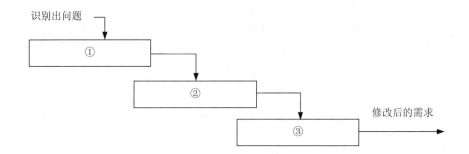

（1）A. 问题分析与变更描述、变更分析与成本计算、变更实现

B. 变更描述与变更分析、成本计算、变更实现

C. 问题分析与变更描述、变更分析、变更实现

D. 变更描述、变更分析、变更实现

（2）A. 自动维护系统的不同版本

B. 支持系统文档的自动更新

C. 自动判定变更是否能够实施

D. 记录每一个状态变更的日期和做出这一变更的人

试题（1）、（2）分析

一个大型的软件系统的需求总是有变化的。对许多项目来说，系统软件总需要不断完善，一些需求的改进是合理的而且不可避免，要使得软件需求完全不变更，也许是不可能的，但毫无控制的变更是项目陷入混乱、不能按进度完成，或者软件质量无法保证的主要原因之一。一个好的变更控制过程，给项目风险承担者提供了正式的建议需求变更机制，可以通过变更控制过程来跟踪已建议变更的状态，使已建议的变更确保不会丢失或疏忽。需求变更管理过程如下图所示：

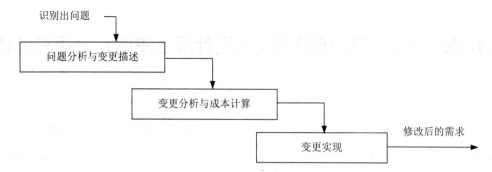

① 问题分析和变更描述。这是识别和分析需求问题或者一份明确的变更提议，以检查它的有效性，从而产生一个更明确的需求变更提议。

② 变更分析和成本计算。使用可追溯性信息和系统需求的一般知识，对需求变更提议进行影响分析和评估。变更成本计算应该包括对需求文档的修改、系统修改的设计和实现的成本。一旦分析完成并且确认，应该进行是否执行这一变更的决策。

③ 变更实现。这要求需求文档和系统设计以及实现都要同时修改。如果先对系统的程序做变更，然后再修改需求文档，这几乎不可避免地会出现需求文档和程序的不一致。

自动化工具能够帮助变更控制过程更有效地运作。许多团队使用商业问题跟踪工具来收集、存储和管理需求变更。用这样的工具创建的最近提交的变更建议清单，可以用作 CCB 会议的议程。问题跟踪工具也可以随时按变更状态分类报告出变更请求的数目。

因为可用的工具、厂商和特性总在频繁地变化，所以这里无法给出有关工具的具体建议。但工具应该具有以下几个特性，以支持需求变更过程：

① 可以定义变更请求中的数据项；

② 可以定义变更请求生命周期的状态转换模型；

③ 可以强制实施状态转换模型，以便只有授权用户可以做出允许的状态变更；

④ 可以记录每一个状态变更的日期和做出这一变更的人；

⑤ 可以定义当提议者提交新请求或请求状态被更新时，哪些人可以自动接收电子邮件通知；

⑥ 可以生成标准的和定制的报告和图表。

有些商业需求管理工具内置有简单的变更建议系统。这些系统可以将提议的变更与某一特定的需求联系起来，这样无论什么时候，只要有人提交了一个相关的变更请求，负责需求的每个人都会收到电子邮件通知。

参考答案

（1）A　　　　（2）D

试题（3）

用例（use case）用来描述系统对事件做出响应时所采取的行动。用例之间是具有相关性的。在一个会员管理系统中，会员注册时可以采用电话和邮件两种方式。用例"会员注册""电话注册"与"邮件注册"之间是 ___(3)___ 关系。

（3）A. 包含（include）　　　　　　　B. 扩展（extend）

　　　 C. 泛化（generalize）　　　　　D. 依赖（depends on）

试题（3）分析

用例之间的关系主要有包含、扩展和泛化，利用这些关系，把一些公共的信息抽取出来，以便于复用，使得用例模型更易于维护。

① 包含关系。当可以从两个或两个以上的用例中提取公共行为时，应该使用包含关系来表示它们，其中这个提取出来的公共用例称为抽象用例，而把原始用例称为基本用例或基础用例。

② 扩展关系。如果一个用例明显地混合了两种或两种以上的不同场景，即根据情况可能发生多种分支，则可以将这个用例分为一个基本用例和一个或多个扩展用例，这样使描述可能更加清晰。

③ 泛化关系。当多个用例共同拥有一种类似的结构和行为的时候，可以将它们的共性抽象成为父用例，其他的用例作为泛化关系中的子用例。在用例的泛化关系中，子用例是父用例的一种特殊形式，子用例继承了父用例所有的结构、行为和关系。

参考答案

（3）C

试题（4）、（5）

RUP 强调采用___(4)___的方式来开发软件，这样做的好处是 ___(5)___。

（4）A. 原型和螺旋　　B. 螺旋和增量　　C. 迭代和增量　　D. 快速和迭代

（5）A. 在软件开发的早期就可以对关键的、影响大的风险进行处理

　　　 B. 可以避免需求的变更

　　　 C. 能够非常快速地实现系统的所有需求

　　　 D. 能够更好地控制软件的质量

试题（4）、（5）分析

RUP 将项目管理、业务建模、分析与设计等统一起来，贯穿整个开发过程。RUP 中的软件过程在时间上被分解为 4 个顺序的阶段，分别是初始阶段、细化阶段、构建阶段和移交阶段。每个阶段结束时都要安排一次技术评审，以确定这个阶段的目标是否已经满足。如果评审结果令人满意，就可以允许项目进入下一个阶段。可以看出，基于 RUP 的软件过程是一个迭代和增量的过程。通过初始、细化、构建和移交 4 个阶段就是一个开发周期，每次经过这 4 个阶段就会产生一代软件。除非产品退役，否则通过重复同样的 4 个阶段，产品将演化为下一代产品，但每一次的侧重点都将放在不同的阶段上。这样做的好处是在软件开发的早期就可以对关键的、影响大的风险进行处理。

参考答案

　　（4）C　　　　　　（5）A

试题（6）、（7）

　　__（6）__ 的目的是检查模块之间，以及模块和已集成的软件之间的接口关系，并验证已集成的软件是否符合设计要求；其测试的技术依据是__（7）__。

　　（6）A．单元测试　　　B．集成测试　　　　C．系统测试　　　　D．回归测试

　　（7）A．软件详细设计说明书　　　　　　　B．技术开发合同

　　　　　C．软件概要设计文档　　　　　　　　D．软件配置文档

试题（6）、（7）分析

　　根据国家标准 GB/T 15532—2008，软件测试可分为单元测试、集成测试、配置项测试、系统测试、验收测试和回归测试等类别。

　　单元测试也称为模块测试，测试的对象是可独立编译或汇编的程序模块、软件构件或面向对象软件中的类（统称为模块），其目的是检查每个模块能否正确地实现设计说明中的功能、性能、接口和其他设计约束等条件，发现模块内可能存在的各种差错。单元测试的技术依据是软件详细设计说明书。

　　集成测试的目的是检查模块之间，以及模块和已集成的软件之间的接口关系，并验证已集成的软件是否符合设计要求。集成测试的技术依据是软件概要设计文档。

　　系统测试的对象是完整的、集成的计算机系统，系统测试的目的是在真实系统工作环境下，验证完整的软件配置项能否和系统正确连接，并满足系统/子系统设计文档和软件开发合同规定的要求。系统测试的技术依据是用户需求或开发合同。

　　配置项测试的对象是软件配置项，配置项测试的目的是检验软件配置项与软件需求规格说明的一致性。

　　确认测试主要验证软件的功能、性能和其他特性是否与用户需求一致。

　　验收测试是指针对软件需求规格说明，在交付前以用户为主进行的测试。

　　回归测试的目的是测试软件变更之后，变更部分的正确性和对变更需求的复合型，以及软件原有的、正确的功能、性能和其他规定的要求的不损害性。

参考答案

　　（6）B　　　　　　（7）C

试题（8）

　　甲、乙、丙、丁四人加工 A、B、C、D 四种工件所需工时如下表所示。指派每人加工一种工件，四人加工四种工件其总工时最短的最优方案中，工件 B 应由__（8）__加工。

	A	B	C	D
甲	14	9	4	15
乙	11	7	7	10
丙	13	2	10	5
丁	17	9	15	13

（8）A. 甲　　　　　　B. 乙　　　　　　C. 丙　　　　　　D. 丁

试题（8）分析

本题考查数学（运筹学）应用的能力。

本题属于指派问题：要求在 4×4 矩阵中找出四个元素，分别位于不同行、不同列，使其和达到最小值。

显然，任一行（或列）各元素都减（或加）一常数后，并不会影响最优解的位置，只是目标值（指派方案的各项总和）也减（或加）了这一常数。

我们可以利用这一性质使矩阵更多的元素变成 0，其他元素保持正，以利于求解。

$$
\begin{pmatrix}
14 & 9 & 4 & 15 \\
11 & 7 & 7 & 10 \\
13 & 2 & 10 & 5 \\
17 & 9 & 15 & 13
\end{pmatrix}
\begin{matrix}
\text{第 1 列都减 11} \\
\text{第 2 列都减 2} \\
\text{第 3 列都减 4} \\
\text{第 4 列都减 5 得}
\end{matrix}
\longrightarrow
\begin{pmatrix}
3 & 7 & 0 & 10 \\
0 & 5 & 3 & 5 \\
2 & 0 & 6 & 0 \\
6 & 7 & 11 & 8
\end{pmatrix}
$$

$$
\xrightarrow{\text{第 4 行都减 6 得}}
\begin{pmatrix}
3 & 7 & 0 & 10 \\
0 & 5 & 3 & 5 \\
2 & 0 & 6 & 0 \\
0 & 1 & 5 & 2
\end{pmatrix}
。\text{累计减数 } 11+2+4+5+6=28。
$$

对该矩阵，并不存在全 0 指派。位于(1，3)、(2，1)、(3，4)、(4，2)的元素之和为 1 是最小的。因此，分配甲、乙、丙、丁分别加工 C、A、D、B 能达到最少的总工时 28+1=29。

更进一步，再在第三行上都加 1，在第 2、4 列上都减 1，可得到更多的 0 元素：

$$
\begin{pmatrix}
3 & 6 & 0 & 9 \\
0 & 4 & 3 & 4 \\
3 & 0 & 7 & 0 \\
0 & 0 & 5 & 1
\end{pmatrix}
，
$$

这样就断定上述位置是唯一的全 0（最优）指派。

本题也可用试验法解决，但比较烦琐，需要仔细，不要遗漏。

参考答案

（8）D

试题（9）

小王需要从①地开车到⑦地，可供选择的路线如下图所示。图中，各条箭线表示路段及其行驶方向，箭线旁标注的数字表示该路段的拥堵率（描述堵车的情况，即堵车概率）。拥堵率=1−畅通率，拥堵率=0 时表示完全畅通，拥堵率=1 时表示无法行驶。根据该图，小王选择拥堵情况最少（畅通情况最好）的路线是　（9）　。

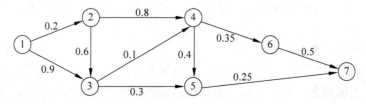

（9）A. ①②③④⑤⑦　　　　　　B. ①②③④⑥⑦
　　 C. ①②③⑤⑦　　　　　　　 D. ①②④⑥⑦

试题（9）分析

本题考查数学（概率）应用的能力。

首先将路段上的拥堵率转换成畅通率如下图：

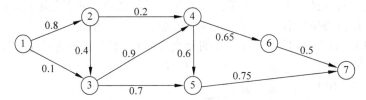

每一条路线上的畅通率等于所有各段畅通率之乘积。两点之间的畅通率等于两点之间所有可能路线畅通率的最大值。以下用 T（ijk...）表示从点 i 出发，经过点 j、k...的路线的畅通率。

据此原则，可以从①开始逐步计算到达各点的最优路线。

T（①②）= 0.8；　　　　　　　　　　　　　　　　对应路线①②
T（①③）= max（0.1，0.8×0.4）=0.32；　　　　　 对应路线①②③
T（①④）= max（0.8×0.2，0.32×0.9）=0.288；　　对应路线①②③④
T（①⑤）= max（0.32×0.7，0.288×0.6）=0.224；　对应路线①②③⑤
T（①⑥）= 0.224×0.65=0.1456；　　　　　　　　　对应路线①②③⑥
T（①⑦）=max（0.1456×0.5，0.224×0.75）=0.168。　对应路线①②③⑤⑦

结论：小王应选择路线①②③⑤⑦，该线路有最好的畅通率 0.168，或最小的拥堵率 0.832。

参考答案

（9）C

试题（10）

软件设计师王某在其公司的某一综合信息管理系统软件开发项目中承担了大部分程序设计工作。该系统交付用户，投入试运行后，王某辞职离开公司，并带走了该综合信息管理系统的源程序，拒不交还公司。王某认为综合信息管理系统源程序是他独立完成的，他是综合信息管理系统源程序的软件著作权人。王某的行为　 (10)　。

（10）A. 侵犯了公司的软件著作权　　　B. 未侵犯公司的软件著作权
　　　 C. 侵犯了公司的商业秘密权　　　D. 不涉及侵犯公司的软件著作权

试题（10）分析

本题考查知识产权基本知识。

《计算机软件保护条例》第 13 条规定"自然人在法人或者其他组织中任职期间所开发的软件有下列情形之一的，该软件著作权由该法人或者其他组织享有，该法人或者其他组织可以对开发软件的自然人进行奖励：

（一）针对本职工作中明确指定的开发目标所开发的软件；

（二）开发的软件是从事本职工作活动所预见的结果或者自然的结果；

（三）主要使用了法人或者其他组织的资金、专用设备、未公开的专门信息等物质技术条件所开发并由法人或者其他组织承担责任的软件。"

根据《计算机软件保护条例》规定，可以得出这样的结论，当公民作为某单位的职工时，如果其开发的软件属于执行本职工作的结果，该软件著作权应当归单位享有。而单位可以给予开发软件的职工奖励。需要注意的是，奖励软件开发者并不是单位的一种法定义务，软件开发者不可援引《计算机软件保护条例》强迫单位对自己进行奖励。

王某作为公司的职员，完成的某一综合信息管理系统软件是针对其本职工作中明确指定的开发目标而开发的软件。该软件应为职务作品，并属于特殊职务作品。公司对该软件享有除署名权外的软件著作权的其他权利，而王某只享有署名权。王某持有该软件源程序不归还公司的行为，妨碍了公司正常行使软件著作权，构成对公司软件著作权的侵犯，应承担停止侵权责任，即交还软件源程序。

参考答案

（10）A

试题（11）

下面的网络中不属于分组交换网的是　（11）　。

（11）A．ATM　　　　B．POTS　　　　C．X.25　　　　D．IPX/SPX

试题（11）分析

ATM 网络是分组交换网，交换的单元是信元；X.25 是分组交换网，交换的单元是 X.25 分组；IPS/SPX 也是分组交换网，在网络层交换的是 IPX 分组。只有 POTS（Plain Old Telephone Service，普通老式电话业务）不是分组交换网，这种网络中传输的是用模拟信号表示的语音流。

参考答案

（11）B

试题（12）、（13）

ADSL 采用　（12）　技术把 PSTN 线路划分为话音、上行和下行三个独立的信道，同时提供话音和联网服务，ADSL2+技术可提供的最高下行速率达到　（13）　Mb/s。

（12）A．时分复用　　B．频分复用　　C．空分复用　　D．码分多址

（13）A．8　　　　B．16　　　　C．24　　　　D．54

试题（12）、（13）分析

ADSL 采用频分复用技术把 PSTN 线路划分为话音、上行和下行三个独立的信道，同时提供话音和联网服务，ADSL2+技术可提供的最高下行速率达到 24Mb/s。

参考答案

（12）B　（13）C

试题（14）、（15）

下面 4 组协议中，属于第二层隧道协议的是　(14)　。第二层隧道协议中必须要求 TCP/IP 支持的是　(15)　。

（14）A．PPTP 和 L2TP　　　　　　B．PPTP 和 IPSec

　　　　C．L2TP 和 GRE　　　　　　　D．L2TP 和 IPSec

（15）A．IPSec　　　B．PPTP　　　　C．L2TP　　　　　D．GRE

试题（14）、（15）分析

PPTP 和 L2TP 都属于第二层隧道协议，PPTP 和 L2TP 都使用 PPP 协议对数据进行封装，然后添加包头用于在互联网络上传输。两个协议存在以下几方面的区别。

① PPTP 要求因特网络为 IP 网络，L2TP 只要求隧道媒介提供面向数据包的点对点连接。L2TP 可以在 IP（使用 UDP）、帧中继永久虚拟电路（PVCs）、X.25 虚电路（VCs）或 ATM 网络上使用。

② PPTP 只能在两端点间建立单一隧道，L2TP 支持在两端点间使用多个隧道。使用 L2TP，用户可以针对不同的服务质量创建不同的隧道。

③ L2TP 可以提供包头压缩。当压缩包头时，系统开销占用 4 字节，而在 PPTP 协议下要占用 6 字节。

④ L2TP 可以提供隧道验证，而 PPTP 则不支持隧道验证。但是，当 L2TP 或 PPTP 与 IPSec 共同使用时，可以由 IPSec 提供隧道验证，不需要在第 2 层协议上验证隧道。

参考答案

（14）A　　（15）B

试题（16）～（18）

IP 数据报的分段和重装配要用到报文头部的标识符、数据长度、段偏置值和　(16)　等四个字段，其中　(17)　字段的作用是为了识别属于同一个报文的各个分段，　(18)　的作用是指示每一分段在原报文中的位置。

（16）A．IHL　　　　B．M 标志　　　C．D 标志　　　D．头校验和

（17）A．IHL　　　　B．M 标志　　　C．D 标志　　　D．标识符

（18）A．段偏置值　　B．M 标志　　　C．D 标志　　　D．头校验和

试题（16）～（18）分析

在 DoD 和 ISO 的 IP 协议中使用了 4 个字段处理分段和重装配问题。一个是报文 ID 字段，它唯一地标识了某个站某一个协议层发出的数据。在 DoD 的 IP 协议中，ID 字段由源站和目标站地址、产生数据的协议层标识符以及该协议层提供的顺序号组成。第二个字段是数据长度，即字节数。第三个字段是偏置值，即分段在原来数据报中的位置，以 8 个字节（64 位）的倍数计数。最后是 M 标志，表示是否为最后一个分段。

当一个站发出数据报时对长度字段的赋值等于整个数据字段的长度，偏置值为 0，M 标志置为 False（用 0 表示）。如果一个 IP 模块要对该报文分段，则按以下步骤进行。

① 对数据块的分段必须在 64 位的边界上划分，因而除最后一段外，其他段长都是 64 位的整数倍。

② 对得到的每一分段都加上原来数据报的 IP 头，组成短报文。

③ 每一个短报文的长度字段置为它包含的字节数。

④ 第一个短报文的偏置值置为 0，其他短报文的偏置值为它前边所有报文长度之和（字节数）除以 8。

⑤ 最后一个报文的 M 标志置为 0（False），其他报文的 M 标志置为 1（True）。

参考答案

（16）B　　（17）D　　（18）A

试题（19）、（20）

TCP 使用的流量控制协议是　(19)　，TCP 段头中指示可接收字节数的字段是　(20)　。

（19）A. 固定大小的滑动窗口协议　　　　B. 可变大小的滑动窗口协议

　　　 C. 后退 N 帧 ARQ 协议　　　　　　D. 停等协议

（20）A. 偏置值　　　　　　　　　　　　B. 窗口

　　　 C. 检查和　　　　　　　　　　　　D. 接收顺序号

试题（19）、（20）分析

TCP 的流量控制机制是可变大小的滑动窗口协议，由接收方在窗口字段中指明接收缓冲区的大小。发送方发送了规定的字节数后等待接收方的下一次请求。固定大小的滑动窗口协议用在数据链路层的 HDLC 中。可变大小的滑动窗口协议可以应付长距离通信过程中线路延迟不确定的情况，而固定大小的滑动窗口协议则适合链路两端点之间通信延迟固定的情况。

参考答案

（19）B　　（20）B

试题（21）、（22）

AAA 服务器（AAA Server）是一种处理用户访问请求的框架协议，它的主要功能有 3 个，但是不包括　(21)　，通常用来实现 AAA 服务的协议是　(22)　。

（21）A. 身份认证　　B. 访问授权　　C. 数据加密　　D. 计费

（22）A. Kerberos　　B. RADIUS　　C. SSL　　D. IPSec

试题（21）、（22）分析

AAA 服务器的主要目的是管理用户访问网络服务器权限，具体为：

1. 验证（Authentication）：验证用户是否可以获得访问权限。

2. 授权（Authorization）：授权用户可以使用哪些服务。

3. 记账（Accounting）：记录用户使用网络资源的情况。

通常用来实现 AAA 服务的协议是RADIUS（Remote Authentication Dial In User Service）协议，这是基于 UDP 的一种客户机/服务器协议。RADIUS 客户机是网络访问服务器，它通常是一个路由器、交换机或无线访问点。RADIUS服务器通常是在 UNIX 或 Windows 2000 服务器上运行的一个监护程序。

参考答案

（21）C　（22）B

试题（23）、（24）

由无线终端组成的 MANET 网络，与固定局域网最主要的区别是___（23）___。在下图所示的由 A、B、C 三个结点组成的 MANET 中，圆圈表示每个结点的发送范围，结点 A 和结点 C 同时发送数据，如果结点 B 不能正常接收，这时结点 C 称为结点 A 的___（24）___。

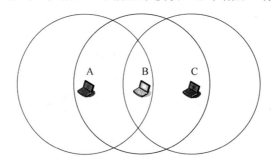

（23）A．无线访问方式可以排除大部分网络入侵

　　　B．不需要运行路由协议就可以互相传送数据

　　　C．无线信道可以提供更大的带宽

　　　D．传统的路由协议不适合无线终端之间的通信

（24）A．隐蔽终端　　　　B．暴露终端　　　　C．干扰终端　　　　D．并发终端

试题（23）、（24）分析

IEEE 802.11 标准定义的 Ad Hoc 网络是由无线移动结点组成的对等网，无须网络基础设施的支持，能够根据通信环境的变化实现动态重构，提供基于多跳无线连接的分组数据传输服务。在这种网络中，每一个结点既是主机，又是路由器，它们之间相互转发分组，形成一种自组织的 MANET（Mobile Ad Hoc Network）网络。

与传统的有线网络相比，MANET 有如下特点：

- 网络拓扑结构是动态变化的，由于无线终端的频繁移动，可能导致结点之间的相互位置和连接关系难以维持稳定。

- 无线信道提供的带宽较小，而信号衰落和噪声干扰的影响却很大。由于各个终端信号覆盖范围的差别，或者地形地物的影响，还可能存在单向信道。

- 无线终端携带的电源能量有限，应采用最节能的工作方式，因而要尽量减小网络通信开销，并根据通信距离的变化随时调整发射功率。

- 由于无线链路的开放性，容易招致网络窃听、欺骗、拒绝服务等恶意攻击的威胁，所以需要特别的安全防护措施。

路由算法是 MANET 网络中重要的组成部分，由于上述特殊性，传统有线网络的路由协议不能直接应用于 MANET。IETF 成立的 MANET 工作组开发了 MANET 路由规范，使其能够支持包含上百个路由器的自组织网络，并在此基础上开发支持其他功能的路由协议，例如支持节能、安全、组播、QoS 和 IPv6 的路由协议。

无线移动自组织网络中有一种特殊的现象，这就是隐蔽终端和暴露终端问题。在本题的图中，如果结点 A 向结点 B 发送数据，则由于结点 C 检测不到 A 发出的载波信号，它若试图发送，就可能干扰结点 B 的接收。所以对 A 来说，C 是隐蔽终端。另一方面，如果结点 B 要向结点 A 发送数据，它检测到结点 C 正在发送，就可能暂缓发送过程。但实际上 C 发出的载波不会影响 A 的接收，在这种情况下，结点 C 就是暴露终端。这些问题不但会影响数据链路层的工作状态，也会对路由信息的及时交换以及网络重构过程造成不利影响。

参考答案

（23）D　（24）A

试题（25）、（26）

移动通信 4G 标准与 3G 标准最主要的区别是___(25)___，当前 4G 标准有___(26)___。

（25）A．4G 的数据速率更高，而 3G 的覆盖范围更大
　　　　B．4G 是针对多媒体数据传输的，而 3G 只能传送话音信号
　　　　C．4G 是基于 IP 的分组交换网，而 3G 是针对语音通信优化设计的
　　　　D．4G 采用正交频分多路复用技术，而 3G 系统采用的是码分多址技术

（26）A．UMB 和 WiMAX II　　　　　　B．LTE 和 WiMAX II
　　　　C．LTE 和 UMB　　　　　　　　D．TD-LTE 和 FDD-LTE

试题（25）、（26）分析

移动通信 4G 标准与 3G 标准最主要的区别是：4G 是基于 IP 的分组交换网，而 3G 是针对语音通信优化设计的，当前 4G 标准有 LTE 和 WiMAX II。

参考答案

（25）C　（26）B

试题（27）、（28）

在从 IPv4 向 IPv6 过渡期间，为了解决 IPv6 主机之间通过 IPv4 网络进行通信的问题，需要采用___(27)___，为了使得纯 IPv6 主机能够与纯 IPv4 主机通信，必须使用___(28)___。

（27）A．双协议栈技术　　　　　　　　B．隧道技术
　　　　C．多协议栈技术　　　　　　　　D．协议翻译技术

（28）A．双协议栈技术　　　　　　　　B．隧道技术
　　　　C．多协议栈技术　　　　　　　　D．协议翻译技术

试题（27）、（28）分析

IETF 的 NGTRANS 工作组研究了从 IPv4 向 IPv6 过渡的问题，提出了一系列的过渡技术和互连方案。过渡初期要解决的问题可以分成两类：第一类是解决 IPv6 孤岛之间互相通信的问题，第二类是解决 IPv6 孤岛与 IPv4 海洋之间的通信问题。目前提出的过渡技术可以归纳为以下 3 种：

① 隧道技术：用于解决 IPv6 结点之间通过 IPv4 网络进行通信的问题；

② 双协议栈技术：使得 IPv4 和 IPv6 可以共存于同一设备和同一网络中；

③ 翻译技术：使得纯 IPv6 结点与纯 IPv4 结点之间可以进行通信。

参考答案

（27）B　　（28）D

试题（29）

原站收到"在数据包组装期间生存时间为 0"的 ICMP 报文，出现的原因是　（29）　。

（29）A．IP 数据报目的地址不可达　　　　B．IP 数据报目的网络不可达

　　　C．ICMP 报文校验差错　　　　　　D．IP 数据报分片丢失

试题（29）分析

本题考查 ICMP 报文及使用情况相关基础知识。

在 IP 报文传输过程中出现错误或对对方主机进行探测时发送 ICMP 报文。ICMP 报文报告的差错有多种，其中源站收到"在数据包组装期间生存时间为 0"的 ICMP 报文时，说明 IP 数据报分片丢失。IP 报文在经历 MTU 较小的网络时，会进行分片和重装，在重装路由器上对同一分组的所有分片报文维持一个计时器，当计时器超时还有分片没到，重装路由器会丢弃收到的该分组的所有分片，并向源站发送"在数据包组装期间生存时间为 0"的 ICMP 报文。

参考答案

（29）D

试题（30）

下列 DHCP 报文中，由客户端发送给 DHCP 服务器的是　（30）　。

（30）A．DhcpOffer　　　　　　　　　B．DhcpDecline

　　　C．DhcpAck　　　　　　　　　　D．DhcpNack

试题（30）分析

本题考查 DHCP 报文相关基础知识。

DhcpOffer 是服务器在收到客户端发现报文，且可为其分配 IP 地址时发送的响应报文；DhcpAck 是服务器端在接收到客户端请求报文后，为客户端分配地址时采用的报文；DhcpAck 是服务器端在接收到客户端请求报文后，不能为客户端分配地址时采用的报文；

如果客户端发现 DHCP SERVER 分配的 IP 地址已经被别人使用，会发出 DhcpDecline 报文通知 DHCP SERVER 禁用这个 IP 地址，以免引起 IP 地址冲突。

参考答案

（30）B

试题（31）

在 Windows 用户管理中，使用组策略 A-G-DL-P，其中 DL 表示 （31） 。

（31）A．用户账号　　　　　　　　　B．资源访问权限

　　　 C．域本地组　　　　　　　　　D．通用组

试题（31）分析

本题考查 Windows 用户组策略相关基础知识。

组策略 A-G-DL-P 中，A 是用户账号，G 表示全局组，DL 表示域本地组，P 表示资源访问权限。

参考答案

（31）C

试题（32）

在光纤测试过程中，存在强反射时，使得光电二极管饱和，光电二极管需要一定的时间由饱和状态中恢复，在这一时间内，它将不会精确地检测后散射信号，在这一过程中没有被确定的光纤长度称为盲区。盲区一般表现为前端盲区，为了解决这一问题，可以 （32） ，以便将此效应减到最小。

（32）A．采用光功率计进行测试

　　　 B．在测试光缆后加一条长的测试光纤

　　　 C．在测试光缆前加一条长的测试光纤

　　　 D．采用 OTDR 进行测试

试题（32）分析

本题考查光纤测试实际工程项目知识。

在测试光缆前加一条长的测试光纤来解决前端盲区问题。

参考答案

（32）C

试题（33）、（34）

S/MIME 发送报文的过程中对消息 M 的处理包括生成数字指纹、生成数字签名、加密数字签名和加密报文 4 个步骤，其中生成数字指纹采用的算法是 （33） ，加密数字签名采用的算法是 （34） 。

（33）A．MD5　　　　B．3DES　　　　C．RSA　　　　D．RC2

（34）A．MD5　　　　　B．RSA　　　　　C．3DES　　　　　D．SHA-1

试题（33）、（34）分析

本题考查安全协议 S/MIME 对报文的处理过程。

S/MIME 发送报文的过程中，对消息 M 的处理包括生成数字指纹、生成数字签名、加密数字签名和加密报文 4 个步骤。首先生成的数字指纹是对消息采用 Hash 运算之后的摘要，四个选项中只有 MD5 是摘要算法；生成数字签名通常采用公钥算法；加密数字签名需采用对称密钥，四个选项中只有 3DES 是对称密钥；加密报文也得采用对称密钥，计算复杂性较小。

参考答案

（33）A　（34）C

试题（35）、（36）

下列 DNS 查询过程中，采用迭代查询的是　(35)　，采用递归查询的是　(36)　。

（35）A．客户端向本地 DNS 服务器发出查询请求

　　　B．客户端在本地缓存中找到目标主机的地址

　　　C．本地域名服务器把查询请求发送给转发器

　　　D．由根域名服务器找到授权域名服务器的地址

（36）A．转发器查询非授权域名服务器

　　　B．客户端向本地域名服务器发出查询请求

　　　C．由上级域名服务器给出下级域名服务器的地址

　　　D．由根域名服务器找到授权域名服务器的地址

试题（35）、（36）分析

DNS 查询过程分为两种查询方式：

① 递归查询：当用户发出查询请求时，本地服务器要进行递归查询。这种查询方式要求服务器彻底地进行名字解析，并返回最后的结果——IP 地址或错误信息。如果查询请求在本地服务器中不能完成，那么服务器就根据它的配置向域名树中的上级服务器进行查询，在最坏的情况下可能要查询到根服务器。每次查询返回的结果如果是其他名字服务器的 IP 地址，则本地服务器要把查询请求发送给这些服务器做进一步的查询。

② 迭代查询：服务器与服务器之间的查询采用迭代的方式进行，发出查询请求的服务器得到的响应可能不是目标的 IP 地址，而是其他服务器的引用（名字和地址），那么本地服务器就要访问被引用的服务器，做进一步的查询。如此反复多次，每次都更接近目标的授权服务器，直至得到最后的结果——目标的 IP 地址或错误信息。

关于递归查询和迭代查询应用的具体场合可参见下图，首先是本地计算机向本地 DNS 服务器进行递归查询，本地服务器查找不到需要的记录，则向转发器发出递归查询

请求。转发器通过迭代查询得到需要的结果后，转发给本地 DNS 服务器，并返回本地
计算机。

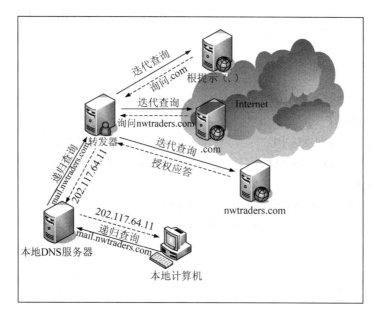

参考答案

（35）D　（36）B

试题（37）

DHCP 服务器分配的默认网关地址是 220.115.5.33/28，____(37)____是该子网的主机
地址。

（37）A．220.115.5.32　　　　　　　　B．220.115.5.40

　　　　C．220.115.5.47　　　　　　　　D．220.115.5.55

试题（37）分析

由于默认网关的地址为 220.115.5.33/28，所以与其同一子网的主机地址为
220.115.5.40，参见下面的二进制表示。

220.115.5.33/28:　　　　**1101 1100.0111 0011.0000 0101.0010** 0001

220.115.5.40：　　　　　**1101 1100.0111 0011.0000 0101.0010** 1000

参考答案

（37）B

试题（38）

主机地址 122.34.2.160 属于子网____(38)____。

（38）A．122.34.2.64/26　　　　　　　B．122.34.2.96/26

　　　　C．122.34.2.128/26　　　　　　D．122.34.2.192/26

试题（38）分析

主机地址 122.34.2.160 的二进制表示为：   0111 1010.0010 0010.0000 0010.1010 0000

与其匹配的子网地址为 122.34.2.128/26：**0111 1010.0010 0010.0000 0010.10**00 0000

参考答案

（38）C

试题（39）

某公司的网络地址为 192.168.1.0，要划分成 5 个子网，每个子网最多 20 台主机，则适用的子网掩码是＿＿（39）＿＿。

（39）A．255.255.255.192   B．255.255.255.240

        C．255.255.255.224   D．255.255.255.248

试题（39）分析

子网掩码应为 255.255.255.224，其二进制表示为：

1111 1111.1111 1111.1111 1111.1110 0000

最后 3 个 1 用来区分 5 个子网，最右边的 5 位可提供最多 30 个主机地址。

参考答案

（39）C

试题（40）

以下关于 IPv6 的论述中，正确的是＿＿（40）＿＿。

（40）A．IPv6 数据包的首部比 IPv4 复杂

        B．IPv6 的地址分为单播、广播和任意播 3 种

        C．IPv6 地址长度为 128 比特

        D．每个主机拥有唯一的 IPv6 地址

试题（40）分析

IPv6 地址增加到 128 位，并且能够支持多级地址层次；地址自动配置功能简化了网络地址的管理；在组播地址中增加了范围字段，改进了组播路由的可伸缩性；增加的任意播地址比 IPv4 中的广播地址更加实用。

IPv6 地址是一个或一组接口的标识符。IPv6 地址被分配到接口，而不是分配给结点。IPv6 地址有 3 种类型：

① 单播（Unicast）地址

② 任意播（AnyCast）地址

③ 组播（MultiCast）地址

在 IPv6 地址中，任何全"0"和全"1"字段都是合法的，除非特别排除的之外。特别是前缀可以包含"0"值字段，也可以用"0"作为终结字段。一个接口可以被赋予任何类型的多个地址（单播、任意播、组播）或地址范围。

与 IPv4 相比，IPv6 首部有下列改进：

① 分组头格式得到简化：IPv4 头中的很多字段被丢弃，IPv6 头中字段的数量从 12 个降到了 8 个，中间路由器必须处理的字段从 6 个降到了 4 个，这样就简化了路由器的处理过程，提高了路由选择的效率。

② 改进了对分组头部选项的支持：与 IPv4 不同，路由选项不再集成在分组头中，而是把扩展头作为任选项处理，仅在需要时才插入到 IPv6 头与负载之间。这种方式使得分组头的处理更灵活，也更流畅。以后如果需要，还可以很方便地定义新的扩展功能。

③ 提供了流标记能力：IPv6 增加了流标记，可以按照发送端的要求对某些分组进行特别的处理，从而提供了特别的服务质量支持，简化了对多媒体信息的处理，可以更好地传送具有实时需求的应用数据。

参考答案

（40）C

试题（41）、（42）

按照 RSA 算法，取两个大素数 p 和 q，$n=p \times q$，令 $\varphi(n) = (p-1) \times (q-1)$，取与 $\varphi(n)$ 互质的数 e，$d = e^{-1} \bmod \varphi(n)$，如果用 M 表示消息，用 C 表示密文，下面　(41)　是加密过程，　(42)　是解密过程。

（41）A．$C=M^e \bmod n$　　　　　　　　B．$C=M^n \bmod d$

　　　　C．$C=M^d \bmod \varphi(n)$　　　　　D．$C=M^n \bmod \varphi(n)$

（42）A．$M=C^n \bmod e$　　　　　　　　B．$M=C^d \bmod n$

　　　　C．$M=C^d \bmod \varphi(n)$　　　　　D．$M=C^n \bmod \varphi(n)$

试题（41）、（42）分析

本题考查 RSA 算法的基础知识。

RSA（Rivest Shamir and Adleman）是一种公钥加密算法。方法是按照下面的要求选择公钥和密钥。

1．选择两个大素数 p 和 q（大于 10^{100}）。

2．令 $n=p \times q$ 和 $z=(p-1) \times (q-1)$。

3．选择 d 与 z 互质。

4．选择 e，使 $e \times d=1 \pmod z$。

明文 P 被分成 k 位的块，k 是满足 $2^k < n$ 的最大整数，于是有 $0 \leqslant P < n$。加密时计算

$C=P^e \pmod n$

这样公钥为 (e,n)。解密时计算

$P=C^d \pmod n$

即私钥为 (d,n)。

参考答案

（41）A　（42）B

试题（43）

A 和 B 分别从 CA_1 和 CA_2 两个认证中心获取了自己的证书 I_A 和 I_B，要使 A 能够对 B 进行认证，还需要___（43）___。

（43）A．A 和 B 交换各自公钥　　　　　B．A 和 B 交换各自私钥

　　　　C．CA_1 和 CA_2 交换各自公钥　　D．CA_1 和 CA_2 交换各自私钥

试题（43）分析

本题考查 CA 数字证书认证的基础知识。

CA 为用户产生的证书应具有以下特性。

① 只要得到 CA 的公钥，就能由此得到 CA 为用户签署的公钥。

② 除 CA 外，其他任何人员都不能以不被察觉的方式修改证书的内容。

如果所有用户都由同一 CA 签署证书，则这一 CA 就必须取得所有用户的信任。如果用户数量很多，仅一个 CA 负责为所有用户签署证书就可能不现实。通常应有多个 CA，每个 CA 为一部分用户发行和签署证书。用户之间需要进行认证，首先需要对各自的认证中心进行认证，要认证 CA，则需 CA 和 CA 之间交换各自的证书。

参考答案

（43）C

试题（44）

如图所示，①，②和③是三种数据包的封装方式，以下关于 IPSec 认证头方式中，所使用的封装与其所对应模式的匹配，___（44）___是正确的。

①	原IP头	TCP	DATA		
②	原IP头	AH	TCP	DATA	
③	新IP头	AH	原IP头	TCP	DATA

（44）A．传输模式采用封装方式①　　　B．隧道模式采用封装方式②

　　　　C．隧道模式采用封装方式③　　　D．传输模式采用封装方式③

试题（44）分析

本题考查 IPSec 数据封装的基础知识。

IPSec 传送认证或加密的数据之前，必须就协议、加密算法和使用的密钥进行协商。密钥交换协议提供这个功能，并且在密钥交换之前还要对远程系统进行初始的认证。

IPSec 认证头提供了数据完整性和数据源认证，但是不提供保密服务。AH 包含了对称密钥的散列函数，使得第三方无法修改传输中的数据。IPSec 支持下面的认证算法。

① HMAC-SHA1（Hashed Message Authentication Code-Secure Hash Algorithm 1），128 位密钥。

② HMAC-MD5（HMAC-Message Digest 5），160 位密钥。

IPSec 有两种模式：传输模式和隧道模式。在传输模式中，IPSec 认证头插入原来的

IP 头之后（如下图所示），IP 数据和 IP 头用来计算 AH 认证值。IP 头中的变化字段（例如跳步计数和 TTL 字段）在计算之前置为 0，所以变化字段实际上并没有被认证。

传输模式的认证头

在隧道模式中，IPSec 用新的 IP 头封装了原来的 IP 数据报（包括原来的 IP 头），原来 IP 数据报的所有字段都经过了认证，如下图所示。

新的IP头	AH	原来的IP头	TCP	数据

隧道模式的认证头

参考答案

（44）C

试题（45）

下列协议中，不用于数据加密的是___（45）___。

（45）A．IDEA   B．Differ-hellman   C．AES   D．RC4

试题（45）分析

本题考查加密算法基础知识。

现代密码体制使用的基本方法仍然是替换和换位，但是采用更加复杂的加密算法和简单的密钥，而且增加了对付主动攻击的手段，例如加入随机的冗余信息，以防止制造假消息；加入时间控制信息，以防止旧消息重放。

常见的加密算法有 DES（Data Encryption Standard）加密算法、三重 DES（Triple-DES）加密算法、IDEA（International Data Encryption Algorithm）加密算法、高级加密标准（Advanced Encryption Standard，AES）加密算法、流加密算法和 RC4。

Diffie-Hellman 是一种确保共享 KEY 安全穿越不安全网络的方法，它是由 Whitefield 与 Martin Hellman 在 1976 年提出的一种奇妙的密钥交换协议，称为 Diffie-Hellman 密钥交换协议/算法（Diffie-Hellman Key Exchange/Agreement Algorithm）。这个机制的巧妙在于需要安全通信的双方可以用这个方法确定对称密钥。然后可以用这个密钥进行加密和解密。但是注意，这个密钥交换协议/算法只能用于密钥的交换，而不能进行消息的加密和解密。双方确定要用的密钥后，要使用其他对称密钥操作加密算法实际加密和解密消息。

参考答案

（45）B

试题（46）

下列关于数字证书的说法中，正确的是 __（46）__ 。

（46）A. 数字证书是在网上进行信息交换和商务活动的身份证明

　　　B. 数字证书使用公钥体制，用户使用公钥进行加密和签名

　　　C. 在用户端，只需维护当前有效的证书列表

　　　D. 数字证书用于身份证明，不可公开

试题（46）分析

本题考查数字证书的基础知识。

数字证书是各类终端实体和最终用户在网上进行信息交流及商务活动的身份证明，在电子交易的各个环节，交易的各方都需验证对方数字证书的有效性，从而解决相互间的信任问题。

数字证书采用公钥体制，即利用一对互相匹配的密钥进行加密和解密。每个用户自己设定一个特定的仅为本人所知的私有密钥（私钥），用它进行解密和签名，同时设定一个公共密钥（公钥），并由本人公开，为一组用户所共享，用于加密和验证。公开密钥技术解决了密钥发布的管理问题。一般情况下，证书中还包括密钥的有效时间、发证机构（证书授权中心）的名称及该证书的序列号等信息。数字证书的格式遵循 ITUT X.509 国际标准。

参考答案

（46）A

试题（47）

PPP 协议不包含 __（47）__ 。

（47）A. 封装协议　　　　　　　　B. 点对点隧道协议（PPTP）

　　　C. 链路控制协议（LCP）　　D. 网络控制协议（NCP）

试题（47）分析

本题考查 PPP 协议的基础知识。

PPP 协议（Point-to-Point Protocol）可以在点对点链路上传输多种上层协议的数据包。PPP 是数据链路层协议，最早是替代 SLIP 协议用来在同步链路上封装 IP 数据报的，后来也可以承载诸如 DECnet、Novell IPX、Apple Talk 等协议的分组。PPP 是一组协议，包含下列成分。

① 封装协议。用于包装各种上层协议的数据报。PPP 封装协议提供了在同一链路上传输各种网络层协议的多路复用功能，也能与各种常见的支持硬件保持兼容。

② 链路控制协议（Link Control Protocol，LCP）。通过以下三类 LCP 分组来建立、

配置和管理数据链路连接。

③ 网络控制协议。在 PPP 的链路建立过程中的最后阶段将选择承载的网络层协议，例如 IP、IPX 或 AppleTalk 等。PPP 只传送选定的网络层分组，任何没有入选的网络层分组将被丢弃。

参考答案

（47）B

试题（48）

以下关于数据备份策略的说法中，错误的是　(48)　。

（48）A．完全备份是备份系统中所有的数据

　　　 B．增量备份是只备份上一次完全备份后有变化的数据

　　　 C．差分备份是指备份上一次完全备份后有变化的数据

　　　 D．完全、增量和差分三种备份方式通常结合使用，以发挥出最佳的效果

试题（48）分析

本题考查数据备份策略的基础知识。

完全备份就是备份系统中所有的数据，并不依赖文件的存档属性来确定备份哪些文件。在备份过程中，任何现有的标记都被清除，每个文件都被标记为已备份。换言之，清除存档属性。差分备份仅对自上一次完全备份之后有变化的数据进行备份。差分备份过程中，只备份有标记的那些选中的文件和文件夹。它不清除标记，也即备份后不标记为已备份文件。换言之，不清除存档属性。增量备份自上一次备份（包含完全备份、差分备份、增量备份）之后有变化的数据。增量备份过程中，只备份有标记的选中的文件和文件夹，它清除标记，即备份后标记文件，换言之，清除存档属性。完全、增量和差分三种备份方式通常结合使用，以发挥出最佳的效果。

参考答案

（48）B

试题（49）、（50）

假如有 3 块容量是 80GB 的硬盘做 RAID 5 阵列，则这个 RAID 5 的容量是　(49)　；而如果有 2 块 80GB 的盘和 1 块 40GB 的盘，此时 RAID 5 的容量是　(50)　。

（49）A．240GB　　　B．160GB　　　C．80GB　　　D．40GB

（50）A．40GB　　　B．80GB　　　C．160GB　　　D．200GB

试题（49）、（50）分析

本题考查 RAID 的基础概念。

RAID（Redundant Array of Independent Disks）的中文简称为独立冗余磁盘阵列。简单地说，RAID 是一种把多块独立的硬盘（物理硬盘）按不同的方式组合起来形成一个硬盘组（逻辑硬盘），从而提供比单个硬盘更高的存储性能和提供数据备份技术。组成磁盘阵列的不同方式称为 RAID 级别（RAID Levels）。在用户看起来，组成的磁盘组就

像是一个硬盘，用户可以对它进行分区，格式化等。总之，对磁盘阵列的操作与单个硬盘一模一样。不同的是，磁盘阵列的存储速度要比单个硬盘高很多，而且可以提供自动数据备份。数据备份的功能是在用户数据一旦发生损坏后，利用备份信息可以使损坏数据得以恢复，从而保障了用户数据的安全性。RAID 技术分为几种不同的等级，分别可以提供不同的速度，安全性和性价比。根据实际情况选择适当的 RAID 级别可以满足用户对存储系统可用性、性能和容量的要求。常用的 RAID 级别有以下几种：NRAID，JBOD，RAID0，RAID1，RAID1+0，RAID3，RAID5 等。目前经常使用的是 RAID5 和 RAID（1+0）。如果使用物理硬盘容量不相等的硬盘做 RAID，那么创建的 RAID 阵列的总容量为较小的硬盘的计算方式。

　　RAID5 的存储机制是两块存数据，一块存另外两块硬盘的交易校验结果。RAID5 建立后，坏掉一块硬盘，可以通过另外两块硬盘的数据算出第三块的，所以至少要 3 块。RAID5 是一种旋转奇偶校验独立存取的阵列方式，它与 RAID3、RAID4 不同的是没有固定的校验盘，而是按某种规则把奇偶校验信息均匀地分布在阵列所属的硬盘上，所以在每块硬盘上，既有数据信息也有校验信息。这一改变解决了争用校验盘的问题，使得在同一组内并发进行多个写操作。所以 RAID5 既适用于大数据量的操作，也适用于各种事务处理，它是一种快速、大容量和容错分布合理的磁盘阵列。当有 N 块阵列盘时，用户空间为 N-1 块盘容量。

　　根据以上原理，共有 3 块 80GB 的硬盘做 RAID 5，则总容量为（3-1）×80=160GB；如果有 2 块 80GB 的盘和 1 块 40GB 的盘，则以较小的盘的容量为计算方式，总容量为（3-1）×40=80GB。

参考答案

　　（49）B　　　　　（50）B

试题（51）

　　以下关于网络分层模型的叙述中，正确的是　　(51)　　。

　　（51）A. 核心层为了保障安全性，应该对分组进行尽可能多的处理

　　　　　 B. 汇聚层实现数据分组从一个区域到另一个区域的高速转发

　　　　　 C. 过多的层次会增加网络延迟，并且不便于故障排查

　　　　　 D. 接入层应提供多条路径来缓解通信瓶颈

试题（51）分析

　　本题考查网络需求分析中分层模型的各层功能。

　　核心层的目的是保障高速转发，需要对分组进行尽可能少的处理；汇聚层实现由接入层传递数据的汇聚，实现包过滤等安全处理；接入层负责用户的接入，无须冗余路径。的确，过多的层次会增加网络延迟，并且不便于故障排查。

参考答案

　　（51）C

试题（52）

以下关于网络规划设计过程的叙述中，属于需求分析阶段任务的是＿＿(52)＿＿。

（52）A. 依据逻辑网络设计的要求，确定设备的具体物理分布和运行环境

　　　 B. 制定对设备厂商、服务提供商的选择策略

　　　 C. 根据需求规范和通信规范，实施资源分配和安全规划

　　　 D. 确定网络设计或改造的任务，明确新网络的建设目标

试题（52）分析

本题考查网络需求分析中各阶段的功能。

依据逻辑网络设计的要求，确定设备的具体物理分布和运行环境是物理设计阶段的任务；制定对设备厂商、服务提供商的选择策略是逻辑设计阶段的任务；根据需求规范和通信规范，实施资源分配和安全规划是逻辑设计阶段的任务；确定网络设计或改造的任务，明确新网络的建设目标是需求阶段的任务。

参考答案

（52）D

试题（53）、（54）

某高校欲构建财务系统，使得用户可通过校园网访问该系统。根据需求，公司给出如下 2 套方案：

方案一：

（1）出口设备采用一台配置防火墙板卡的核心交换机，并且使用防火墙策略将需要对校园网做应用的服务器进行地址映射；

（2）采用 4 台高性能服务器实现整体架构，其中 3 台作为财务应用服务器，1 台作为数据备份管理服务器；

（3）通过备份管理软件的备份策略将 3 台财务应用服务器的数据进行定期的备份。

方案二：

（1）出口设备采用一台配置防火墙板卡的核心交换机，并且使用防火墙策略将需要对校园网做应用的服务器进行地址映射；

（2）采用 2 台高性能服务器实现整体架构，服务器采用虚拟化技术，建多个虚拟机满足财务系统业务需求。当一台服务器出现物理故障时将业务迁移到另外一台物理服务器上。

与方案一相比，方案二的优点是＿＿(53)＿＿。方案二还有一些缺点，下列不属于其缺点的是＿＿(54)＿＿。

（53）A. 网络的安全性得到保障　　　　　B. 数据的安全性得到保障

　　　 C. 业务的连续性得到保障　　　　　D. 业务的可用性得到保障

（54）A. 缺少企业级磁盘阵列，不能将数据进行统一的存储与管理

　　　 B. 缺少网闸，不能实现财务系统与 Internet 的物理隔离

      C．缺少安全审计，不便于相关行为的记录、存储与分析

      D．缺少内部财务用户接口，不便于快速管理与维护

试题（53）、（54）分析

本题考查网络规划与设计案例。

与方案一相比，方案二服务器采用虚拟化技术，当一台服务器出现物理故障时将业务迁移到另外一台物理服务器上，保障了业务的连续性。网络的安全性、数据的安全性、业务的可用性都没有发生实质性变化。

当然方案二还有一些缺陷，首先是缺少将数据进行统一的存储与管理的企业级磁盘阵列；其次缺少安全审计，不便于相关行为的记录、存储与分析；而且缺少内部财务用户接口，不便于快速管理与维护。但是如果加网闸，就不能实现对财务系统的访问。不能实现用户可通过校园网对财务系统的访问。

参考答案

（53）C　（54）B

试题（55）～（57）

某大学拟建设无线校园网，委托甲公司承建。甲公司的张工带队去进行需求调研，获得的主要信息有：

校园面积约 4km²，要求室外绝大部分区域及主要建筑物内实现覆盖，允许同时上网用户数量为 5000 以上，非本校师生不允许自由接入，主要业务类型为上网浏览、电子邮件、FTP、QQ 等，后端与现有校园网相连。

张工据此撰写了需求分析报告，提交了逻辑网络设计方案，其核心内容包括：

① 网络拓扑设计

② 无线网络设计

③ 安全接入方案设计

④ 地址分配方案设计

⑤ 应用功能配置方案设计

以下三个方案中，符合学校要求、合理可行的是：

无线网络选型的方案采用　__（55）__；

室外供电的方案是　__（56）__；

无线网络安全接入的方案是　__（57）__。

（55）A．基于 WLAN 的技术建设无线校园网

      B．基于固定 WiMAX 的技术建设无线校园网

      C．直接利用电信运营商的 3G 系统

      D．暂缓执行，等待移动 WiMAX 成熟并商用

（56）A．采用太阳能供电　　　　　　　B．地下埋设专用供电电缆

      C．高空架设专用供电电缆　　　　D．以 PoE 方式供电

（57）A．通过 MAC 地址认证　　　　　　B．通过 IP 地址认证

　　　　C．通过用户名与密码认证　　　　D．通过用户的物理位置认证

试题（55）～（57）分析

本题考查网络规划与设计案例。

首先，无线网络选型时基于 WLAN 的技术建设无线校园网是经济可行的方案；其次室外供电的方案是以 PoE 方式供电，太阳能供电不能保障不间断，地下埋设专用供电电缆以及高空架设专用供电电缆覆盖的范围较大，工程复杂。无线网络安全接入的方案是通过用户名与密码认证，其他方式都不适用。

参考答案

（55）A　　　　　（56）D　　　　（57）C

试题（58）

互联网上的各种应用对网络 QoS 指标的要求不一，下列应用中对实时性要求最高的是　(58)　。

（58）A．浏览页面　　　　　　　　B．视频会议

　　　　C．邮件接收　　　　　　　　D．文件传输

试题（58）分析

本题考查网络应用及 QoS。

浏览页面、邮件接收以及文件传输对实时性没有太高要求，视频会议必须保障实时性。

参考答案

（58）B

试题（59）

下列关于网络测试的说法中，正确的是　(59)　。

（59）A．接入-汇聚链路测试的抽样比例应不低于 10%

　　　　B．当汇聚-核心链路数量少于 10 条时，无须测试网络传输速率

　　　　C．丢包率是指网络空载情况下，无法转发数据包的比例

　　　　D．连通性测试要求达到 5 个 9 标准，即 99.999%

试题（59）分析

本题考查网络测试的基础知识。

网络系统测试主要是测试网络是否为应用系统提供了稳定、高效的网络平台，如果网络系统不够稳定，网络应用就不可能快速稳定。对常规的以太网进行系统测试，主要包括系统连通性、链路传输速率、吞吐率、传输时延及链路层健康状况测试等基本功能测试。

所有联网的终端都必须按使用要求全部连通。

连通性测试方法一般有：

① 将测试工具连接到选定的接入层设备的端口，即测试点。

② 用测试工具对网络的关键服务器、核心层和汇聚层的关键网络设备（如交换机和路由器），进行 10 次 Ping 测试，每次间隔 1s，以测试网络连通性。测试路径要覆盖所有的子网和 VLAN。

③ 移动测试工具到其他位置测试点，重复步骤②，直到遍历所有测试抽样设备。

抽样规则以不低于接入层设备总数 10%的比例进行抽样测试，抽样少于 10 台设备的，全部测试；每台抽样设备中至少选择一个端口，即测试点应能够覆盖不同的子网和 VLAN。

合格标准分为单项合格判据和综合合格判据两种。

单项合格判据：测试点到关键节点的 Ping 测试连通性达到 100%时，则判定单点连通性符合要求。

综合合格判据：所有测试点的连通性都达到 100%时，则判定系统的连通性符合要求；否则判定系统的连通性不符合要求。

参考答案

（59）A

试题（60）

网络测试技术有主动测试和被动测试两种方式，___（60）___是主动测试。

（60）A．使用 Sniffer 软件抓包并分析　　　　B．向网络中发送大容量 ping 报文
　　　C．读取 SNMP 的 MIB 信息并分析　　　D．查看当前网络流量状况并分析

试题（60）分析

本题考查网络测试的基础知识。

网络测试有多种方法，根据测试中是否向被测网络注入测试流量，可以将网络测试方法分为主动测试和被动测试。

主动测试是指利用测试工具有目的地主动向被测网络注入测试流量，并根据这些测试流量的传送情况来分析网络技术参数的测试方法。主动测试具备良好的灵活性，它能够根据测试环境明确控制测量中所产生的测量流量的特征，如特性、采样技术、时标频率、调度、包大小、类型（模拟各种应用）等，主动测试使测试能够按照测试者的意图进行，容易进行场景仿真。主动测试的问题在于安全性。由于主动测试主动向被测网络注入测试流量，是"入侵式"的测量，必然会带来一定的安全隐患。如果在测试中进行细致的测试规划，可以降低主动测试的安全隐患。

被动测试是指利用特定测试工具收集网络中活动的元素（包括路由器、交换机、服务器等设备）的特定信息，以这些信息作为参考，通过量化分析，实现对网络性能、功能进行测量的方法。常用的被动测试方式包括：通过 SNMP 协议读取相关 MIB 信息，通过 Sniffer、Ethereal 等专用数据包捕获分析工具进行测试。被动测试的优点是它的安全性。被动测试不会主动向被测网络注入测试流量，因此就不会存在注入 DDoS、网络

欺骗等安全隐患；被动测试的缺点是不够灵活，局限性较大，而且因为是被动地收集信息，并不能按照测量者的意愿进行测试，会受到网络机构、测试工具等多方面的限制。

参考答案

（60）B

试题（61）

以下关于网络故障排除的说法中，错误的是 ___（61）___。

（61）A．ping 命令支持 IP、AppleTalk、Novell 等多种协议中测试网络的连通性

　　　　B．可随时使用 debug 命令在网络设备中进行故障定位

　　　　C．tracert 命令用于追踪数据包传输路径，并定位故障

　　　　D．show 命令用于显示当前设备或协议的工作状况

试题（61）分析

本题考查网络故障排除的基础知识。

debug 命令是用于在网络中进行故障排查和故障定位的命令，该命令运行时，需耗费网络设备相当大的 CPU 资源，且会持续较长的时间，通常会造成网络效率的严重降低，甚至不可用。基于此，当需要使用 debug 命令来排查网络中的故障时，通常需在网络压力较小的时候进行，例如凌晨 2:00～6:00 这个时间段。

参考答案

（61）B

试题（62）

如图所示，交换机 S1 和 S2 均为默认配置，使用两条双绞线连接，___（62）___接口的状态是阻塞状态。

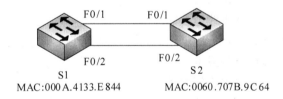

```
        F0/1      F0/1
                              
        F0/2      F0/2

        S1                S2
MAC:000A.4133.E844    MAC:0060.707B.9C64
```

（62）A．S1 的 F0/1　　　B．S2 的 F0/1　　　C．S1 的 F0/2　　　D．S2 的 F0/2

试题（62）分析

本题考查生成树协议的基础知识。

当两台交换机之间存在冗余链路时，势必会造成环路，为避免该情况的发生，交换机中自动开启的生成树协议会根据一定的选举规则将其中一个端口的状态调整为阻塞状态，以断开环路连接，以免造成网络风暴。选举规则是：首先确定根桥，优先级较高的交换机会被选举为根桥，优先级默认情况下相同，当优先级相同时，交换机 MAC 地址较小者会被选举为根桥，根桥上的端口均为根端口，根端口不会被设置为阻塞状态，非

根桥交换机上的端口优先级较高（值小）者为指定端口，较低者为非指定端口（阻塞端口），当接口优先级相同时，则比较接口编号，接口编号较大者将会被置为阻塞状态。

参考答案

（62）D

试题（63）

以下关于网络布线子系统的说法中，错误的是___（63）___。

（63）A．工作区子系统指终端到信息插座的区域

  B．水平子系统是楼层接线间配线架到信息插座，线缆最长可达 100m

  C．干线子系统用于连接楼层之间的设备间，一般使用数对大铜缆或光纤布线

  D．建筑群子系统连接建筑物，布线可采取地下管道铺设、直埋或架空明线

试题（63）分析

本题考查综合布线的基础知识。

在综合布线系统中，分为工作区子系统、水平子系统、垂直干线子系统、管理子系统、建筑群子系统和设备间子系统。

工作区子系统的目的是实现工作区终端设备与水平子系统之间的连接，由终端设备连接到信息插座的连接线缆所组成。

水平子系统的目的是实现信息插座和管理子系统（跳线架）间的连接，将用户工作区引至管理子系统，并为用户提供一个符合国际标准，满足语音及高速数据传输要求的信息点出口，当使用双绞线为传输介质时，其最大传输距离为 100 米，而水平子系统连接着工作区与其他子系统，需为工作区子系统预留有一定长度的线缆余量，因此水平子系统的电缆长度一般不应超过 100 米。

垂直干线子系统的目的是实现计算机设备、程控交换机（PBX）、控制中心与各管理子系统间的连接，是建筑物干线电缆的路由。

管理子系统由交连、互连配线架组成。管理点为连接其他子系统提供连接手段。交连和互连允许将通信线路定位或重定位到建筑物的不同部分，以便能更容易地管理通信线路，使在移动终端设备时能方便地进行插拔。

建筑群子系统将一个建筑物的电缆延伸到建筑群的另外一些建筑物中的通信设备和装置上，是结构化布线系统的一部分，支持提供楼群之间通信所需的硬件。

设备间子系统主要是由设备间中的电缆、连接器和有关的支撑硬件组成，作用是将计算机、PBX、摄像头、监视器等弱电设备互连起来并连接到主配线架上。

参考答案

（63）B

试题（64）

某学生宿舍采用 ADSL 接入 Internet，为扩展网络接口，用双绞线将两台家用路由器连接在一起，出现无法访问 Internet 的情况，导致该问题最可能的原因是___（64）___。

（64）A．双绞线质量太差　　　　　B．两台路由器上的 IP 地址冲突
　　　　C．有强烈的无线信号干扰　　D．双绞线类型错误

试题（64）分析

本题考查网络故障排查的基本知识。

通常，目前市面上出售的家用路由器在默认情况下具备 DHCP、NAPT、扩展网络接口、简单的流量控制等功能。根据题目说明，使用 ADSL 接入 Internet，家用路由器应该采用的是动态 IP 地址的设置，如将两台家用路由器简单地使用双绞线相连时，两台路由器会将彼此认为是客户端，其上默认打开的 DHCP 服务器均会为对方分配 IP 地址，这样就会造成 IP 地址冲突，而导致无法通信。

参考答案

（64）B

试题（65）

IP SAN 区别于 FC SAN 以及 IB SAN 的主要技术是采用＿＿（65）＿＿实现异地间的数据交换。

（65）A．I/O　　　　　　　　　　B．iSCSI
　　　　C．InfiniBand　　　　　　　D．Fibre Channel

试题（65）分析

本题考查网络应用及 QoS。

IP SAN 区别于 FC SAN 以及 IB SAN 的主要技术是采用 iSCSI 实现异地间的数据交换，IB SAN 的主要技术是采用 InfiniBand。

参考答案

（65）B

试题（66）

如果本地域名服务器无缓存，当采用递归法解析另一个网络的某主机域名时，用户主机、本地域名服务器发送的域名请求消息数分别为＿＿（66）＿＿。

（66）A．一条，一条　　　　　　　B．一条，多条
　　　　C．多条，一条　　　　　　　D．多条，多条

试题（66）分析

本题考查域名解析中递归法解析的基础知识。

递归查询是最常见的查询方式，域名服务器将代替提出请求的客户机（下级 DNS 服务器）进行域名查询，若域名服务器不能直接回答，则域名服务器会在域名树中的各分支的上下进行递归查询，最终将查询结果返回给客户机。在域名服务器查询期间，客户机将完全处于等待状态。如果本地域名服务器无缓存，当采用递归法解析另一个网络的某主机域名时，用户主机发送的域名请求消息数为一条，这时本地域名服务器发送的域名请求消息数也为一条。

参考答案

（66）A

试题（67）

由于 OSI 各层功能具有相对性，在网络故障检测时按层排查故障可以有效发现和隔离故障，通常逐层分析和排查的策略在具体实施时　（67）　。

（67）A．从低层开始　　　　　　　B．从高层开始

　　　　C．从中间开始　　　　　　　D．根据具体情况选择

试题（67）分析

本题考查网络故障检测的基础知识。

在网络故障检测时按 OSI 模型的各层排查故障可以有效发现和隔离故障，通常逐层分析和排查的策略在具体实施时要根据具体情况来判断。因为通常故障的表现可以让我们选择具体的故障到底是在物理层、数据链路层或者网络层等，这样就可以省时省力快速判断并解决问题。

参考答案

（67）D

试题（68）

在网络故障检测中，将多个子网断开后分别作为独立的网络进行测试，属于　（68）　检查。

（68）A．整体　　　　　B．分层　　　　　C．分段　　　　　D．隔离

试题（68）分析

本题考查网络故障检测的基础知识。

将多个子网断开后分别作为独立的网络进行测试，属于分段检查。既然断开就不可能是整体检查，而在断开子网的时候并没有分层或者按照 OSI 的参考模型来检测，另外断开子网并不是隔离网络。

参考答案

（68）C

试题（69）

某网络拓扑如下图所示，四个交换机通过中继链路互连，且被配置为使用 VTP，向 switch1 添加了一个新的 VLAN，　（69）　的操作不会发生。

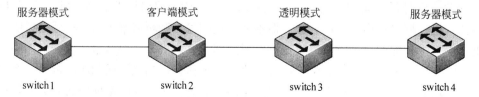

（69）A．switch1 将 1 个 VTP 更新发送给 switch2

B．switch2 将该 VLAN 添加到数据库，并将更新发送给 switch3

C．switch3 将该 VTP 更新发送给 switch4

D．switch3 将该 VLAN 添加到数据库

试题（69）分析

本题考查 VTP 的基础知识。

VTP（VLAN Trunking Protocol）：是 VLAN 中继协议，也被称为虚拟局域网干道协议。它是思科私有协议。作用是十几台交换机在企业网中，配置 VLAN 工作量大，可以使用 VTP 协议，把一台交换机配置成 VTP Server，其余交换机配置成 VTP Client，这样它们可以自动学习到 Server 上的 VLAN 信息。

VTP 有 3 种工作模式：VTP Server、VTP Client 和 VTP Transparent。新交换机出厂时的默认配置是预配置为 VLAN1，VTP 模式为服务器。一般，一个 VTP 域内的整个网络只设一个 VTP Server。VTP Server 维护该 VTP 域中所有 VLAN 信息列表，VTP Server 可以建立、删除或修改 VLAN，发送并转发相关的通告信息，同步 VLAN 配置，会把配置保存在 NVRAM 中。VTP Client 虽然也维护所有 VLAN 信息列表，但其 VLAN 的配置信息是从 VTP Server 学到的，VTP Client 不能建立、删除或修改 VLAN，但可以转发通告，同步 VLAN 配置，不保存配置到 NVRAM 中。VTP Transparent 相当于是一项独立的交换机，它不参与 VTP 工作，不从 VTP Server 学习 VLAN 的配置信息，而只拥有本设备上自己维护的 VLAN 信息。VTP Transparent 可以建立、删除和修改本机上的 VLAN 信息，同时会转发通告并把配置保存到 NVRAM 中。

从图中可以看出，switch3 处于透明模式下，那么它将不会把自己的 VLAN 数据库与收到的通告同步，因此不会发生 switch3 将该 VLAN 添加到数据库的处理。

参考答案

（69）D

试题（70）

如下图，生成树根网桥选举的结果是____（70）____。

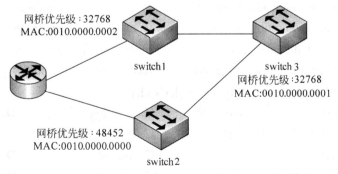

网桥优先级：32768
MAC:0010.0000.0002
switch1

switch 3
网桥优先级：32768
MAC:0010.0000.0001

网桥优先级：48452
MAC:0010.0000.0000
switch2

（70）　A．switch1 将成为根网桥

B．switch2 将成为根网桥

C．switch3 将成为根网桥

D．switch1 和 switch2 将成为根网桥

试题（70）分析

本题考查生成树根网桥的选举过程。

网桥 ID 是生成树算法所使用的第一个参数。STP 使用网桥 ID 来决定根网桥或者根交换机。网桥 ID 参数是 1 个 8 字节域，由一对有序数字组成。最开始的 2 字节的十进制数称为网桥优先级，接下来是 6 字节（十六进制）的 MAC 地址。网桥优先级是一个十进制数，用来在生成树算法中衡量一个网桥的优先度。其值的范围是 0-65535，默认设置为 32768。网桥 ID 中的 MAC 地址是交换机的 MAC 地址，每个交换机都有一个 MAC 地址池，每个 STP 实例使用一个作为 VLAN 生成树的实例的网桥 ID。

比较两个网桥 ID 的原则是：

① 首先比较网桥优先级，网桥优先级小的网桥 ID 优先；

② 如果两个网桥优先级相同，再比较 MAC 的地址，MAC 地址小的网桥 ID 优先。

根据上述原则，在上图中 Switch3 的网桥 ID 最小，则其优先为根网桥。

参考答案

（70）C

试题（71）～（75）

Symmetric, or private-key, encryption is based on a secret key that is shared by both communicating parties. The __（71）__ party uses the secret key as part of the mathematical operation to encrypt __（72）__ text to cipher text. The receiving party uses the same secret key to decrypt the cipher text to plain text. Asymmetric, or public-key, encryption uses two different keys for each user: one is a __（73）__ key known only to this one user; the other is a corresponding public key, which is accessible to anyone. The private and public keys are mathematically related by the encryption algorithm. One key is used for encryption and the other for decryption, depending on the nature of the communication service being implemented. In addition, public key encryption technologies allow digital __（74）__ to be placed on messages. A digital signature uses the sender's private key to encrypt some portion of the message. When the message is received, the receiver uses the sender's __（75）__ key to decipher the digital signature to verify the sender's identity.

（71）A．host   B．terminal   C．sending   D．receiving

（72）A．plain   B．cipher   C．public   D．private

（73）A．plain   B．cipher   C．public   D．private

（74）A．interpretation B．signatures   C．encryption   D．decryption

（75）A．plain   B．cipher   C．public   D．private

试题（71）～（75）翻译

对称加密或私钥加密的基础是通信双方共享同一密钥。发送方使用一个密钥作为数学运算的一部分把明文加密成密文。接收方使用同一密钥把密文解密变成明文。在非对称或公钥加密方法中，每个用户使用两种不同的密钥：一个是只有这个用户知道的私钥；另一个是与其对应的任何人都知道的公钥。根据加密算法，私钥和公钥是数学上相关的。一个密钥用于加密，而另一个用于解密，依赖于实现的通信服务的特点而用法有所不同。此外，公钥加密技术也可以用于报文的数字签名。数字签名时使用发送方的私钥来加密一部分报文。当接收方收到报文时，就用发送方的公钥来解密数字签名，以便对发送方的标识进行验证。

参考答案

（71）C　（72）A　（73）D　（74）B　（75）C

第 11 章　2015 下半年网络规划设计师
下午试卷 I 试题分析与解答

试题一（共 25 分）

阅读以下说明，回答问题 1 至问题 4，将解答填入答题纸对应的解答栏内。

【说明】

某企业网络拓扑如图 1-1 所示。

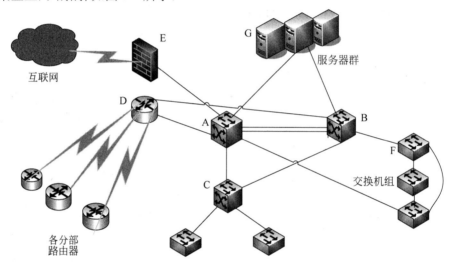

图 1-1

【问题 1】（6 分）

根据图 1-1，对该网络主要设备清单表 1-1 所示内容补充完整。

表 1-1

设备名	在网络中的编号	产品描述
Cisco6509	A，B	核心主、备交换机
Cisco4506	（1）	（2）
Ws-c3550-48	交换机组 F	接入层交换机
Cisco3745	（3）	（4）
Netscreen-500	（5）	（6）

【问题 2】（8 分）

1. 网络中 A、B 设备连接的方式是什么？依据 A、B 设备性能及双链路连接，计算两者之间的最大带宽。

2. 交换机组 F 的连接方式是什么？采用这种连接方式的好处是什么？

【问题 3】（6 分）

该网络拓扑中连接到各分部可采用租赁 ISP 的 DDN、Frame Relay、ISDN 线路等方式，请简要介绍这几种连接方式。

【问题 4】（5 分）

若考虑到成本问题，对其中一条连接到分部的线路用 VPN 的方式，在分部路由器上做下列配置：

sub-company(config)#crypto isakmp policy 1

sub-company(config-isakmp)#encry des

sub-company(config-isakmp)#hash md5

sub-company(config-isakmp)#authentication pre-share

sub-company(config-isakmp)#exit

sub-company(config)#crypto isakmp key 6 cisco address x.x.x.x

该命令片段配置的是＿＿（7）＿＿。

（7）备选答案：

A. 定义 ESP

B. IKE 策略

C. IPSce VPN 数据

D. 路由映射

在该配置中，IP 地址 x.x.x.x 是该企业总部 IP 地址还是分部 IP 地址？

试题一分析

本题考查接入网技术和网络规划及配置的相关知识。

此类题目要求考生认真阅读题目或给出的网络拓扑图，对网络拓扑中采用组网技术进行分析说明。

【问题 1】

要求对组网设备的性能和功能分析，结合网络拓扑图和设备列表补充完善表格中的空白处。网络拓扑中没有在设备列表中标注的有 C、D、E、G 等设备。看图例可知 D、E 分别是路由器和防火墙，C 是介于 A、B 和 F 的交换机设备。根据 D、E、C 设备在网络中承担的任务，参照表中的产品描述，C 为汇聚交换机、D 为核心路由器、E 为核心路由器。

【问题 2】

网络中 A、B 设备连接的方式是链路聚合或捆绑。链路聚合是将两个或更多数据信道结合成一个单个的信道，该信道以一个单个的更高带宽的逻辑链路出现。链路聚合一般用来连接一个或多个带宽需求大的设备，例如连接骨干网络的服务器或服务器群。A、

B 设备可以配置千兆或者万兆的接口，在双链路聚合的前提下，最大带宽是 2G 或 20G。

　　交换机组 F 的连接方式是堆叠，堆叠需要专用的堆叠模块和堆叠线缆。堆叠可以扩大网络接入规模，对所有的交换机进行统一配置和管理，达到提高交换机背板容量，实现所有交换机高速连接的目的。

【问题 3】

　　DDN 专线接入向用户提供的是永久性的数字连接，沿途不进行复杂的软件处理，因此延时较短，避免了传统的分组网中传输协议复杂、传输时延长且不固定的缺点；DDN 专线接入采用交叉连接装置，可根据用户需要，在约定的时间内接通所需带宽的线路，信道容量的分配和接续均在计算机控制下进行，具有极大的灵活性和可靠性，使用户可以开通各种信息业务，传输任何合适的信息。

　　帧中继是一种局域网互联的 WAN 协议，它工作在 OSI 参考模型的物理层和数据链路层。它为跨越多个交换机和路由器的用户设备间的信息传输提供了快速和有效的方法。帧中继是一种数据包交换技术，与 X.25 类似。它可以使终端站动态共享网络介质和可用带宽。

　　ISDN 综合业务数字网（Integrated Services Digital Network）是一个数字电话网络国际标准，是一种典型的电路交换网络系统。在 ITU 的建议中，ISDN 是一种在数字电话网 IDN 的基础上发展起来的通信网络，ISDN 能够支持多种业务，包括电话业务和非电话业务。

【问题 4】

　　采用 VPN 连接，网络对等端需要建立信任关系，必须交换某种形式的认证密钥。Internet 密钥交换（Internet Key Exchange，IKE）是一种为 IPSec 管理和交换密钥的标准方法。该过程一般包括定义策略、定义加密算法、定义散列算法、定义认证方式等步骤。

　　在分部路由器上配置 IKE 策略，x.x.x.x 是对端地址。

试题一参考答案

【问题 1】

　　（1）C

　　（2）汇聚交换机

　　（3）D

　　（4）核心路由器

　　（5）E

　　（6）边界防火墙

【问题 2】

　　1. 链路聚合或捆绑

　　　　2Gb（或答 20G 也正确）

2．堆叠

扩大接入规模，简化网络管理

【问题 3】

DDN 是利用数字信道提供永久性连接电路，用来传输数据信号的数字传输网络。

帧中继是一种数据包交换技术，可以动态共享网络介质和可用带宽。

ISDN 是一个数字电话网络标准，是一种典型的电路交换网络系统。

【问题 4】

（7）B

总部 IP 地址

试题二（共 25 分）

阅读以下说明，回答问题 1 至问题 4，将解答填入答题纸对应的解答栏内。

【说明】

传统业务结构下，由于多种技术之间的孤立性，使得数据中心服务器总是提供多个对外 I/O 接口。在云计算模式发展的推动下，数据中心正在从过去的存储处理中心演变成为应用中心，并逐步向服务中心和运营中心转变。而对客户来说，由于技术，经验，资金等限制，在转变过程中会遇到各种挑战，例如：虚拟化带来的技术复杂性，规模扩大带来的运维压力，系统和数据迁移的困难以及数据中心的高能耗等。

传统业务结构下的数据中心网拓扑结构图如图 2-1 所示。

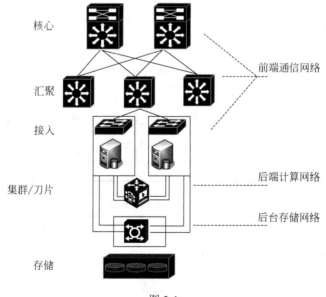

图 2-1

【问题 1】（9 分）

（1）如图 2-1 所示，数据中心有多个网络，一个是前端用户通信网络，一个是后端做数据更新或者做集群计算的通信网络，还有后台光纤存储网络。针对这 3 种网络分别举出一个例子。

（2）如上所述，除以上 3 种网络外，有的数据中心还有专门用于虚拟机迁移的网络，都会在服务器上做集中。这样一台服务器最多需要几块网卡与之相连？随着 TRILL 等技术的出现，这个专用网络还需要吗？

（3）网络成为数据中心资源的交换枢纽，当前数据中心分为 IP 数据网络、存储网络、服务器集群网络。随着数据中心规模的逐步增大，简单分析带来的问题。

【问题 2】（4 分）

FCoE 采用增强型以太网作为物理网络传输架构，是专门为低延迟性、高性能、二层数据中心网络所设计的网络协议。目前国际标准化组织已经开发了针对以太网标准的扩展协议族，即"融合型增强以太网（CEE）"，这些扩展协议族可以进行所有类型的传输。试简述 FCoE 技术的优点。

【问题 3】（6 分）

为了实现统一管理、简化运维，采用基于 FCoE 技术的数据中心统一 I/O 能够实现用少数的 CNA（Converged Network adapter）代替数量较多的 NIC、HBA、HCA，所有的流量通过 CNA 万兆以太网传输。

按照 18 台服务器（单网卡）为例，使用 FCoE 后每台服务器只需要一块专用适配器（网卡），一套布线（以太网）系统，统一管理维护简单。表 2-1 为使用 FCoE 前 18 台服务器需要的网卡、交换机、电缆以及上联端口的数量；请核算出使用 FCoE 后的相应部件数量，填充表 2-2。

表 2-1　使用 FCoE 前

18 台服务器	Ethernet	FC	合计
网卡	18	18	36
交换机	2	2	4
电缆	36	36	72
上联端口	2	4	6

表 2-2　使用 FCoE 后

18 台服务器	CEE	Ethernet	FC	合计
网卡	18	(1)	(5)	(9)
交换机	2	(2)	(6)	(10)
电缆	36	(3)	(7)	(11)
上联端口	2	(4)	(8)	(12)

【问题 4】（6 分）

（1）随着数据中心的发展，数据中心的能耗已经成为一个严峻的问题，PUE 值已经成为国际上比较通行的数据中心电力使用效率的衡量指标。请问 PUE 是什么，它的基准是多少，其越接近多少表示一个数据中心的绿色化程度越高？

（2）在现代机房的机柜布局中，人们为了美观和便于观察会将所有的机柜朝同一个方向摆放。如果按照这种摆放方式，机柜盲板有效阻挡冷热空气的效果将大打折扣。正确的摆放方式是什么？请简述其原因。

（3）水冷空调系统是目前新一代大型数据中心制冷的首选方案，采用水冷空调在部分地区可以采取免费冷却技术以节能。免费冷却技术是什么？

试题二解析

本题考查云计算模式下的数据中心的相关知识及应用。

【问题 1】

本问题主要考查传统数据中心的问题及 I/O 融合趋势。

传统业务结构下，由于多种技术之间的孤立性（LAN 与 SAN），使得数据中心服务器总是提供多个对外 I/O 接口（在此，可理解成服务器的网卡），即用于数据计算与交互的 LAN 接口以及数据访问的存储接口，某些特殊环境如特定 HPC（高性能计算）环境下的超低时延接口。服务器的多个 I/O 接口导致了数据中心环境下多个独立运行的网络同时存在，不仅使得数据中心布线复杂，不同的网络、接口形体造成的异构还直接增加了额外人员的运行维护、培训管理等高昂成本投入，特别是存储网络的低兼容性特点，使得数据中心的业务扩展往往存在约束。

数据中心里会有两个网络，一个是前端 IP 网络，后端可能会是光纤网络，都会在服务器上做。因此，集中服务器上以太网卡、光纤网卡，跟外部数据交互时通过 IP 网络进行交互。如果说得更极端一点，在大型数据中心会存在：一是前端的用户通信网络（以太网）；二是后台存储网络光纤的通道（FC 光纤网络）；三是后端做数据更新或者做集群计算的通信网络（高性能计算 Infiniband 网络）；四是专门用于虚拟机迁移的网络（各个服务器上有一个普通的以太网网卡，连接到独立的交换机组成的网络上，专门做虚拟机迁移。随着 TRILL 等技术的出现，这个专用的网络不再需要）。在这种情况下最多会有八个网卡，这些都是现有的设计视为理所当然的。

网络渐渐成为数据中心资源的交换枢纽。当前数据中心分为 IP 数据网络、存储网络、服务器集群网络。但随着数据中心规模的逐步增大，也带来以下问题：每个服务器要多个专用适配器（网卡），要有不同的布线系统；机房要支持更多设备：空间、耗电、制冷；多套网络无法统一管理，不同的维护人员；部署/配置/管理/运维困难。

【问题 2】

FCoE 采用增强型以太网作为物理网络传输架构，能够提供标准的光纤通道有效内容载荷，避免了 TCP/IP 协议开销，而且 FCoE 能够像标准的光纤通道那样为上层软件层

（包括操作系统、应用程序和管理工具）服务。

FCoE 可以提供多种光纤通道服务，比如发现、全局名称命名、分区等，而且这些服务都可以像标准的光纤通道那样运作。不过，由于 FCoE 不使用 TCP/IP 协议，因此 FCoE 数据传输不能使用 IP 网络。FCoE 是专门为低延迟性、高性能、二层数据中心网络所设计的网络协议。

和标准的光纤通道 FC 一样，FCoE 协议也要求底层的物理传输是无损失的。因此，国际标准化组织已经开发了针对以太网标准的扩展协议族，尤其是针对无损 10Gb 以太网的速度和数据中心架构。这些扩展协议族可以进行所有类型的传输。这些针对以太网标准的扩展协议族被国际标准组织称为"融合型增强以太网（CEE）"（思科称为"数据中心以太网（DCE）"）。

数据中心 FCoE（FC over Ethernet）技术实现在以太网架构上映射 FC（Fibre Channel）帧，使得 FC 运行在一个无损的数据中心以太网络上（需要无损的以太网（CEE/DCE/DCB）保证不丢包）。FCoE 技术有以下的一些优点：光纤存储和以太网共享同一个端口；更少的线缆和适配器；软件配置 I/O；与现有的 SAN 环境可以互操作。

基于 FCoE 技术的数据中心统一 I/O 能够实现用少数的 CNA（Converged Network Adapter）代替数量较多的 NIC、HBA、HCA，所有的流量通过 CNA 万兆以太网传输。

使用 FCoE 后的好处：每个服务器只需要一个专用适配器（网卡），一套布线（以太网）系统（以前需要多个网卡，多套布线（以太网和光纤）系统）；机房不再要支持更多设备：空间、耗电、制冷，更加节能绿色；只有一套网络，统一管理维护简单（原来是多套网络无法统一管理，不同的维护人员维护困难）；部署/配置/管理/运维简单。

【问题 3】

使用前（按照 18 台服务器为例，如下表）

表 2-1　使用 FCoE 前

18 台服务器	Ethernet	FC	合计
网卡	18	18	36
交换机	2	2	4
电缆	36	36	72
上联端口	2	4	6

1．72 根光纤、36 个网卡（36 根以太网光纤、36 个以太网网卡，18 根 FC 光纤、18 个 FC 光纤网卡）。

2．4 台交换机（2 台以太网交换机，2 台 FC 光纤交换机）。

3．上联端口（6 个，以太网交换机要 2 个，光纤交换机需要 4 个）。

使用后（按照 18 台服务器为例，如下表）

表 2-2　使用 FCoE 后

18 台服务器	CEE	Ethernet	FC	合计
网卡	18	0	0	18
交换机	2	0	0	2
电缆	36	0	0	36
上联端口	2	0	4	6

1. 36 根光纤、18 个网卡（36 根光纤、18 个 CNA 网卡）。

2. 2 台交换机（2 台 FCoE 交换机）。

3. 上联端口（6 个，以太网交换机要 2 个，光纤交换机需要 4 个）。

【问题 4】

本问题主要考查数据中心能耗的相关知识。

随着能源成本上升，我们越来越关注 IT 对环境的影响，技术管理人员现在面临着双重任务：创造和保持高可用性的 IT 环境，并推行绿色倡议。用于数据中心保证设备运行的能源消耗需求惊人。

（1）PUE 是 Power Usage Effectiveness 的简写，是评价数据中心能源效率的指标，是数据中心消耗的所有能源与 IT 负载使用的能源之比，是 DCIE（Data Center Infrastructure Efficiency）的反比。PUE = 数据中心总设备能耗/IT 设备能耗，PUE 是一个比值，基准是 2，越接近 1 表明能效水平越好。PUE（PowerUsageEffectiveness，电源使用效率）值已经成为国际上比较通行的数据中心电力使用效率的衡量指标。PUE 值是指数据中心消耗的所有能源与 IT 负载消耗的能源之比。PUE 值越接近于 1，表示一个数据中心的绿色化程度越高。

（2）以往在机柜的布局中，人们为了美观和便于观察，常常会将所有的机柜朝同一个方向摆放。如果按照这种摆放方式，机柜盲板有效阻挡冷热空气的效果将大打折扣。正确的摆放方式应该是将服务器机柜面对面或背对背的摆放方式摆放，这样便形成了冷风通道和热风通道，机柜之间的冷热风不会混合在一起，形成短路气流，有效提高制冷效果，保护好冷热通道不被破坏。即当机柜内或机架上的设备为前进风/后出风方式冷却时，机柜或机架的布置宜采用面对面、背对背方式。

（3）水冷式空调的发明源于生活的细节，夏季人站在海边感觉特别凉爽，这是因为海水吸收空气中的热量而蒸发，使空气温度下降，从而带给我们凉爽的冷空气。细心的人们发现了这一现象，并将这一现象巧妙地运用到温度调节中来，进而发明了节能环保的水冷空调。水冷空调又叫环保空调，是一种利用自来水的温度，来达到冷却室内温度的空调机。

水冷空调系统是目前新一代大型数据中心制冷的首选方案，采用水冷空调在部分地区可以采取免费冷却技术以节能。免费冷却技术指全部或部分使用自然界的免费冷源进行制冷从而减少压缩机或冷冻机消耗的能量。目前常用的免费冷源主要是冬季或者春秋季的室外空气，因此，如果可能的话，数据中心的选址应该在天气比较寒冷或低温时间比较长的地区。在中国，北方地区都是非常适合采用免费制冷技术。

试题二参考答案

【问题 1】

（1）前端：以太网

后端：高性能计算 Infiniband 网络

后台：FC 光纤

（2）8 个网卡

不需要

（3）每个服务器要多个专用适配器（网卡）以及不同的布线系统；

机房要支持更多设备；

管理的复杂性增加；

部署/配置/运维困难；

成本增加（人员，能耗，运维成本等）。

【问题 2】

光纤存储和以太网共享同一个端口；

更少的线缆和适配器；

软件配置 I/O；

与现有的 SAN 环境可以互操作。

【问题 3】

（1）0	（2）0	（3）0	（4）0	（5）0	（6）0
（7）0	（8）4	（9）18	（10）2	（11）36	（12）6

【问题 4】

（1）PUE = 数据中心总设备能耗/IT 设备能耗，基准是 2，越接近 1 表明能效水平越好。

（2）将服务器机柜面对面或背对背的方式摆放。

因为这样将会形成"冷"通道和"热"通道，提高制冷效果。

（3）免费冷却（Free Cooling）技术指全部或部分使用自然界的免费冷源进行制冷从而减少压缩机或冷冻机消耗的能量。

试题三（25 分）

阅读以下说明，回答问题 1 至问题 5，将解答填入答题纸对应的解答栏内。

【说明】

某学校拥有内部数据库服务器 1 台，邮件服务器 1 台，DHCP 服务器 1 台，FTP 服务器 1 台，流媒体服务器 1 台，Web 服务器 1 台。要求为所有的学生宿舍提供有线网络接入服务，对外提供 Web 服务、邮件服务、流媒体服务，内部主机和其他服务器对外不可见。

【问题 1】（5 分）

请划分防火墙的安全区域，说明每个区域的安全级别，指出各台服务器所处的安全区域。

【问题 2】（5 分）

请按照你的思路为该校进行服务器和防火墙部署设计，对该校网络进行规划，画出网络拓扑结构图。

【问题 3】（5 分）

学校在原有校园网络基础上进行了扩建，采用 DHCP 服务器动态分配 IP 地址。运行一段时间后，网络时常出现连接不稳定、用户所使用的 IP 地址被"莫名其妙"修改、无法访问校园网的现象。经检测发现网络中出现多个未授权 DHCP 地址。

请分析上述现象及遭受攻击的原理，该如何防范？

【问题 4】（6 分）

学生宿舍区经常使用的服务有 Web、即时通信、邮件、FTP 等，同时也因视频流导致大量的 P2P 流量，为了保障该区域中各项服务均能正常使用，应采用何种设备合理分配每种应用的带宽？该设备部署在学校网络中的什么位置？一般采用何种方式接入网络？

【问题 5】（4 分）

当前防火墙中，大多都集成了 IPS 服务，提供防火墙与 IPS 的联动。区别于 IDS，IPS 主要增加了什么功能？通常采用何种方式接入网络？

试题三分析

本题考查局域网安全部署的基本知识及应用。

【问题 1】

根据题目中关于该学校所拥有的服务器类型和服务器数量、基本要求以及服务器对用户的访问权限等说明，考虑到防火墙的 3 种区域划分，可将网络分为内部网络、外部网络和 DMZ 区 3 个区域，这 3 个区域中，内部网络的安全要求级别最高，DMZ 区次之，外部网络的安全要求级别最高。

【问题 2】

根据问题 1 对该学校网络区域的划分，将不同的服务器放置在相应的区域即可，对于具体的网络连接细节则不必过多地考虑，在防火墙的 DMZ 区中，由于需要连接多台服务器，应使用一台局域网交换机进行连接。

【问题 3】

当采用 DHCP 服务器为客户端动态分配 IP 地址时，出现网络连接不稳定、用户的地址会被"莫名其妙"修改，导致无法访问校园网的现象，经查是出现了多个未授权的

DHCP 服务器所致。这些所谓"未授权"的服务器为客户机分配了其他的非法 IP 地址，导致用户无法访问网络。这类攻击为 DHCP 攻击，DHCP 攻击的原理是距离客户端较近的 DHCP 服务器会先于授权 DHCP 服务器相应客户端的请求，而导致客户端接收到非法 IP 地址，无法访问网络。防范的方法一般是在接入层交换机上启用 DHCP Snooping 功能，以过滤非信任接口上收到的 DHCP offer、DHCP ACK 和 DHCPNCK 报文，从而防止非法的 DHCP 服务器为客户端分配 IP 地址。

【问题 4】

根据问题的描述，由于网络中存在大量的 P2P 流量，而导致其他各项服务正常工作，应对 P2P 流量进行控制。要实现该功能，一般所选用的设备为流控设备，流控设备一般部署在被控流量区域的主干区域，应采用串接方式接入网络。

【问题 5】

随着网络攻击技术的发展，对安全技术提出了新的挑战。防火墙技术和 IDS 自身具有的缺陷阻止了它们进一步的发展。防火墙不能阻止内部网络的攻击，对于网络上流行的各种病毒也没有很好的防御措施；IDS 只能检测入侵而不能实时地阻止攻击，而且 IDS 具有较高的漏报和误报率。

在这种情况下入侵防御系统（Intrusion Prevention System，IPS）成了新一代的网络安全技术。IPS 提供主动、实时的防护，其设计旨在对网络流量中的恶意数据包进行检测，对攻击性的流量进行自动拦截，使它们无法造成损失。IPS 如果检测到攻击企图，就会自动地将攻击包丢掉或采取措施阻断攻击源，而不把攻击流量放进内部网络。

IPS 和 IDS 的部署方式不同。串接式部署是 IPS 和 IDS 区别的主要特征。IDS 产品在网络中是旁路式工作，IPS 产品在网络中是串接式工作。串接式工作保证所有网络数据都经过 IPS 设备，IPS 检测数据流中的恶意代码，核对策略，在未转发到服务器之前，将信息包或数据流拦截。由于是在线操作，因而能保证处理方法适当而且可预知。

IPS 系统根据部署方式可以分为 3 类：基于主机的入侵防护（HIPS）、基于网络的入侵防护（NIPS）、应用入侵防护（AIP）。

试题三参考答案

【问题 1】

整个网络分为 3 个不同级别的安全区域：

1. 内部网络：安全级别最高，是可信的、重点保护的区域。包括所有内部主机，数据库服务器、DHCP 服务器和 FTP 服务器。

2. 外部网络：安全级别最低，是不可信的、要防备的区域。包括外部因特网用户主机和设备。

3. DMZ 区域（非军事化区）：安全级别中等，因为需要对外开放某些特定的服务和应用，受一定的保护，是安全级别较低的区域。包括对外提供 WWW 访问的 Web 服务器、邮件服务器和流媒体服务器。

【问题 2】

拓扑结构图如下：

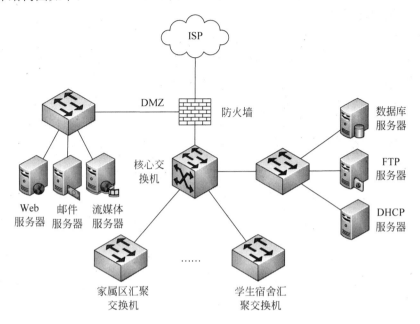

注：1. DMZ 区服务器群，内网服务器群放置位置，防火墙位置，网络层次结构，学生宿舍汇聚接入。

2. 合理的服务器放置和防火墙配置也正确，比如出口防火墙采用端口映射来区别是否为外网提供服务。

【问题 3】

攻击原理：

（1）当 DHCP 客户端第一次连接网络、重新连接或者地址租期已满时，会以广播的方式向 DHCP 服务器发送 DHCP Discover 消息，以获取/重新获取 IP 地址；

（2）若网络中存在多台 DHCP 服务器，均能收到该消息并应答；

（3）非授权 DHCP 服务器会先于授权 DHCP 服务器发出应答；

（4）客户端使用非授权服务器发出的应答包，并用作自己的 IP 地址；

（5）客户端地址被修改，无法访问校园网。

防范措施：

（1）启用接入层交换机的 DHCP Snooping 功能；

（2）DHCP Snooping 功能将交换机接口分为信任接口和非信任接口；

（3）连接客户端的接口为非信任接口，上连到汇聚交换机的接口为信任接口；

（4）非信任接口上接收到 DHCP Offer、DHCP ACK、DHCPNCK 报文时，交换机会

将其丢弃；

（5）DHCP Snooping 功能可阻止连接在非信任接口上的非授权 DHCP 服务器为客户端提供 IP 地址配置信息。

【问题 4】

应采用流量控制设备，部署在核心交换机与学生宿舍区汇聚交换机之间，采用串接方式接入网络。

【问题 5】

区别于 IDS，IPS 提供主动防护，增加了深入检测和分析功能，提供高效处理（拦截或阻断）能力。采用串接方式接入网络。

第12章 2015下半年网络规划设计师下午试卷 II 写作要点

论题一 局域网络中信息安全方案设计及攻击防范技术

信息化的发展与信息安全保障是密切相关的，两者相辅相成、密不可分。信息安全在国家安全中占有极其重要的战略地位，已经成为国家安全的基石和核心，并迅速渗透到国家的政治、经济、文化、军事安全中去，成为影响政治安全的重要因素。

（请围绕"局域网络中信息安全方案设计及攻击防范技术"论题，依次对以下四个方面进行论述。）

1. 简要论述你参与建设的局域网络环境及建立在网络之上的业务。

2. 详细论述局域网络中信息安全涉及的主要问题及相应防范技术。

3. 详细论述你参与设计和实施的网络项目中采用的安全方案。

4. 分析所采用方案遵循的原则，评估安全防范方案的效果以及进一步改进的措施。

写作要点：

1. 简要论述安全方案遵循标准及分级。

2. 简要介绍局域网络环境拓扑结构，分层模型。

3. 简要介绍公司网络业务，安全需求分析。

4. 详细论述局域网络层次架构中各层遇到的安全问题及如何设计防范措施。

5. 详细论述你采用的安全方案。

6. 对安全方案进行评估。

7. 介绍实际运行过程中安全防范方案出现的问题，如何解决，方案上有何改进措施。

论题二 智能小区 WiFi 覆盖解决方案

WiFi 使用无线传输介质，是实现移动计算机网络的关键技术之一。智能小区规划与设计常用的无线接入解决方案，是对有线网络接入方式的一种补充。目前，WiFi 网络已经成为人们日常生活中不可或缺的组成部分。

（请围绕"智能小区 **WiFi** 覆盖解决方案"论题，依次对以下四个方面进行论述。）

1. 概述 WLAN 的通信技术、体系结构、工业标准，以及安全措施。

2. 简要阐述你参与建设的智能小区无线网络的需求分析。

3. 根据需求详细论述你参与设计和实施的无线网络组网方案，包括中心机房、有线骨干网、有线/无线中间层、节点交换机，无线接入点的分布，网络拓扑结构图和无线覆盖效果图，用户认证、访问控制和计费管理，AP 的控制和管理等。

4. 分析你在网络建设和管理过程中遇到的问题，评估安全防范方案的效果以及进一步改进的措施。

写作要点：

1. 概述 WLAN 的通信技术、体系结构、工业标准，以及安全措施。

2. 园区无线网络建设的需求分析。

3. 根据需求导出的组网方案：

- 中心机房；

- 有线骨干网、有线/无线中间层、节点交换机；

- 无线接入点的分布（频率规划，覆盖方式，室内/外设备的选型、安装和供电）；

- 网络拓扑结构图和无线覆盖效果图；

- 用户认证、访问控制和计费管理（802.1x、PPPoE 和 Web 认证，AAA 和 Radius）；

- AP 的控制和管理。

4. 网络建设和管理过程中问题：

- 流量监测及报警；

- 安全管理和防雷电措施；

- 漫游切换；

- 可扩展性。

第13章 2016下半年网络规划设计师上午试题分析与解答

试题（1）

在嵌入式系统的存储部件中，存取速度最快的是 ___(1)___ 。

（1）A. 内存   B. 寄存器组   C. Flash   D. Cache

试题（1）分析

本题考查计算机系统基础知识。

计算机系统中的存储部件通常组织成层次结构,越接近 CPU 的存储部件访问速度越快。寄存器组是 CPU 中的暂存器件,访问速度是最快的。目前也通常把 Cache（分为多级）集成在 CPU 中。

参考答案

（1）B

试题（2）、（3）

ERP（Enterprise Resource Planning）是建立在信息技术的基础上，利用现代企业的先进管理思想，对企业的物流、资金流和 ___(2)___ 流进行全面集成管理的管理信息系统，为企业提供决策、计划、控制与经营业绩评估的全方位和系统化的管理平台。在 ERP 系统中，___(3)___ 管理模块主要是对企业物料的进、出、存进行管理。

（2）A. 产品   B. 人力资源   C. 信息   D. 加工

（3）A. 库存   B. 物料   C. 采购   D. 销售

试题（2）、（3）分析

ERP 是建立在信息技术的基础上，利用现代企业的先进管理思想，对企业的物流资源、资金流资源和信息流资源进行全面集成管理的管理信息系统，为企业提供决策、计划、控制与经营业绩评估的全方位和系统化的管理平台。在 ERP 系统中，库存管理（inventory management）模块主要是对企业物料的进、出、存进行管理。

参考答案

（2）C   （3）A

试题（4）

项目的成本管理中，___(4)___ 将总的成本估算分配到各项活动和工作包上，来建立一个成本的基线。

（4）A. 成本估算   B. 成本预算   C. 成本跟踪   D. 成本控制

试题（4）分析

本题考查项目成本管理的基础知识。

在项目的成本管理中，成本预算将总的成本估算分配到各项活动和工作包上，来建立一个成本的基线。

参考答案

（4）B

试题（5）

___（5）___ 在软件开发机构中被广泛用来指导软件过程改进。

（5）A. 能力成熟度模型（Capacity Maturity Model）

  B. 关键过程领域（Key Process Areas）

  C. 需求跟踪能力链（Traceability Link）

  D. 工作分解结构（Work Breakdown Structure）

试题（5）分析

本题考查软件过程的基础知识。

能力成熟度模型（CMM, Capability Maturity Model）描述了软件发展的演进过程，从毫无章法、不成熟的软件开发阶段到成熟软件开发阶段的过程。以 CMM 的架构而言，它涵盖了规划、软件工程、管理、软件开发及维护等技巧，若能确实遵守规定的关键技巧，可协助提升软件部门的软件设计能力，达到成本、时程、功能与品质的目标。CMM 在软件开发机构中被广泛用来指导软件过程改进。

参考答案

（5）A

试题（6）

软件重用是指在两次或多次不同的软件开发过程中重复使用相同或相似软件元素的过程。软件元素包括___（6）___、测试用例和领域知识等。

（6）A. 项目范围定义、需求分析文档、设计文档

  B. 需求分析文档、设计文档、程序代码

  C. 设计文档、程序代码、界面原型

  D. 程序代码、界面原型、数据表结构

试题（6）分析

本题考查软件重用的基础知识。

软件重用是指在两次或多次不同的软件开发过程中重复使用相同或相似软件元素的过程。软件元素包括程序代码、测试用例、设计文档、设计过程、需求分析文档甚至领域知识。通常，可重用的元素也称作软构件，可重用的软构件越大，重用的粒度越大。使用软件重用技术可以减少软件开发活动中大量的重复性工作，这样就能提高软件生产率，降低开发成本，缩短开发周期。同时，由于软构件大都经过严格的质量认证，并在实际运行环境中得到校验，因此，重用软构件有助于改善软件质量。此外，大量使用软构件，软件的灵活性和标准化程度也可望得到提高。

参考答案

（6）B

试题（7）、（8）

软件集成测试将已通过单元测试的模块集成在一起，主要测试模块之间的协作性。从组装策略而言，可以分为　(7)　。集成测试计划通常是在　(8)　阶段完成，集成测试一般采用黑盒测试方法。

（7）A. 批量式组装和增量式组装　　B. 自顶向下和自底向上组装

　　　C. 一次性组装和增量式组装　　D. 整体性组装和混合式组装

（8）A. 软件方案建议　　　　　　　B. 软件概要设计

　　　C. 软件详细设计　　　　　　　D. 软件模块集成

试题（7）、（8）分析

本题考查软件测试的基础知识。

软件集成测试也称为组装测试、联合测试（对于子系统而言，则称为部件测试）。它将已通过单元测试的模块集成在一起，主要测试模块之间的协作性。从组装策略而言，可以分为一次性组装测试和增量式组装（包括自顶向下、自底向上及混合式）两种。集成测试计划通常是在软件概要设计阶段完成的，集成测试一般采用黑盒测试方法。

参考答案

（7）C　（8）B

试题（9）

某公司有 4 百万元资金用于甲、乙、丙三厂追加投资。不同的厂获得不同的投资款后的效益见下表。适当分配投资（以百万元为单位）可以获得的最大的总效益为　(9)　百万元。

工　　厂	投资和效益（百万元）				
	0	1	2	3	4
甲	3.8	4.1	4.8	6.0	6.6
乙	4.0	4.2	5.0	6.0	6.6
丙	4.8	6.4	6.8	7.8	7.8

（9）A. 15.1　　　　　B. 15.6　　　　　C. 16.4　　　　　D. 16.9

试题（9）分析

本题考查应用数学基础知识。

投资分配可以有以下几种：

① 4 百万元全部投给一个厂，其他两厂没有投资

最大效益=max{6.6+4.0+4.8, 6.6+3.8+4.8, 7.8+3.8+4.0}=15.6 百万元

② 3 百万元投给一个厂，1 百万投给另一个厂，第三个厂没有投资

最大效益=max{6.0+6.4+4.0, 6.0+6.4+3.8, 7.8+4.1+4.0}=16.4 百万元

③ 给两个厂各投 2 百万，第三个厂没有投资

最大效益=max{4.8+5.0+4.8, 4.8+6.8+4.0, 5.0+6.8+3.8}=15.6 百万元

④ 给一个厂投 2 百万，给其他两个厂各投 1 百万

最大效益=max{4.8+4.2+6.4，5.0+4.1+6.4，6.8+4.1+4.2}=15.5 百万元

总之，给甲厂投 3 百万元，给丙厂投 1 百万元，能获得最大效益 16.4 百万元。

参考答案

（9）C

试题（10）

M 公司购买了 N 画家创作的一幅美术作品原件。M 公司未经 N 画家的许可，擅自将这幅美术作品作为商标注册，并大量复制用于该公司的产品上。M 公司的行为侵犯了 N 画家的 __(10)__ 。

（10）A. 著作权　　　　B. 发表权　　　　C. 商标权　　　　D. 展览权

试题（10）分析

本题考查知识产权基础知识。著作权是指作者及其他著作权人对其创作（或继受）的文学艺术和科学作品依法享有的权利，即著作权权利人所享有的法律赋予的各项著作权及相关权的总和。著作权包括著作人身权和著作财产权两部分。著作人身权是指作者基于作品的创作活动而产生的与其人利益紧密相连的权利，包括发表权、署名权、修改权和保护作品完整权。著作财产权是指作者许可他人使用、全部或部分转让其作品而获得报酬的权利，主要包括复制权、发行权、出租权、改编权、翻译权、汇编权、展览权、信息网络传播权，以及应当由著作权人享有的其他权利。未经著作权人许可，复制、发行、出租、改编、翻译、汇编、通过信息网络向公众等行为，均属侵犯著作权行为。

发表即首次公诸于众。发表权是作者依法决定作品是否公之于众和以何种方式公之于众的权利，包括决定作品何时、何地、以何种方式公诸于众。作品创作完成以后是否发表、以何种方式发表，不仅关系到作品的命运，而且与作品的其他利益相关联。只有将作品发表，财产权利才能行使。除了财产权利之外，发表还决定着作品是否能被合理使用、外国作品在我国受著作权保护、法人作品的保护期起算等。发表权有两个特点：一是发表权是一次性权利，即作品的首次公诸于众即为发表。对处于公知状态的作品，作者不再享有发表权。以后再次使用作品与发表权无关，而是行使作品的使用权。二是发表权难以孤立地行使，须借助一定的作品使用方式。如书籍出版、剧本上演、绘画展出等，既是作品的发表，同时也是作品的使用，第一次出版、第一次上演等都属于行使发表权。在一些情况下，作者虽未将软件公之于众，但可推定作者同意发表其作品。如作者将其未发表的作品许可他人使用的，意味着作者同意发表其作品，且认为作者已经行使发表权。一般情况下，不可能授权他人使用的同时，自己却保留发表权。又如作者将其未发表的作品原件所有权转让给他人后，意味着作品发表权与著作财产权的一起行

使，即作者的发表权也已行使完毕，已随着财产权转移。

商标权是指商标所有人将其使用的商标，依照法律的注册条件、原则和程序，向商标局提出注册申请，商标局经过审核，准予注册而取得的商标专用权。在我国，商标注册是确定商标专用权的法律依据，只有经过注册的商标，才受到法律保护。画家未将自己创作的美术作品作为商标注册，所以不享有商标权。申请注册的商标不能与他人合法利益相冲突，即不能损害公民或法人在先的著作权、外观设计专利权、商号权、姓名权、肖像权等。

展览权是指将作品原件或复制件公开陈列的权利。即公开陈列美术作品、摄影作品的原件或者复制件的权利。展览权的客体限于艺术类作品，可以是已经发表的作品，也可以是尚未发表的作品。绘画、书法、雕塑等美术作品的原件可以买卖、赠与。然而，获得一件美术作品并不意味着获得该作品的著作权。著作权法规定："美术等作品原件所有权的转移，不视为作品著作权的转移，但美术作品原件的展览权由原件所有人享有。"这就是说作品物转移的事实并不引起作品著作权的转移，受让人只是取得物的所有权和作品原件的展览权，作品的著作权仍然由作者等著作权人享有。画家将美术作品原件卖与 L 公司后，这幅美术作品的著作权仍属于画家。这是因为画家将美术作品原件卖与 L 公司只是其美术作品原件的物权转移，并不是其著作权转移，即美术作品原件的转移不等于美术作品著作权的转移。

参考答案

（10）A

试题（11）

数据封装的正确顺序是　（11）　。

（11）A. 数据、帧、分组、段、比特　　　B. 段、数据、分组、帧、比特

　　　 C. 数据、段、分组、帧、比特　　　D. 数据、段、帧、分组、比特

试题（11）分析

数据封装的正确顺序是数据（应用层）、段（传输层）、分组（网络层）、帧（数据链路层）、比特（物理层）。

参考答案

（11）C

试题（12）

点对点协议 PPP 中 NCP 的功能是　（12）　。

（12）A. 建立链路　　　　　　　　　B. 封装多种协议

　　　 C. 把分组转变成信元　　　　　D. 建立连接

试题（12）分析

点对点协议 PPP（Point-to-Point Protocol）是一组协议，其中包括：

① 链路控制协议 LCP（Link Control Protocol），用于建立、释放和测试数据链路，

以及协商数据链路参数。

② 网络控制协议 NCP（Network Control Protocol）用于协商网络层参数，例如动态分配 IP 地址等；PPP 可以支持任何网络层协议，例如 IP、IPX、AppleTalk、OSI CLNP、XNS 等。这些协议由 IANA 分配了不同的编号，例如 0x0021 表示支持 IP 协议。

③ 身份认证协议，用于通信双方确认对方的链路标识。

参考答案

（12）B

试题（13）

采用交换机进行局域网微分段的作用是___（13）___。

（13）A．增加广播域　　　　　　　　B．减少网络分段

　　　　C．增加冲突域　　　　　　　　D．进行 VLAN 间转接

试题（13）分析

用集线器连接的局域网是一个冲突域，任何时候只能有一个结点发送数据。如果用交换机（或其他设备）连接局域网，每一个端口形成一个冲突域，可以说交换机把原来的局域网微分段了，形成了多个冲突域，这样每个端口（冲突域）就可以有一台设备发送数据，增加了局域网的带宽。

参考答案

（13）C

试题（14）

在生成树协议（STP）中，收敛的定义是指___（14）___。

（14）A．所有端口都转换到阻塞状态

　　　　B．所有端口都转换到转发状态

　　　　C．所有端口都处于转发状态或侦听状态

　　　　D．所有端口都处于转发状态或阻塞状态

试题（14）分析

生成树协议（STP）中的收敛是指所有端口都处于转发状态或阻塞状态，由于有些端口被阻塞，这就使得局域网形成一个没有环路的网络。

参考答案

（14）D

试题（15）

RIPv1 与 RIPv2 的区别是___（15）___。

（15）A．RIPv1 的最大跳数是 16，而 RIPv2 的最大跳数为 32

　　　　B．RIPv1 是有类别的，而 RIPv2 是无类别的

　　　　C．RIPv1 用跳数作为度量值，而 RIPv2 用跳数和带宽作为度量值

　　　　D．RIPv1 不定期发送路由更新，而 RIPv2 周期性发送路由更新

试题（15）分析

RIPv2 是增强了的 RIP 协议。RIPv2 基本上还是一个距离矢量路由协议，但是有三方面的改进。首先是它使用组播而不是广播来传播路由更新报文，并且采用了触发更新机制来加速路由收敛，即出现路由变化时立即向邻居发送路由更新报文，而不必等待更新周期是否到达。其次是 RIPv2 是一个无类别的协议（classless protocol），可以使用可变长子网掩码（VLSM），也支持无类别域间路由（CIDR），这些功能使得网络的设计更具有伸缩性。第三个增强是 RIPv2 支持认证，使用经过散列的口令字来限制路由更新信息的传播。其他方面的特性与第一版相同，例如以跳步计数来度量路由费用，允许的最大跳步数为 15 等。

参考答案

（15）B

试题（16）

IETF 定义的区分服务（DiffServ）要求每个 IP 分组都要根据 IPv4 协议头中的　(16)　字段加上一个 DS 码点，然后内部路由器根据 DS 码点的值对分组进行调度和转发。

（16）A．数据报生存期　　　　　　　　B．服务类型

　　　　C．段偏置值　　　　　　　　　　D．源地址

试题（16）分析

区分服务要求每个 IP 分组都要根据 IPv4 协议头中的服务类型（在 IPv6 中是通信类型）字段加上一个 DS 码点，然后内部路由器根据 DS 码点的值对分组进行调度和转发。

参考答案

（16）B

试题（17）

在 IPv6 无状态自动配置过程中，主机将其　(17)　附加在地址前缀 1111 1110 10 之后，产生一个链路本地地址。

（17）A．IPv4 地址　　　　　　　　　B．MAC 地址

　　　　C．主机名　　　　　　　　　　　D．随机产生的字符串

试题（17）分析

在 IPv6 无状态自动配置过程中，主机将其 MAC 地址附加在地址前缀 1111 1110 10 之后，产生一个链路本地地址。

参考答案

（17）B

试题（18）

拨号连接封装类型的开放标准是　(18)　。

（18）A．SLIP　　　　B．CHAP　　　　C．PPP　　　　D．HDLC

试题（18）分析

拨号连接封装类型的开放标准是点对点协议 PPP。

参考答案

（18）C

试题（19）

CSU/DSU 属于__（19）__设备。

（19）A．DTE   B．DCE   C．CO   D．CPE

试题（19）分析

CSU/DSU 是用于连接终端和数字专线的设备，它属于 DCE。通常 CSU/DSU 被整合成单一的硬件设备，集成在路由器的同步串口上。

参考答案

（19）B

试题（20）

__（20）__用于 VLAN 之间的通信。

（20）A．路由器   B．网桥   C．交换机   D．集线器

试题（20）分析

一个 VLAN 就是一个广播域，VLAN 内部通过交换机互相通信，VLAN 之间互相通信需要经过路由器转发。

参考答案

（20）A

试题（21）

当一条路由被发布到它所起源的 AS 时，会发生的情况是__（21）__。

（21）A．该 AS 在路径属性列表中看到自己的号码，从而拒绝接收这条路由

　　　　B．边界路由器把该路由传送到这个 AS 中的其他路由器

　　　　C．该路由将作为一条外部路由传送给同一 AS 中的其他路由器

　　　　D．边界路由器从 AS 路径列表中删除自己的 AS 号码并重新发布路由

试题（21）分析

当一条路由被发布到它所起源的 AS 时，该 AS 在路径属性列表中看到自己的号码，从而拒绝接收这条路由，这就是 BGP 协议可以发现路由环路的道理。

参考答案

（21）A

试题（22）

如果管理距离为 15，则__（22）__。

（22）A．这是一条静态路由   B．这是一台直连设备

　　　　C．该路由信息比较可靠   D．该路由代价较小

试题（22）分析

各种路由来源的管理距离如下表所示。

路 由 来 源	管 理 距 离	路 由 来 源	管 理 距 离
直连路由	0	IS-IS	115
静态路由	1	RIP	120
EIGRP 汇总路由	5	EGP	140
外部 BGP	20	ODR（按需路由）	160
内部 EIGRP	90	外部 EIGRP	170
IGRP	100	内部 BGP	200
OSPF	110	未知	255

可以看出，管理距离为 15，既不是直连路由，也不是静态路由，而且这个路由的管理距离小于外部 BGP 的管理距离，所以该路由信息比较可靠。

参考答案

（22）C

试题（23）～（25）

下图所示的 OSPF 网络由 3 个区域组成。在这些路由器中，属于主干路由器的是 __(23)__，属于区域边界路由器（ABR）的是 __(24)__，属于自治系统边界路由器（ASBR）的是 __(25)__。

（23）A. R1　　　　B. R2　　　　C. R5　　　　D. R8

（24）A. R3　　　　B. R5　　　　C. R7　　　　D. R8

（25）A. R2　　　　B. R3　　　　C. R6　　　　D. R8

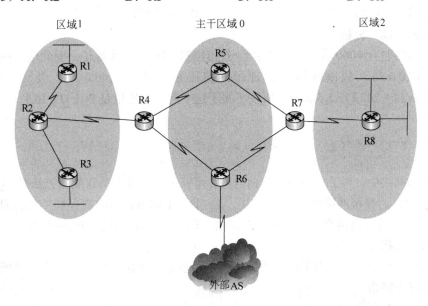

试题（23）～（25）分析

R4、R5、R6 和 R7 都属于主干路由器，R4 和 R7 都属于区域边界路由器（ABR），而 R6 连接外部 AS，所以它也是自治系统边界路由器。

参考答案

（23）C　（24）C　（25）C

试题（26）

网络应用需要考虑实时性，以下网络服务中实时性要求最高的是　(26)　。

（26）A．基于 SNMP 协议的网管服务　　B．视频点播服务

　　　 C．邮件服务　　　　　　　　　　D．Web 服务

试题（26）分析

邮件服务和 Web 服务均采用 TCP 为传输层协议，对实时性要求不高；基于 SNMP 协议的网管服务允许数据丢失，有一定实时性要求；视频点播服务通常采用 UDP 作为传输层协议，有较高实时性要求。

参考答案

（26）B

试题（27）、（28）

某网络的地址是 202.117.0.0，其中包含 4000 台主机，指定给该网络的合理子网掩码是　(27)　，下面选项中，不属于这个网络的地址是　(28)　。

（27）A．255.255.240.0　　　　　　　B．255.255.248.0

　　　 C．255.255.252.0　　　　　　　D．255.255.255.0

（28）A．202.117.0.1　　　　　　　　B．202.117.1.254

　　　 C．202.117.15.2　　　　　　　 D．202.117.16.113

试题（27）、（28）分析

由于网络包含 4000 台主机，通常给分配连续的 16 个 C 类地址，因此这个网络应该为 202.117.0.0/20，故该网络的合理子网掩码是 255.255.240.0，C 类网络范围是 202.117.0.0/24～202.117.1,5.0/24，所以不属于这个网络的地址是 202.117.16.113。

参考答案

（27）A　　（28）D

试题（29）

在大型网络中，为了有效减少收敛时间，可以采用的路由协议配置方法是　(29)　。

（29）A．为存根网络配置静态路由　　B．增加路由器的内存和处理能力

　　　 C．所有路由器都配置成静态路由　D．减少路由器之间的跳步数

试题（29）分析

在大型网络中，为了有效减少收敛时间，可以采用的路由协议配置方法是把存根网络配置为静态路由。

参考答案

(29) A

试题 (30)

浏览网页时浏览器与 Web 服务器之间需要建立一条 TCP 连接，该连接中客户端使用的端口是 __(30)__ 。

(30) A. 21　　　　　B. 25　　　　　C. 80　　　　　D. 大于 1024 的高端

试题 (30) 分析

网络应用中，通常服务器端为低端，比如 Web 服务器的 80，TCP 服务器的 20、21，邮件服务器的 25 等，客户端均为高端。

参考答案

(30) D

试题 (31)

DNS 资源记录 __(31)__ 定义了区域的反向搜索。

(31) A. SOA　　　　B. PTR　　　　C. NS　　　　D. MX

试题 (31) 分析

DNS 资源记录 SOA 定义了域内授权域名服务器；PTR 定义了区域的反向搜索；MX 定义了域内邮件服务器。

参考答案

(31) B

试题 (32)

辅助域名服务器在 __(32)__ 时进行域名解析。

(32) A. 本地缓存解析不到结果　　　B. 主域名服务器解析不到结果
　　　C. 转发域名服务器不工作　　　D. 主域名服务器不工作

试题 (32) 分析

在域名解析过程中，当本地缓存解析不到结果时解析器查询主域名服务器；主域名服务器解析不到结果时请求转发域名服务器；转发域名服务器不工作时显示查询不到结果；主域名服务器不工作是由辅助域名服务器进行域名解析。

参考答案

(32) D

试题 (33)

某网络中在对某网站进行域名解析时，只有客户机 PC1 得到的解析结果一直错误，造成该现象的原因是 __(33)__ 。

(33) A. PC1 的 hosts 文件存在错误记录

　　　B. 主域名服务器解析出错

C．PC1 本地缓存出现错误记录

D．该网站授权域名服务器出现错误记录

试题（33）分析

当 PC1 的 hosts 文件存在错误记录，该记录包含该网站域名，则查询结果会出现错误。若主域名服务器解析出错，则所有的域内客户均会出现错误结果，不仅仅是 PC1；若 PC1 本地缓存出现错误记录，再次请求时会更新；若该网站授权域名服务器出现错误记录，所有的域内客户均会出现错误结果。

参考答案

（33）A

试题（34）

某单位采用 DHCP 服务器进行 IP 地址自动分配。下列 DHCP 报文中，由客户机发送给服务器的是　(34)　。

(34) A．DhcpDiscover　　　　　　　　B．DhcpOffer

C．DhcpNack　　　　　　　　D．DhcpAck

试题（34）分析

DhcpDiscover 是客户机在寻找 DHCP 服务器时发送；DhcpOffer 是服务器同意为客户机提供 IP 地址时发送；DhcpNack 是服务器确认不分配地址给客户机时发送；DhcpAck 是服务器确认分配地址给客户机时发送。所以上述报文中只有 DhcpDiscover 是由客户机发送的。

参考答案

（34）A

试题（35）

在网络管理中要防范各种安全威胁。在 SNMP 管理中，无法防范的安全威胁是　(35)　。

(35) A．篡改管理信息：通过改变传输中的 SNMP 报文实施未经授权的管理操作

B．通信分析：第三者分析管理实体之间的通信规律，从而获取管理信息

C．假冒合法用户：未经授权的用户冒充授权用户，企图实施管理操作

D．截获：未经授权的用户截获信息，再生信息发送接收方

试题（35）分析

在 SNMP 管理中，无法防范的安全威胁是通信分析，即第三者分析管理实体之间的通信规律，从而获取管理信息。

参考答案

（35）B

试题（36）

假设有一个局域网，管理站每 15 分钟轮询被管理设备一次，一次查询访问需要的

时间是 200ms，则管理站最多可支持 ___（36）___ 个网络设备。

（36）A．400　　　　B．4000　　　　C．4500　　　　D．5000

试题（36）分析

15×60÷0.2=4500，所以管理站最多可支持 4500 个网络设备。

参考答案

（36）C

试题（37）

在网络的分层设计模型中，对核心层工作规程的建议是 ___（37）___ 。

（37）A．要进行数据压缩以提高链路利用率

B．尽量避免使用访问控制列表以减少转发延迟

C．可以允许最终用户直接访问

D．尽量避免冗余连接

试题（37）分析

在网络的分层设计模型中，最常用的是三层模型，这种模型将网络划分为核心层、汇聚层和接入层，每一层都有着特定的作用。核心层提供不同区域之间的高速连接和最优传送路径；汇聚层将网络业务连接到接入层，并且实施与安全、负载和路由相关的策略。

核心层是园区网中的高速骨干网络，由于其重要性，因此在设计中应该采用冗余组件设计，使其具备高可靠性。在设计核心层设备的功能时，应尽量避免使用数据包过滤、策略路由等降低转发速率的功能。

核心层应具有有限的范围，如果核心层覆盖的范围过大，连接的设备过多，必然引起网络的复杂度加大，导致网络管理性能降低。对于那些需要连接因特网和外部网络的工程来说，核心层应包括一条或多条连接到外部网络的连接，这样可以实现外部连接的可管理性和高效性。

参考答案

（37）B

试题（38）

网络命令 traceroute 的作用是 ___（38）___ 。

（38）A．测试链路协议是否正常运行

B．检查目标网络是否出现在路由表中

C．显示分组到达目标网络的过程中经过的所有路由器

D．检验动态路由协议是否正常工作

试题（38）分析

网络命令 traceroute 的作用是路由发现，即显示分组到达目标的过程中经过的所有路由器。

参考答案

（38）C

试题（39）

___（39）___网络最有可能使用 IS-IS 协议。

（39）A．分支办公室　　　　　　　　B．SOHO

　　　C．互联网接入服务提供商　　　D．PSTN

试题（39）分析

IS-IS 是由 ISO 提出的一种路由选择协议。它是一种链路状态协议。在该协议中，中间系统 IS 负责交换基于链路开销的路由信息，并决定网络拓扑结构。IS-IS 类似于 TCP/IP 网络的开放最短路径优先（OSPF）协议。IS-IS 协议比较适合网络接入服务供应商使用。

参考答案

（39）C

试题（40）

使用___（40）___方式可以阻止从路由器接口发送路由更新信息。

（40）A．重发布　　　　　　　　　B．路由归纳

　　　C．被动接口　　　　　　　　D．默认网关

试题（40）分析

使用被动接口可以阻止路由器发送路由更新信息。在有些网络环境中，我们不希望将路由更新信息发送到某个网络中去，我们可以使用 passive-interface 命令来阻止路由更新信息从指定接口发送到外界，但是这一接口仍然可以接受别的路由器发送的路由更新报文。

应用了 passive-interface 的接口就是被动接口，是不能发送广播和组播的。由于 RIP 使用的是组播和广播更新，这样路由器上的被动接口就无法发送路由更新了。在其他路由协议中使用被动接口的原理是类似的。

参考答案

（40）C

试题（41）

某计算机遭到 ARP 病毒的攻击，为临时解决故障，可将网关 IP 地址与其 MAC 绑定，正确的命令是___（41）___。

（41）A．arp -a 192.168.16.254 00-22-aa-00-22-aa

　　　B．arp -d 192.168.16.254 00-22-aa-00-22-aa

　　　C．arp -r 192.168.16.254 00-22-aa-00-22-aa

　　　D．arp -s 192.168.16.254 00-22-aa-00-22-aa

试题（41）分析

本题考查 ARP 网络攻击方面的基础知识。

ARP 协议的基本功能是根据目标设备的 IP 地址，查询目标设备的 MAC 地址。当通信发生时，源设备需在局域网中以广播的形式发送 ARP 请求，以获取目标设备的二层地址。

ARP 攻击是指攻击者在局域网中伪造目标设备的二层地址，以响应源设备的 ARP 请求广播，使得源设备获得错误的目标设备二层地址，无法完成正常通信。

要临时解决该类故障，可将网关地址与其二层地址进行绑定，绑定的命令格式是：

arp –s inet_addr eth_addr [if_addr]

arp –a 用于显示当前 ARP 缓存的命令，arp-d 用于删除当前缓存中的地址，arp-r 是错误的 arp 命令。

参考答案

（41）D

试题（42）、（43）

数字签名首先需要生成消息摘要，然后发送方用自己的私钥对报文摘要进行加密，接收方用发送方的公钥验证真伪。生成消息摘要的算法为___（42）___，对摘要进行加密的算法为___（43）___。

（42）A．DES　　　　B．3DES　　　　C．MD5　　　　D．RSA

（43）A．DES　　　　B．3DES　　　　C．MD5　　　　D．RSA

试题（42）、（43）分析

本题考查数字签名方面的基础知识。

数字签名首先需要生成消息摘要，生成消息摘要可用的算法是 MD5，对摘要进行加密可以使用 RSA 算法。接收方使用发送方的公钥解密并提取消息摘要。

参考答案

（42）C　（43）D

试题（44）

DES 加密算法的密钥长度为 56 位，三重 DES 的密钥长度为___（44）___位。

（44）A．168　　　　B．128　　　　C．112　　　　D．56

试题（44）分析

本题考查 DES 加密算法方面的基础知识。

DES 加密算法使用 56 位的密钥以及附加的 8 位奇偶校验位（每组的第 8 位作为奇偶校验位），产生最大 64 位的分组大小。这是一个迭代的分组密码，将加密的文本块分成两半。使用子密钥对其中一半应用循环功能，然后将输出与另一半进行"异或"运算；接着交换这两半，这一过程会继续下去，但最后一个循环不交换。DES 使用 16 轮循环，使用异或，置换，代换，移位操作四种基本运算。三重 DES 所使用的加密密钥长度为112 位。

参考答案

（44）C

试题（45）

PGP 提供的是　（45）　安全。

（45）A．物理层　　　B．网络层　　　C．传输层　　　D．应用层

试题（45）分析

本题考查 PGP 的基本概念。

PGP（Pretty Good Privacy），是一个基于 RSA 公钥加密体系的邮件加密软件。可以提供对邮件加密、数字签名、完整性验证等功能。

因此，PGP 提供的是应用层的安全功能。

参考答案

（45）D

试题（46）

流量分析属于　（46）　方式。

（46）A．被动攻击　　B．主动攻击　　C．物理攻击　　D．分发攻击

试题（46）分析

本题考查网络攻击的基础知识。

网络攻击有主动攻击和被动攻击两类。其中主动攻击是指通过一系列的方法，主动地向被攻击对象实施破坏的一种攻击方式，例如重放攻击、IP 地址欺骗、拒绝服务攻击等均属于攻击者主动向攻击对象发起破坏性攻击的方式。流量分析攻击是通过持续检测现有网络中的流量变化或者变化趋势，而得到相应信息的一种被动攻击方式。

参考答案

（46）A

试题（47）

明文为 P，密文为 C，密钥为 K，生成的密钥流为 KS，若用流加密算法，　（47）　是正确的。

（47）A．$C=P \oplus KS$　　B．$C=P \odot KS$　　C．$C=P^{KS}$　　　D．$C=P^{KS}(\bmod K)$

试题（47）分析

本题考查加密算法方面的基础知识。

流加密是将数据流与密钥生成二进制比特流进行异或运算的加密过程，步骤如下：

① 利用密钥 K 生成一个密钥流 KS（伪随机序列）；

② 用密钥流 KS 与明文 P 进行"异或"运算，产生密文 C。

$$C=P \oplus KS$$

解密过程使用密钥流与密文 C 进行"异或"运算，产生明文 P。

$$P=C \oplus KS$$

参考答案

（47）A

试题（48）～（50）

自然灾害严重威胁数据的安全，存储灾备是网络规划与设计中非常重要的环节。传统的数据中心存储灾备一般采用主备模式，存在资源利用效率低、可用性差、出现故障停机时间长、数据恢复慢等问题。双活数据中心的出现解决了传统数据中心的弊端，成为数据中心建设的趋势。某厂商提供的双活数据中心解决方案中，双活数据中心架构分为主机层、网络层和存储层。

对双活数据中心技术的叙述中，错误的是　　(48)　　；

在双活数据中心，存储层需要实现的功能是　　(49)　　；

在进行双活数据中心网络规划时，SAN 网络包含了　　(50)　　。

（48）A. 分布于不同数据中心的存储系统均处于工作状态。两套存储系统承载相同的前端业务，且互为热备，同时承担生产和灾备服务

　　　B. 存储双活是数据中心双活的重要基础，数据存储的双活通过使用虚拟卷镜像与节点分离两个核心功能来实现

　　　C. 双活数据中心不仅要实现存储的双活，而且要考虑存储、网络、数据库、服务器、应用等各层面上实现双活

　　　D. 在双活解决方案中，两项灾备关键指标 RPO（业务系统所能容忍的数据丢失量）和 RTO（所能容忍的业务停止服务的最长时间）均趋于 1

（49）A. 负载均衡与故障接管

　　　B. 采用多台设备构建冗余网络

　　　C. 基于应用/主机卷管理，借助第三方软件实现，如 Veritas Volume Replicator (VVR)、Oracle DataGuard 等

　　　D. 两个存储引擎同时处于工作状态，出现故障瞬间切换

（50）A. 数据库服务器到存储阵列网络、存储阵列之间的双活复制网络、光纤交换机的规划

　　　B. 存储仲裁网络、存储阵列之间的双活复制网络、光纤交换机的规划

　　　C. 存储阵列之间的双活复制网络、光纤交换机、数据库私有网络的规划

　　　D. 核心交换机与接入交换机、存储阵列之间的双活复制网络、数据库服务器到存储阵列网络的规划

试题（48）～（50）分析

数据中心存储灾备中双活数据中心架构是当前发展趋势，双活架构分为主机层、网络层和存储层。其中分布式的存储系统承载相同的前端业务，互为热备，使用虚拟卷镜像与节点分离，同时承担生产和灾备服务；两项灾备关键指标 RPO（业务系统所能容忍的数据丢失量）和 RTO（所能容忍的业务停止服务的最长时间）均趋于 0。

在双活数据中心，存储层主要的功能是两个存储引擎同时处于工作状态，出现故障时可以瞬间切换。

双活架构中网络层 SAN 包括数据库服务器到存储阵列网络、存储阵列之间的双活复制网络、光纤交换机的规划。

参考答案

（48）D　（49）D　（50）A

试题（51）

网络生命周期各个阶段均需产生相应的文档。下面的选项中，属于需求规范阶段文档的是　（51）　。

（51）A．网络 IP 地址分配方案　　　　B．设备列表清单

　　　C．集中访谈的信息资料　　　　D．网络内部的通信流量分布

试题（51）分析

网络生命周期包括多个阶段，其中网络 IP 地址分配方案和网络内部的通信流量分布属于逻辑设计阶段要完成的任务；设备列表清单是物理设计阶段完成的任务；集中访谈的信息资料是需求规范阶段文档要求。

参考答案

（51）C

试题（52）

网络系统设计过程中，需求分析阶段的任务是　（52）　。

（52）A．依据逻辑网络设计的要求，确定设备的具体物理分布和运行环境

　　　B．分析现有网络和新网络的各类资源分布，掌握网络所处的状态

　　　C．根据需求规范和通信规范，实施资源分配和安全规划

　　　D．理解网络应该具有的功能和性能，最终设计出符合用户需求的网络

试题（52）分析

网络系统设计过程中，依据逻辑网络设计的要求，确定设备的具体物理分布和运行环境是物理设计阶段完成的任务；分析现有网络和新网络的各类资源分布，掌握网络所处的状态是需求规范阶段完成的任务；根据需求规范和通信规范，实施资源分配和安全规划是逻辑设计阶段完成的任务；理解网络应该具有的功能和性能，最终设计出符合用户需求的网络也是逻辑设计阶段完成的任务。

参考答案

（52）B

试题（53）

某网络中 PC1 无法访问域名为 www.aaa.cn 的网站，而其他主机访问正常，在 PC1 上执行 ping 命令时有如下所示的信息：

```
C:\>ping www.aaa.cn
Pinging www.aaa.cn [202.117.112.36] with 32 bytes of data:
Reply from 202.117.112.36: Destination net unreachable.
Reply from 202.117.112.36: Destination net unreachable.
Reply from 202.117.112.36: Destination net unreachable.
Reply from 202.117.112.36: Destination net unreachable.

Ping statistics for 202.117.112.36:
    Packets: Sent = 4, Received = 4, Lost = 0 (0% loss),
Approximate round trip times in milli-seconds:
Minimum = 0ms, Maximum = 0ms, Average = 0ms
```

造成该现象可能的原因是 　(53)　。

（53）A．DNS 服务器故障

　　　 B．PC1 上 TCP/IP 协议故障

　　　 C．遭受了 ACL 拦截

　　　 D．PC1 上 Internet 属性参数设置错误

试题（53）分析

首先语句"Pinging www.aaa.cn [202.117.112.36] with 32 bytes of data"说明已经解析到了 IP 地址，排除 DNS 故障；其次 Ping 命令运行正常排除 PC1 上 TCP/IP 协议故障和 PC1 上 Internet 属性参数设置错误。当遭受了 ACL 拦截时会出现服务器应答数据被过滤情况。

参考答案

（53）C

试题（54）

在网络中分配 IP 地址可以采用静态地址或动态地址方案。以下关于两种地址分配方案的叙述中，正确的是 　(54)　。

（54）A．WLAN 中的终端设备采用静态地址分配

　　　 B．路由器、交换机等连网设备适合采用动态 IP 地址

　　　 C．各种服务器设备适合采用静态 IP 地址分配方案

　　　 D．学生客户机采用静态 IP 地址

试题（54）分析

IP 地址规划中依据不同情况来确定是静态还是动态分配地址。WLAN 中的终端设备流动性较大，不适宜采用静态地址分配；路由器、交换机等连网设备固定且必须有 IP 地址，不适合采用动态 IP 地址；各种服务器接收客户机的请求，设备固定且必须有 IP 地址，适合采用静态 IP 地址分配方案；学生客户机数量较大，流动性强，需采用动态 IP 地址分配方案。

参考答案

（54）C

试题（55）～（58）

某企业采用防火墙保护内部网络安全。与外网的连接丢包严重，网络延迟高，且故障持续时间有 2 周左右。技术人员采用如下步骤进行故障检测：

1. 登录防火墙，检查 （55） ，发现使用率较低，一切正常。

2. 查看网络内各设备的会话数和吞吐量，发现只有一台设备异常，连接数有 7 万多，而同期其他类似设备都没有超过千次。

3. 进行 （56） 操作后，故障现象消失，用户 Internet 接入正常。

可以初步判断，产生故障的原因不可能是 （57） ，排除故障的方法是在防火墙上 （58） 。

（55）A．内存及 CPU 使用情况　　　B．进入内网报文数量

　　　C．ACL 规则执行情况　　　　　D．进入 Internet 报文数量

（56）A．断开防火墙网络　　　　　　B．重启防火墙

　　　C．断开异常设备　　　　　　　D．重启异常设备

（57）A．故障设备遭受 DoS 攻击　　　B．故障设备遭受木马攻击

　　　C．故障设备感染病毒　　　　　D．故障设备遭受 ARP 攻击

（58）A．增加访问控制策略　　　　　B．恢复备份配置

　　　C．对防火墙初始化　　　　　　D．升级防火墙软件版本

试题（55）～（58）分析

防火墙与外网的连接丢包严重，网络延迟高，需要检查防火墙的状态，首先检查性能，即内存及 CPU 使用情况，判断异常设备；然后断开异常设备，若故障现象消失，则可以判断是设备遭受了攻击。

当故障设备遭受 DoS 攻击、遭受木马攻击或故障设备感染病毒，都会出现上述状况；若故障设备遭受 ARP 攻击，则影响的不只是网中 1 台设备。

出现该故障时，恢复备份配置、防火墙初始化以及升级防火墙软件版本均不能解决问题，需要在防火墙上增加访问控制策略，过滤对该设备的访问通信量。

参考答案

（55）A　（56）C　（57）D　（58）A

试题（59）、（60）

网络测试人员利用数据包产生工具向某网络中发送数据包以测试网络性能，这种测试方法属于 （59） ，性能指标中 （60） 能反应网络用户之间的数据传输量。

（59）A．抓包分析　　B．被动测试　　C．主动测试　　D．流量分析

（60）A．吞吐量　　　B．响应时间　　C．利用率　　　D．精确度

试题（59）、（60）分析

本题考查网络测试方面的知识。

网络测试有主动测试和被动测试两种，主动测试是指测试人员向待测网络中发送一定数量的数据报文，用以测试网络的吞吐量、性能和稳定性等指标。而被动测试是根据网络运行过程中的流量情况、数据包的监测情况等现状，来分析网络目前所处的状态和可能存在的故障。

性能指标中吞吐量能反应网络用户之间的数据传输量；响应时间反映响应的快慢；利用率反映资源的利用情况；精确度不属于网络测试指标范畴。

参考答案

（59）C 　（60）A

试题（61）

下列测试内容中，不是线路测试对象的是　__（61）__。

（61）A．跳线　　　　　B．交换机性能　　C．光模块　　　　D．配线架

试题（61）分析

本题考查网络测试方面的知识。

网络测试中的线路测试包括对网络数据传输链路中的介质、连接节点、连接的可靠性、模块的串扰等方面的测试，其中包括铜缆跳线的制作、连接可靠性，光模块的连接是否匹配，熔接是否可靠，配线架的线缆连接可靠性等。交换机性能不属于线路测试的测试对象。

参考答案

（61）B

试题（62）

通过光纤收发器连接的网络丢包严重，可以排除的故障原因是　__（62）__。

（62）A．光纤收发器与设备接口工作模式不匹配

　　　　B．光纤跳线未对准设备接口

　　　　C．光纤熔接故障

　　　　D．光纤与光纤收发器的 RX(receive)和 TX(transport)端口接反

试题（62）分析

本题考查网络介质方面的基础知识。

光纤进行数据传输时，需对光纤跳线进行良好的熔接，并确保光纤跳线设备接口连接正常。光纤与光纤收发器的 RX 和 TX 端口接反导致整个数据无法接收。

参考答案

（62）D

试题（63）

下列指标中，不属于双绞线测试指标的是　__（63）__。

（63）A．线对间传播时延差　　　　　　B．衰减串扰比

　　　　C．近端串扰　　　　　　　　　　D．波长窗口参数

试题（63）分析

本题考查网络测试方面的知识。

对双绞线进行测试时，需测试的项目有：通断测试、衰减测试、近端串扰、线对时延差测试。波长窗口参数测试属于光纤测试指标范围。

参考答案

（63）D

试题（64）

采用网络测试工具___（64）___可以确定电缆断点的位置。

（64）A．OTDR　　　　B．TDR　　　　C．BERT　　　　D．Sniffer

试题（64）分析

本题考查网络测试方面的知识。

对网络介质的断点检测，是故障诊断为网络介质发生断开时需完成的一项常规网络测试。光缆和电缆均可进行测试。测试时需使用相应的工具。

OTDR（Optical Time Domain Reflectometer），光时域反射仪，是利用光线在光纤中传输时的瑞利散射和菲涅尔反射所产生的背向散射而制成的精密的光电一体化仪表，它被广泛应用于光缆线路的维护、施工之中，可进行光纤长度、光纤的传输衰减、接头衰减和故障定位等的测量。

TDR（Time Domain Reflectometry），时域反射仪，一种对反射波进行分析的遥控测量技术，在遥控位置掌握被测量物件的状况。在网络介质测试中可用于测试电缆断点。

BERT（Bit Error Ratio Tester），误码率测试仪，用于测试网络传输中的误码率。

Sniffer 是一种网络数据嗅探器，是一种基于被动侦听原理的网络分析方式。使用这种技术方式，可以监视网络的状态、数据流动情况以及网络上传输的信息。

参考答案

（64）B

试题（65）

TCP 使用的流量控制协议是___（65）___。

（65）A．停等 ARQ 协议　　　　　　　B．选择重传 ARQ 协议

　　　　C．后退 N 帧 ARQ 协议　　　　　D．可变大小的滑动窗口协议

试题（65）分析

本题考查 TCP 协议的基础知识。

可变大小的滑动窗口协议是 TCP 保证传输可靠的重要途径。"停止等待"就是指发送完一个分组就停止发送，等待对方的确认，只有对方确认过，才发送下一个分组。

参考答案

（65）D

试题（66）

某办公室工位调整时一名员工随手将一根未接的网线接头插入工位下面的交换机接口，随后该办公室其他工位电脑均不能上网。可以排除　(66)　故障。

（66）A．产生交换机环路　　　　　　B．新接入网线线序压制错误

　　　 C．网络中接入了中病毒的电脑　D．交换机损坏

试题（66）分析

本题考查用户端网络故障排查的知识。

网线的两端的水晶头不区分是接 Hub/switch 或者 PC，导致接入的随意性比较大，如果网线两端同时接入到交换机端口时就会形成了环路，导致区域内的网络中断。

电脑中病毒，比如 ARP 病毒，发作时向全网发送伪造的 ARP 数据包，干扰网络运行，严重时会影响多台电脑上网。

交换机损坏会影响所有接入电脑上网。网线线序压制错误一般只会影响该网线连接的电脑不能上网。

参考答案

（66）B

试题（67）、（68）

某宾馆三层网速异常，ping 网络丢包严重。通过对核心交换机查看 VLAN 接口 IP 与 MAC，与客户电脑获取的进行对比发现不一致。在交换机上启用 DHCP snooping 后问题解决。该故障是由于　(67)　造成。可以通过　(68)　方法杜绝此类故障。

（67）A．客人使用自带路由器　　　　B．交换机环路

　　　 C．客人电脑中病毒　　　　　　D．网络攻击

（68）A．安装防 ARP 防毒软件　　　　B．对每个房间分配固定的地址

　　　 C．交换机进行 MAC 和 IP 绑定　D．通过 PPPoE 认证

试题（67）、（68）分析

本题考查网络故障排查的知识。

该故障产生的原因是客户获得的 IP 地址来自其他客户自带的路由器，导致大量的数据发送到该路由器产生拥塞，用户端 ping 网络丢包严重。启用 DHCP snooping，会对 DHCP 报文进行侦听，将某个物理端口设置为信任端口或不信任端口。信任端口可以正常接收并转发 DHCP Offer 报文，而不信任端口会将接收到的 DHCP Offer 报文丢弃。通过这样的方式完成交换机对假冒 DHCP Server 的屏蔽作用，确保客户端从合法的 DHCP Server 获取 IP 地址。

通过 PPPoE 认证实现用户上网认证及通知 IP 地址的功能，可以有效解决假冒 DHCP Server 的故障。

参考答案

（67）A （68）D

试题（69）、（70）

某网络用户抱怨 Web 及邮件等网络应用速度很慢，经查发现内网中存在大量 P2P、流媒体、网络游戏等应用。为了保障正常的网络需求，可以部署__（69）__来解决上述问题，该设备通常部署的网络位置是__（70）__。

（69）A．防火墙　　　　　　　　　　B．网闸

　　　　C．安全审计设备　　　　　　　D．流量控制设备

（70）A．接入交换机与汇聚交换机之间

　　　　B．汇聚交换机与核心交换机之间

　　　　C．核心交换机与出口路由器之间

　　　　D．核心交换机与核心交换机之间

试题（69）、（70）分析

本题考查网络设备选型以及部署的知识。

内网中存在大量 P2P、流媒体、网络游戏等应用，这些应用有一个共同的特点，产生大量数据拥塞网络，占用正常的网络应用带宽。现有的流控技术分为两类，一种是传统的流控方式，通过路由器、交换机的 QoS 模块实现基于源地址、目的地址、源端口、目的端口以及协议类型的流量控制，属于四层流控；另一种是智能流控方式，通过专业的流控设备实现基于应用层的流控，属于七层流控。

流量控制设备布置在接入交换机与汇聚交换机之间或者部署在汇聚交换机与核心交换机之间都只能对局域网内一小部分用户的非关键应用产生抑制效果，流量控制的作用非常有限。在核心交换机之间部署流控设备，对网络出口流量的控制起不到有效控制，网络出口依然会产生拥塞。

参考答案

（69）D （70）C

试题（71）～（75）

The diffserv approach to providing QoS in networks employs a small, well-defined set of building blocks from which you can build a variety of __（71）__. Its aim is to define the differentiated services (DS) byte, the Type of Service (ToS) byte from the Internet Protocol Version 4 __（72）__ and the Traffic Class byte from IP Version 6, and mark the standardized DS byte of the packet such that it receives a particular forwarding treatment, or per-hop behavior (PHB), at each network node. The diffserv architecture provides a __（73）__ within which service providers can offer customers a range of network services, each differentiated based on performance. A customer can choose the __（74）__ level needed on a packet-by-packet basis by simply marking the packet's Differentiated Services Code Point (DSCP) field to a specific value. This ___（75）___ specifies the PHB given to the packet within the service provider network.

（71）A．services　　　B．users　　　　C．networks　　　D．structures
（72）A．message　　　B．packet　　　C．header　　　　D．package
（73）A．information　B．structure　　C．means　　　　D．framework
（74）A．performance　B．secure　　　C．privacy　　　D．data
（75）A．packet　　　B．value　　　　C．service　　　D．paragraph

参考译文

在网络中提供 QoS 的差分服务应用了一种很小的明确定义的构建模块集合来建立各种服务。它的目的就是利用 IPv4 头部中的服务类型（ToS）和 IPv6 中的通信类型定义不同的服务字节（DS），而且在每一个网络节点用分组的标准化 DS 字节来表示它接收到一种特殊的转发处理规则或每跳的行为（PHB）。差分服务体系结构提供了一种框架，使得可以为用户提供一定范围的网络服务，每种服务都有不同的性能。用户只要给分组的差分服务码点（DSCP）字段赋予特殊的值，就可以按照各个分组的需要选择性能级别。这个值说明了在服务提供的网络中给予分组的 PHB。

参考答案

（71）A　（72）C　（73）D　（74）A　（75）B

第14章 2016下半年网络规划设计师下午试卷I分析与解答

试题一（共 25 分）

阅读以下说明，回答问题 1 至问题 5，将解答填入答题纸对应的解答栏内。

【说明】

某企业实施数据机房建设项目，机房位于该企业业务综合楼二层，面积约 50 平方米。机房按照国家 B 类机房标准设计，估算用电量约 50kW，采用三相五线制电源输入，双回路向机房设备供电，对电源系统提供三级防雷保护。要求铺设抗静电地板、安装微孔回风吊顶，受机房高度影响，静电地板高 20 厘米。机房分为配电间和主机间两个区域，分别是 15 和 35 平方米。配电间配置市电配电柜、UPS 主机及电池柜等设备；主机间配置网络机柜、服务器机柜以及精密空调等设备。

项目的功能模块如图 1-1 所示。

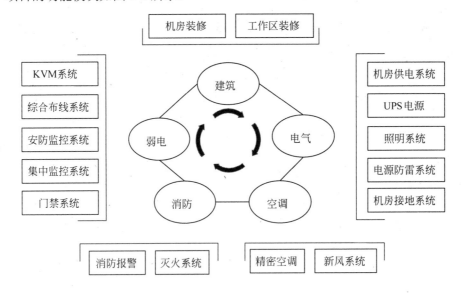

图 1-1

【问题 1】（4 分）

数据机房设计标准分为__(1)__类，该项目将数据机房设计标准确定为 B 类，划分依据是__(2)__。

【问题 2】（6 分）

该方案对电源系统提供第二、三级防雷保护，对应的措施是__(3)__和__(4)__。机房接地一般分为交流工作接地、直流工作接地、保护接地和__(5)__，若采用联合接地的方式将电源保护接地接入大楼的接地极，则接地极的接地电阻值不应大于__(6)__。

（3）～（4）备选答案：

A. 在大楼的总配电室电源输入端安装防雷模块

B. 在机房的配电柜输入端安装防雷模块

C. 选用带有防雷器的插座用于服务器、工作站等设备的防雷击保护

D. 对机房中 UPS 不间断电源做防雷接地保护

【问题 3】（4 分）

在机房内空调制冷一般有下送风和上送风两种方式。该建设方案采用上送风的方式，选择该方式的原因是__(7)__、__(8)__。

（7）～（8）备选答案：

A. 静电地板的设计高度没有给下送风预留空间

B. 可以及时发现和排除制冷系统产生的漏水，消除安全隐患

C. 上送风建设成本较下送风低，系统设备易于安装和维护

D. 上送风和下送风应用的环境不同，在 IDC 机房建设时要求采用上送风方式

【问题 4】（6 分）

网络布线系统通常划分为工作区子系统、水平布线子系统、配线间子系统、__(9)__、管理子系统和建筑群子系统等六个子系统。机房的布线系统主要采用__(10)__和__(11)__。

【问题 5】（5 分）

判断下述观点是否正确（正确的打√，错误的打×）。

1. 机房灭火系统，主要是气体灭火，其灭火剂包括七氟丙烷、二氧化碳、气溶胶等对臭氧层无破坏的灭火剂，分为管网式和无管网式。__(12)__

2. 机房环境监控系统监控的对象主要是机房动力和环境设备，比如配电、UPS、空调、温湿度、烟感、红外、门禁、防雷、消防等设备设施。__(13)__

3. B 级机房对环境温度要求是 18℃～28℃，相对湿度要求是 40%～70%。__(14)__

4. 机房新风系统中新风量值的计算方法主要按房间的空间大小和换气次数作为计算依据。__(15)__

5. 机房活动地板下部的电源线尽可能地远离计算机信号线，避免并排敷设，并采取相应的屏蔽措施。__(16)__

试题一分析

本题考查数据机房的规划、制度和规范的知识。

　　此类题目要求考生了解数据机房规划的相关知识，熟悉数据机房内各子系统的作用及建设要求，具备规划企业数据机房的知识和能力。

【问题 1】

　　《电子信息机房设计规范》GB50174—2008 中，将电子信息机房定义为 A、B、C 三类，其中 A 类要求最高。划分依据是系统中导致经济损失或者公共秩序混乱的程度。

【问题 2】

　　数据机房的接地一般分为交流工作接地、直流工作接地、保护接地和防雷接地。联合接地电阻值一般不大于 1Ω 或取联合接地中各接地的最小值。本题中防雷保护采取三级防雷保护，第一级在大楼的总配电室电源输入端安装防雷模块，第二级在机房的配电柜输入端安装防雷模块，第三级对机房中 UPS 不间断电源做防雷接地保护。

【问题 3】

　　本问题考查网络规划实践能力，在实践中，上送风和下送风的建设成本没有明显的高低之分。数据统计，采用上送风或者下送风的 IDC 机房均占到一定的比例。

【问题 4】

　　结构化布线系统可由工作区子系统、水平布线子系统、配线间子系统、垂直干线子系统、管理子系统和建筑群子系统组成。管理子系统由交连、互连配线架组成，互连配线架根据不同的连接硬件分楼层配线架（箱）IDF 和总配线架（箱）MDF，IDF 可安装在各楼层的干线接线间，MDF 一般安装在设备机房。配线间子系统是由设备间中的电缆、连接器和有关的支撑硬件组成，作用是将计算机、PBX、摄像头、监视器等弱电设备互连起来并连接到主配线架上。

【问题 5】

　　本题考查考生对数据机房建设规范、相关知识的熟悉程度。在数据机房的规范中，A 类和 B 类机房要求一样，温度都是 23℃±1℃，湿度均为 40%～55%。C 类机房的温度为 18℃～28℃，湿度 35%～75%。

　　由于机房设备能源大多为电，故机房灭火系统主要是气体灭火，其灭火剂包括七氟丙烷、二氧化碳、气溶胶等对臭氧层无破坏的灭火剂，分为管网式和无管网式。

　　影响机房的环境主要是动力和设备，故机房环境监控系统监控的对象主要配电、UPS、空调、温湿度、烟感、红外、门禁、防雷、消防等设备设施。

　　机房新风系统中新风量值的计算方法主要按房间的空间大小和换气次数作为计算依据。

　　机房活动地板下部的电源线尽可能地远离计算机信号线，避免并排敷设，并采取相应的屏蔽措施。

试题一参考答案

【问题 1】

(1) 三　或　3

(2) 系统运行中断造成的损失或者影响程度划分。

【问题 2】

(3) B

(4) D　（注：(3)、(4) 答案可互换）

(5) 防雷接地

(6) 联合接地的最小值或 1 欧姆

【问题 3】

(7) A

(8) B（注：(7)、(8) 答案可互换）

【问题 4】

(9) 垂直主干子系统或垂直子系统

(10) 管理子系统

(11) 配线间子系统

【问题 5】

(12) √

(13) √

(14) ×

(15) √

(16) √

试题二（共 25 分）

阅读下列说明，回答问题 1 至问题 5，将解答填入答题纸的对应栏内。

【说明】

图 2-1 为某企业数据中心拓扑图，图中网络设备接口均为千兆带宽，服务器 1 至服务器 4 均配置为 4 颗 CPU、256GB 内存、千兆网卡。实际使用中发现服务器使用率较低，为提高资产利用率，进行虚拟化改造，拟采用裸金属架构，将服务器 1 至服务器 4 整合为一个虚拟资源池。

图中业务存储系统共计 50TB，其中 10TB 用于虚拟化改造后的操作系统存储，20TB 用于 Oracle 数据库存储，20TB 分配给虚拟化存储用于业务数据存储。

【问题 1】（6 分）

常见磁盘类型有 SATA、SAS 等，从性价比考虑，本项目中业务存储系统和备份存储应如何选择磁盘类型，请简要说明原因。若要进一步提升存储系统性能，在磁盘阵列上可以采取哪些措施？

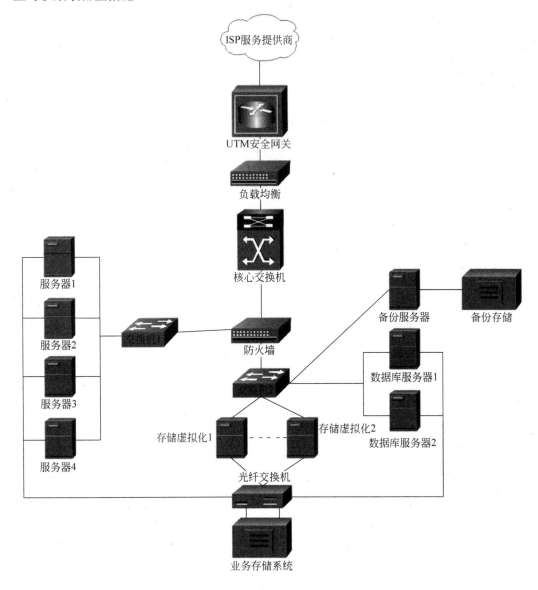

图 2-1

【问题 2】（3 分）

常用虚拟化实现方式有一虚多和多虚多，本例中应选择哪种方式，请说明理由。

【问题 3】（8 分）

常用存储方式包括 FC-SAN、IP-SAN，本案例中，服务器虚拟化改造完成后，操作系统和业务数据分别采用什么方式在业务存储系统上存储？服务器本地磁盘存储什么数据？请说明原因。

【问题 4】（4 分）

常见备份方式主要有 Host-Base、LAN-Base、LAN-Free、Server-Free，为该企业选择备份方式，说明理由。

【问题 5】（4 分）

服务器虚拟化改造完成后，每台宿主机承载的虚拟机和应用会更多，可能带来什么问题？如何解决？

试题二分析

本题考查存储系统、服务器虚拟化的设计及优化相关知识。

此类题目要求考生了解常用磁盘类型的优缺点，熟悉服务器虚拟化的总体规划，了解服务器虚拟化常见问题，并具备解决问题和优化性能的能力。要求考生具有服务器虚拟化和存储系统规划和管理的实际经验。

【问题 1】

SATA 硬盘通常采用较低的转速（常见为 7200rpm）和较短平均无故障工作时间（MTBF），单盘容量大（常见为 1TB、4TB 或者更大），价格便宜，常用于容量要求较大、事务性处理少、数据可用性非关键指标的应用中。

SAS 硬盘通常采用较高的转速（10 000 rpm 或 15 000rpm）和更长平均无故障工作时间（MTBF），单盘容量较小（常见为 300GB、600GB），具有更高的可靠性，相对价格较贵。常被使用于数据量大，数据可用性极为关键、可靠性要求高的应用中。

存储系统的主要性能指标为 IOPS（Input/Output Operations Per Second）：即每秒读写操作的次数，指的是系统在单位时间内能处理的最大的 I/O 频度。决定 IOPS 的因素主要有：物理磁盘、Cache 命中率、磁盘阵列算法。

（1）物理磁盘能处理的 IOPS 是有一定限制的，如：7200 rpm 约 60，10000 rpm 约 100，15000 rpm 约 150，由此可见，高转速的磁盘的性能更好。

（2）cache 在存储系统中主要分为读写两个方面。作为写操作，存储阵列只要求写到 Cache 就算完成了写操作，一般阵列的写是非常快速的，在写 Cache 的数据积累到一定程度时，阵列才把数据写到磁盘，实现批量的写入。作为读操作，如果能在 Cache 中命中的话，将会减少磁盘的寻道，一般响应时间则可以在 1ms 以内，否则，磁盘从寻道开始到找到数据，一般都在 6ms 以上。随着 SSD 固态硬盘的普及，在一些性能要求高的存储系统上，配置几块 SSD 硬盘，作为 Cache 使用，提供 Cache 命中率。

（3）磁盘阵列算法优化和性能可不做考虑，主要由生产厂商提升。

本例中，考虑到性价比，业务存储应该选择 SAS 磁盘，备份存储应算账 SATA 磁盘。可以采用更高转速磁盘、配置高速缓存卡、配置 SSD 磁盘做高速缓存等措施，提高存储性能。

【问题 2】

服务器虚拟化常见有"一虚多""多虚多"。"一虚多"是将一台物理服务器虚拟成多台服务器，分割成多个相互独立、互不干扰的虚拟环境。"多虚多"是将多台物理服务器虚拟成逻辑服务器池，然后再将其划分为多个虚拟服务器。

本例中，将四台物理服务器整合为一个虚拟资源池，再将其划分为多个服务器，其形式为典型的多虚多方式。

【问题 3】

SAN 指存储区域网络，目前常见的主要有 FC-SAN 和 IP-SAN。

FC-SAN 是采用 FC 协议，采用专用光纤通道传输，将光纤通道设备映射为一个操作系统可访问的逻辑驱动器，进行数据传输时，光纤链路的利用率高，传输速率达到 4Gb 以上。其高性能、低延迟、高成本等特性，适合数据传输速度要求高、高性能的业务需求。

IP-SAN 使用 iSCSI 协议，采用 IP 网络通道传输，当前普遍千兆网络环境下，进行数据传输时，链路的利用率和传输速率比 FC 通道传输低很多。其低成本、开放性好，网络适应能力强，容易实现远程数据访问，共享存储资源，提高资源利用率等特性，适合数据访问速度要求不高，大容量，低成本投入等业务需求。

本例中，操作系统对数据传输速度要求高和高性能需求，应采用 FC-SAN；业务数据主要是指非机构化文档的存储，对数据访问速度要求不高，而容量大，应采用 IP-SAN。本例中，特别说明虚拟化改造采用裸金属架构，那么虚拟化软件就应直接安装硬件上，接管所有硬件资源，所以，服务器本地磁盘会存储虚拟化软件。

【问题 4】

LAN-Base 备份结构中，以网络为基础进行数据的传输，其中配置一台服务器作为备份服务器，由它负责整个系统的备份操作。备份存储系统（磁带库或者磁盘阵列）则接在某台服务器上，在数据备份时备份对象把数据通过网络传输到备份存储系统中实现备份。

本例中，配置单独的备份服务器，并通过网络，将业务存储系统的数据备份到备份存储中，符合 LAN-Base 备份结构。

【问题 5】

本例中，业务数据采用 IP-SAN 方式存储，备份采用 LAN-Base，以上业务都依赖网络传输，同时每台物理服务器上会划分更多的虚拟机，但是上述网络传输为千兆，每台物理服务器上的虚拟机都共享该设备的网络带宽，当虚拟机数量增多后，可能会出现网络带宽瓶颈。

针对上述问题，需要提升网络带宽，可以采用端口聚合适当提升网络带宽，也可以升级到万兆网络带宽。

试题二参考答案

【问题 1】

1. 业务存储系统选择 SAS，备份存储选择 SATA 磁盘。

2. SATA 磁盘相对于 SAS 磁盘成本较低、转速低、传输速率慢；备份存储对于数据传输速率要求相对低，一般采用 SATA 磁盘；业务存储系统对于数据传输速率要求高，一般采用 SAS，降低磁盘 IO 瓶颈。

3. 配置 SSD 磁盘、高速缓存卡、更高转速磁盘。

【问题 2】

多虚多。

本例中，将多台服务器整合为一个虚拟化资源池，并根据需求会虚拟出多个虚拟机，所以，属于多虚多方式。

【问题 3】

1. 操作系统采用 FC-SAN 方式存储、业务数据采用 IP-SAN 方式存储。

2. 本地磁盘存储虚拟化软件数据。

3. FC-SAN 高速度、低延迟、高稳定性适合存储操作系统数据；IP-SAN 高利用率、扩展性强、维护管理便捷适合存储业务数据。

【问题 4】

1. LAN-Base。

2. 本例中，备份的数据传输以网络为基础，配置一台服务器作为备份服务器，负责整个系统的备份管理，完全符合 LAN-Base 备份方式。

【问题 5】

1. 可能会出现服务器虚拟化和存储虚拟化网络带宽瓶颈。

2. 网络交换机、防火墙、服务器 1~4、存储虚拟化服务器 1~2 均升级为万兆网络带宽。

试题三（共 25 分）

阅读下列说明，回答问题 1 至问题 4，将解答填入答题纸的对应栏内。

【说明】

图 3-1 是某互联网服务企业网络拓扑，该企业主要对外提供网站消息发布、在线销售管理服务，Web 网站和在线销售管理服务系统采用 JavaEE 开发，中间件使用 Weblogic，采用访问控制、NAT 地址转换、异常流量检测、非法访问阻断等网络安全措施。

【问题 1】（6 分）

根据网络安全防范需求，需在不同位置部署不同的安全设备，进行不同的安全防范，为上图中的安全设备选择相应的网络安全设备。

在安全设备 1 处部署＿＿（1）＿＿；

在安全设备 2 处部署＿＿（2）＿＿；

在安全设备 3 处部署＿＿（3）＿＿。

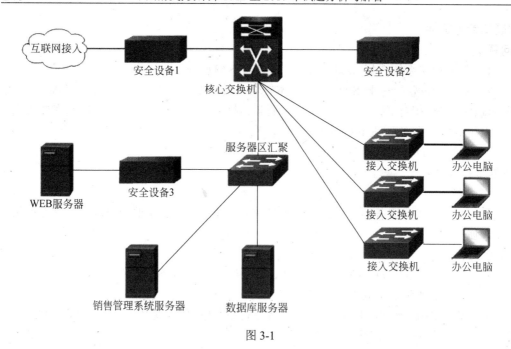

图 3-1

（1）～（3）备选答案：

A．防火墙　　　　B．入侵检测系统（IDS）　　　C．入侵防御系统（IPS）

【问题 2】（6 分，多选题）

在网络中需要加入如下安全防范措施：

A．访问控制

B．NAT

C．上网行为审计

D．包检测分析

E．数据库审计

F．DDoS 攻击检测和阻止

G．服务器负载均衡

H．异常流量阻断

I．漏洞扫描

J．Web 应用防护

其中，在防火墙上可部署的防范措施有＿＿（4）＿＿；

在 IDS 上可部署的防范措施有＿＿（5）＿＿；

在 IPS 上可部署的防范措施有＿＿（6）＿＿。

【问题 3】（5 分）

结合上述拓扑，请简要说明入侵防御系统（IPS）的不足和缺点。

【问题 4】（8 分）

该企业网络管理员收到某知名漏洞平台转发在线销售管理服务系统的漏洞报告，报告内容包括：

1. 利用 Java 反序列化漏洞，可以上传 jsp 文件到服务器。

2. 可以获取到数据库链接信息。

3. 可以链接数据库，查看系统表和用户表，获取到系统管理员登录账号和密码信息，其中登录密码为明文存储。

4. 使用系统管理员账号登录销售管理服务系统后，可以操作系统的所有功能模块。

针对上述存在的多处安全漏洞，提出相应的改进措施。

试题三分析

本题考查考生是否具有网络安全管理和解决问题的实际经验，熟悉常用网络安全设备的部署、功能等相关知识。此类题目要求考生对题目给出的网络拓扑结构和漏洞报告进行分析，按照要求回答相关问题。

【问题 1】

防火墙一般作为网络边界防护设备，部署在网络的总出口处，本例中应部署在安全设备 1 的位置；入侵检测系统一般作为旁路部署，进行网络行为检测分析，本例中应部署在安全设备 2 的位置；入侵防御系统一般部署在业务服务器区域或者重要业务系统的网络出口处，主要进行应用层的安全防护，实时阻断网络攻击，本例中应部署在安全设备 3 的位置。

【问题 2】

根据安全设备的主要功能和防范能力，结合问题 2 中给出的防范措施，防火墙主要可部署的有访问控制、NAT（网络地址转换）、DDoS 攻击检测和阻止；IDS 主要可部署的有包检测分析；IPS 主要可部署的有异常流量阻断、Web 应用防护。剩余的其他防范措施中，上文行为审计一般部署在上网行为管理系统上，数据库审计一般部署在安全审计系统上，服务器负载均衡一般部署在负载均衡系统上，漏洞扫描一般部署在漏洞扫描系统上。本题中，只列出防火墙、IDS、IPS 的主要功能，并不是该类设备的全部功能，考生需要注意。

【问题 3】

入侵防御系统一般串接在网络中，通过匹配特征库，对入侵活动和攻击性网络流量进行拦截，容易造成单点故障，会影响网络性能，特征库也需要及时更新，同时也存在一定的漏报率和误报率。

【问题 4】

1. "利用 Java 反序列化漏洞，可以上传 jsp 文件到服务器。"针对该漏洞，应更新 java 类包，修补漏洞。另外，本例中中间件采用 weblogic，而 weblogic 是通过 T3 协议来传输序列化的类，并且 T3 协议和 Web 协议共用同一个端口，利用 Java 反序列化漏洞，通过 T3 协议,很容易实现文件的上传,可以借助负载均衡等设备,只转发 http 协议,过滤 T3 协议,实现漏洞的封堵。

2."可以获取到数据库链接信息。"针对该漏洞,应该加密数据库链接信息,存储在隐蔽位置最好,也可以将数据库链接交由 weblogic 管理,因为 weblogic 对数据库链接信息实行加密存储。

3."可以链接数据库,查看系统表和用户表,获取到系统管理员登录账号和密码信息,其中登录密码为明文存储。"针对该漏洞,应该调整数据库用户权限,取消业务用户访问数据库系统表的权限,同时,数据库中,登录账号、密码等敏感信息要加密存储。

4."使用系统管理员账号登录销售管理服务系统后,可以操作系统的所有功能模块。"该漏洞中,系统管理员的权限过大,应该将系统中的管理权限和业务权限分离,优化系统权限管理。

试题三参考答案

【问题 1】

（1）A

（2）B

（3）C

【问题 2】

（4）ABF

（5）D

（6）HJ

【问题 3】

1.单点故障

2.性能瓶颈

3.误报率和漏报率

4.匹配规则库更新

【问题 4】

1.升级该漏洞的补丁

2.数据库链接信息加密保存

3.销售服务系统链接数据库的用户取消查询系统表的权限

4.用户密码信息加密保存

5.系统管理员权限过大,优化用户权限

6.过滤 Weblogic T3 协议

第15章 2016下半年网络规划设计师下午试卷II写作要点

试题一 论园区网的升级与改造

随着 IT 技术与应用的发展，传统园区网络的基础架构已不能满足用户接入方式、网络带宽、信息安全、资源共享与信息交换的需求，从全局、长远的角度出发，充分考虑网络的安全性、易用性、可靠性和经济性等特点，许多企业对已有的园区网进行了升级与改造。

请围绕"论园区网的升级与改造"论题，依次对以下三个方面进行论述。

1. 以你负责规划、设计及实施的园区网项目为例，概要叙述已有园区网在运行中存在的问题，有针对性地提出设计要点，以及如何充分利用已有的软硬件，或对现有硬件资源的调优措施。

2. 具体讨论在园区网络升级中，对接入方式、网络带宽、信息安全与资源使用的哪些方面做了改进，采用了哪些关键技术及解决方案，在网络设备选型方面哪些性能指标有怎样的提升。

3. 具体讨论在项目实施过程和进度安排中遇到的问题和解决措施，以及实际运行效果。

试题一写作要点

1. 简要介绍已有园区网络拓扑结构，存在的问题。

2. 简要进行园区网络升级与改造的需求分析。

- 针对存在问题提出设计要点；
- 已有软件的充分利用或替换；
- 已有硬件资源的调优措施。

3. 具体讨论在园区网络升级中的关键技术和解决方案。

- 接入方式；
- 网络带宽；
- 信息安全；
- 网络设备选型；
- 性能指标。

4. 具体讨论在项目实施过程和进度安排中遇到的问题和解决措施，以及实际运行效果。

试题二 论数据灾备技术与应用

随着社会经济的发展，信息安全逐步成为公众关注的焦点，数据的安全和业务运行的可靠性越来越重要。数据灾备机制保证企业网络核心业务数据在灾难发生后能及时恢复，保障业务的顺利进行。数据灾备机制随着网络、存储、虚拟化等技术的日趋成熟在不断地发展，许多大型企业均建设了自己的数据灾备中心。

请围绕"论数据灾备技术与应用"论题，依次对以下三个方面进行论述。

1．简要论述数据灾备中常用的技术，包括数据灾备的标准、网络存储与备份、软硬件配置与设备等。

2．详细叙述你参与设计和实施的大中型网络项目中采用的数据灾备方案，包括建设地址的选择、基础建设的要求、网络线路的备份、数据备份与恢复等。

3．分析和评估你所采用的灾备方案的效果以及相关的改进措施。

试题二写作要点

1．概述数据灾备的标准以及常用的技术。

- 网络存储方式，IP-SAN，FC-SAN；
- 备份技术，RAID 等级；
- 其他软硬件配置与设备。

2．数据灾备方案。

- 需求；
- 建设地址的选择；
- 基础建设的要求；
- 网络线路的备份；
- 数据备份与恢复。

3．灾备方案的效果以及相关的改进措施。

第16章 2017下半年网络规划设计师上午试题分析与解答

试题（1）、（2）

某计算机系统采用 5 级流水线结构执行指令，设每条指令的执行由取指令（$2\Delta t$）、分析指令（$1\Delta t$）、取操作数（$3\Delta t$）、运算（$1\Delta t$）、写回结果（$2\Delta t$）组成，并分别用 5 个子部件完成，该流水线的最大吞吐率为 __(1)__ ；若连续向流水线输入 10 条指令，则该流水线的加速比为 __(2)__ 。

（1）A. $\dfrac{1}{9\Delta t}$　　　　B. $\dfrac{1}{3\Delta t}$　　　　C. $\dfrac{1}{2\Delta t}$　　　　D. $\dfrac{1}{1\Delta t}$

（2）A. 1∶10　　　　B. 2∶1　　　　C. 5∶2　　　　D. 3∶1

试题（1）、（2）分析

本题考查计算机体系结构知识。

流水线的吞吐率是指单位时间内流水线完成的任务数或输出的结果数量，其最大吞吐率为"瓶颈"段所需时间的倒数。题中所示流水线的"瓶颈"为取操作数段。

流水线的加速比是指完成同样一批任务，不使用流水线（即顺序执行所有指令）所需时间与使用流水线（指令的子任务并行处理）所需时间之比。

题目中执行 1 条指令的时间为 $2\Delta t + 1\Delta t + 3\Delta t + 1\Delta t + 2\Delta t = 9\Delta t$，因此顺序执行 10 条指令所需时间为 $90\Delta t$。若采用流水线，则所需时间为 $9\Delta t + (10-1)\times 3\Delta t = 36\Delta t$，因此加速比为 90∶36，即 5∶2。

参考答案

（1）B　　（2）C

试题（3）

RISC（精简指令系统计算机）是计算机系统的基础技术之一，其特点不包括 __(3)__ 。

（3）A. 指令长度固定，指令种类尽量少

　　　B. 寻址方式尽量丰富，指令功能尽可能强

　　　C. 增加寄存器数目，以减少访存次数

　　　D. 用硬布线电路实现指令解码，以尽快完成指令译码

试题（3）分析

本题考查计算机系统基础知识。

RISC 的特点是指令格式少，寻址方式少且简单。

参考答案

（3）B

试题（4）、（5）

在磁盘上存储数据的排列方式会影响 I/O 服务的总时间。假设每磁道划分成 10 个物理块，每块存放 1 个逻辑记录。逻辑记录 R1，R2，…，R10 存放在同一个磁道上，记录的安排顺序如下表所示：

物理块	1	2	3	4	5	6	7	8	9	10
逻辑记录	R1	R2	R3	R4	R5	R6	R7	R8	R9	R10

假定磁盘的旋转速度为 30ms/周，磁头当前处在 R1 的开始处。若系统顺序处理这些记录，使用单缓冲区，每个记录处理时间为 6ms，则处理这 10 个记录的最长时间为 （4）；若对信息存储进行优化分布后，处理 10 个记录的最少时间为 （5）。

（4）A．189ms   B．208ms   C．289ms   D．306ms

（5）A．60ms   B．90ms   C．109ms   D．180ms

试题（4）、（5）分析

系统读记录的时间为 30ms/10＝3ms，对第一种情况，系统读出并处理记录 R1 之后，将转到记录 R4 的开始处，所以为了读出记录 R2，磁盘必须再转一圈，需要 3ms（读记录）加 30ms（转一圈）的时间。这样，处理 10 个记录的总时间应为，处理前 9 个记录（即 R1，R2，…，R9）的总时间再加上读 R10 和处理时间：9×33ms＋9ms=306ms。

物理块	1	2	3	4	5	6	7	8	9	10
逻辑记录	R1	R8	R5	R2	R9	R6	R3	R10	R7	R4

对于第二种情况，若对信息进行优化分布，当读出记录 R1 并处理结束后，磁头刚好转至 R2 记录的开始处，立即就可以读出并处理，因此处理 10 个记录的总时间为：

10×（3ms（读记录）＋6ms（处理记录））＝10×9ms=90ms

参考答案

（4）D （5）B

试题（6）、（7）

对计算机评价的主要性能指标有时钟频率、 （6） 、运算精度、内存容量等。对数据库管理系统评价的主要性能指标有 （7） 、数据库所允许的索引数量、最大并发事务处理能力等。

（6）A．丢包率   B．端口吞吐量

   C．可移植性   D．数据处理速率

（7）A．MIPS   B．支持协议和标准

   C．最大连接数   D．时延抖动

试题（6）、（7）分析

本题考查计算机评价方面的基本概念。

对计算机评价的主要性能指标有时钟频率、数据处理速率、运算精度和内存容量等。其中，时钟频率是指计算机 CPU 在单位时间内输出的脉冲数，它在很大程度上决定了计

算机的运行速度，单位为 MHz（或 GHz）。数据处理速率是个综合性的指标，单位为
MIPS（百万条指令/秒）。影响运算速度的因素主要是时钟频率和存取周期，字长和存储
容量也有影响。内存容量是指内存储器中能存储的信息总字节数。常以 8 个二进制位（bit）
作为 1 字节（Byte）。对数据库管理系统评价的主要性能指标有最大连接数、数据库所允
许的索引数量和最大并发事务处理能力等。

参考答案

（6）D　　（7）C

试题（8）

　　一个好的变更控制过程，给项目风险承担者提供了正式的建议变更机制。如下图所
示的需求变更管理过程中，①②③处对应的内容应分别是＿＿（8）＿＿。

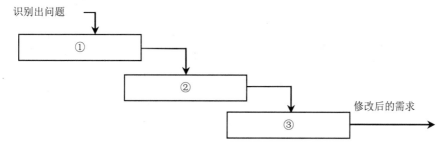

（8）A．问题分析与变更描述、变更分析与成本计算、变更实现
　　　B．变更描述与成本计算、变更分析、变更实现
　　　C．问题分析与变更分析、成本计算、变更实现
　　　D．变更描述、变更分析与变更实现、成本计算

试题（8）分析

　　本题考查变更控制的基础知识。

　　一个大型软件系统的需求总是有变化的。对许多项目来说，系统软件总需要不断完
善，一些需求的改进是合理的而且不可避免，毫无控制的变更是项目陷入混乱、不能按
进度完成，或者软件质量无法保证的主要原因之一。一个好的变更控制过程，给项目风
险承担者提供了正式的建议需求变更机制，可以通过变更控制过程来跟踪已建议变更的
状态，使已建议的变更确保不会丢失或疏忽。需求变更管理过程如下图所示：

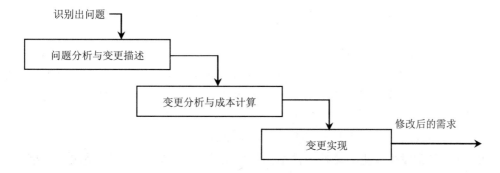

① 问题分析与变更描述。这是识别和分析需求问题或者一份明确的变更提议，以检查它的有效性，从而产生一个更明确的需求变更提议。

② 变更分析和成本计算。使用可追溯性信息和系统需求的一般知识，对需求变更提议进行影响分析和评估。变更成本计算应该包括对需求文档的修改、系统修改的设计和实现的成本。一旦分析完成并且确认，应该进行是否执行这一变更的决策。

③ 变更实现。这要求需求文档和系统设计以及实现都要同时修改。如果先对系统的程序做变更，然后再修改需求文档，这几乎不可避免地会出现需求文档和程序的不一致。

参考答案

（8）A

试题（9）

以下关于敏捷方法的叙述中，错误的是　__(9)__　。

（9）A．敏捷型方法的思考角度是"面向开发过程"的

　　　　B．极限编程是著名的敏捷开发方法

　　　　C．敏捷型方法是"适应性"而非"预设性"

　　　　D．敏捷开发方法是迭代增量式的开发方法

试题（9）分析

本题考查敏捷方法的相关概念。

敏捷方法是从 20 世纪 90 年代开始逐渐引起广泛关注的一些新型软件开发方法，以应对快速变化的需求。敏捷方法的核心思想主要有以下三点。

① 敏捷方法是"适应性"而非"预设性"的。传统方法试图对一个软件开发项目在很长的时间跨度内做出详细计划，然后依计划进行开发。这类方法在计划制订完成后拒绝变化。而敏捷方法则欢迎变化，其实它的目的就是成为适应变化的过程，甚至能允许改变自身来适应变化。

② 敏捷方法是以人为本，而不是以过程为本。传统方法以过程为本，强调充分发挥人的特性，不去限制它，并且软件开发在无过程控制和过于严格烦琐的过程控制中取得一种平衡，以保证软件的质量。

③ 迭代增量式的开发过程。敏捷方法以原型开发思想为基础，采用迭代增量式开发，发行版本小型化。

与 RUP 相比，敏捷方法的周期可能更短。敏捷方法在几周或者几个月的时间内完成相对较小的功能，强调的是能尽早将尽量小的可用的功能交付使用，并在整个项目周期中持续改善和增强，并且更加强调团队中的高度协作。相对而言，敏捷方法主要适合于以下场合：

① 项目团队的人数不能太多，适合于规模较小的项目。

② 项目经常发生变更。敏捷方法适用于需求萌动并且快速改变的情况，如果系统

有比较高的关键性、可靠性、安全性方面的要求，则可能不完全适合。

③ 高风险项目的实施。

④ 从组织结构的角度看，组织结构的文化、人员、沟通性决定了敏捷方法是否使用。

参考答案

（9）A

试题（10）

某人持有盗版软件，但不知道该软件是盗版的，该软件的提供者不能证明其提供的复制品有合法来源。此情况下，则该软件的___（10）___应承担法律责任。

（10）A. 持有者　　　　　　　　　　B. 持有者和提供者均

　　　　C. 提供者　　　　　　　　　　D. 提供者和持有者均不

试题（10）分析

本题考查知识产权知识。

盗版软件持有人和提供者都应承担法律责任。

参考答案

（10）B

试题（11）

以下关于 ADSL 的叙述中，错误的是___（11）___。

（11）A. 采用 DMT 技术依据不同的信噪比为子信道分配不同的数据速率

　　　　B. 采用回声抵消技术允许上下行信道同时双向传输

　　　　C. 通过授权时隙获取信道的使用

　　　　D. 通过不同带宽提供上下行不对称的数据速率

试题（11）分析

本试题考查 ADSL 相关技术。

ADSL 是非对称数字用户线，采用频分多路复用技术分别为上下行信道分配不同带宽，从而获取上下行不对称的数据速率。ADSL 还可以采用回声抵消技术允许上下行信道同时双向传输。此外，有些 ADSL 系统中还采用 DMT 技术依据子信道不同质量分配不同的数据速率。

参考答案

（11）C

试题（12）、（13）

100BASE-TX 采用的编码技术为___（12）___，采用___（13）___个电平来表示二进制 0 和 1。

（12）A. 4B5B　　　　B. 8B6T　　　　C. 8B10B　　　　D. MLT-3

（13）A. 2　　　　　　B. 3　　　　　　C. 4　　　　　　D. 5

试题（12）、（13）分析

本试题考查快速以太网 100BASE-TX 采用的编码技术。

100BASE-TX 采用 MLT-3 编码技术，3 级电平用来表示二进制 0 和 1。

参考答案

（12）D　　（13）B

试题（14）、（15）

局域网上相距 2km 的两个站点，采用同步传输方式以 10Mb/s 的速率发送 150000 字节大小的 IP 报文。假定数据帧长为 1518 字节，其中首部为 18 字节；应答帧为 64 字节。若在收到对方的应答帧后立即发送下一帧，则传送该文件花费的总时间为 __(14)__ ms（传播速率为 200 m/μs），线路有效速率为 __(15)__ Mb/s。

（14）A．1.78　　　　B．12.86　　　　C．17.8　　　　D．128.6

（15）A．6.78　　　　B．7.86　　　　C．8.9　　　　D．9.33

试题（14）、（15）分析

本试题考查局域网中的传输时间的计算。

传送该文件总花费时间计算如下：

传送帧数：150000/1500=100

每帧传输时间：$(1518+64)\times 8/(10\times 10^6)$=1265.6μs

每帧传播时间：2000/200=10μs

总传送时间：$100\times(1265.6+20)$=128560μs=128.6ms

线路有效速率计算如下：$(1500\times 8)/(1285.6\times 10^{-6})$=9.33Mb/s

参考答案

（14）D　　（15）D

试题（16）、（17）

站点 A 与站点 B 采用 HDLC 进行通信，数据传输过程如下图所示。建立连接的 SABME 帧是 __(16)__ 。在接收到站点 B 发来的"REJ，1"帧后，站点 A 后续应发送的 3 帧是 __(17)__ 帧。

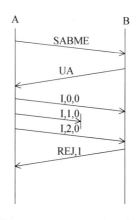

（16）A．数据帧　　　B．监控帧　　　C．无编号帧　　　D．混合帧

（17）A. 1，3，4　　　　　　　　　　B. 3，4，5

　　　　C. 2，3，4　　　　　　　　　　D. 1，2，3

试题（16）、（17）分析

本试题考查 HDLC 协议原理。

HDLC 协议中，连接管理等都是 U 帧，所以 SABME 是 U 帧。当采用 REJ 进行否定应答时采用的原理是后退 N 帧，故在接收到站点 B 发来的"REJ，1"帧后，站点 A 后续应发送的 3 帧是 1,2,3 帧。

参考答案

（16）C　　　（17）D

试题（18）

在域名服务器的配置过程中，通常　(18)　。

（18）A. 根域名服务器和域内主域名服务器均采用迭代算法

　　　　B. 根域名服务器和域内主域名服务器均采用递归算法

　　　　C. 根域名服务器采用迭代算法，域内主域名服务器采用递归算法

　　　　D. 根域名服务器采用递归算法，域内主域名服务器采用迭代算法

试题（18）分析

本试题考查域名服务器基本知识。

迭代算法和递归算法是域名服务器中采用的两种算法。迭代算法是指当被请求的域名服务器查找不到域名记录时，返回可能查得到域名记录的服务器地址，由请求者向该服务器发请求；递归算法是指当被请求的域名服务器查找不到域名记录时，去请求可能查得到域名记录的服务器，直至查到结果并返回给请求者。

根域名服务器通常采用迭代算法以减轻查询负担；域内主域名服务器通常采用递归算法。

参考答案

（18）C

试题（19）、（20）

在 Windows 操作系统中，启动 DNS 缓存的服务是　(19)　；采用命令　(20)　可以清除本地缓存中的 DNS 记录。

（19）A. DNS Cache　　　　　　　　B. DNS Client

　　　　C. DNS Flush　　　　　　　　D. DNS Start

（20）A. ipconfig/flushdns　　　　　　B. ipconfig/cleardns

　　　　C. ipconfig/renew　　　　　　　D. ipconfig/release

试题（19）（20）分析

本试题考 DNS 服务基本知识。

在 Windows 操作系统中，服务 DNS Client 的作用是启动 DNS 缓存；采用命令

ipconfig/flushdns 可以清除本地缓存中的 DNS 记录。

参考答案

（19）B　　（20）A

试题（21）

IP 数据报的首部有填充字段，原因是 __(21)__ 。

（21）A．IHL 的计数单位是 4 字节

　　　　B．IP 是面向字节计数的网络层协议

　　　　C．受 MTU 大小的限制

　　　　D．为首部扩展留余地

试题（21）分析

本试题考查 IP 协议基本知识。

IP 协议的首部中有 IHL 字段，单位是 4 字节，即首部长度必须为 4 字节的整数倍，当首部中可选字段不足时，需加以填充。

参考答案

（21）A

试题（22）、（23）

IP 数据报经过 MTU 较小的网络时需要分片。假设一个大小为 3000 的报文经过 MTU 为 1500 的网络，需要分片为 __(22)__ 个较小报文，最后一个报文的大小至少为 __(23)__ 字节。

（22）A．2　　　　　B．3　　　　　C．4　　　　　D．5

（23）A．20　　　　B．40　　　　C．100　　　　D．1500

试题（22）、（23）分析

本试题考查 IP 协议基本知识。

假设一个大小为 3000 的报文经过 MTU 为 1500 的网络，每个分组需要加上 20 字节的首部，所以需要分片为 3 个较小报文，最后一个报文的大小至少为 40 字节。

参考答案

（22）B　　（23）B

试题（24）

RSVP 协议通过 __(24)__ 来预留资源。

（24）A．发送方请求路由器　　　　　B．接收方请求路由器

　　　　C．发送方请求接收方　　　　　D．接收方请求发送方

试题（24）分析

本试题考查 RSVP 协议基本知识。

RSVP 即资源预留协议，通过接收方请求路由器来预留资源。

参考答案

（24）B

试题 (25)、(26)

TCP 协议在建立连接的过程中会处于不同的状态，采用___(25)___命令显示出 TCP 连接的状态。下图所示的结果中显示的状态是___(26)___。

```
C:\Users \ThinkPad >

活动连接

协议        本地地址                外部地址              状态
TCP  10 .170 .42 .75 :63568    183 .131 .12 .179 :http   CLOSE_WAIT
```

(25) A. netstat   B. ipconfig

　　 C. tracert   D. show state

(26) A. 已主动发出连接建立请求   B. 接收到对方关闭连接请求

　　 C. 等待对方的连接建立请求   D. 收到对方的连接建立请求

试题 (25)、(26) 分析

本试题考查网络命令的使用以及 TCP 的连接状态。

本题中显示的是本地网络活动的状态，因此采用 netstat 命令。

图中显示的是 TCP 连接中 CLOSE_WAIT 状态，即接收到对方关闭连接请求状态。

参考答案

(25) A　　 (26) B

试题 (27)、(28)

自动专用 IP 地址（Automatic Private IP Address，APIPA）的范围是___(27)___，当___(28)___时本地主机使用该地址。

(27) A. A 类地址块 127.0.0.0～127.255.255.255

　　 B. B 类地址块 169.254.0.0～169.254.255.255

　　 C. C 类地址块 192.168.0.0～192.168.255.255

　　 D. D 类地址块 224.0.0.0～224.0.255.255

(28) A. 在本机上测试网络程序

　　 B. 接收不到 DHCP 服务器分配的 IP 地址

　　 C. 公网 IP 不够

　　 D. 自建视频点播服务器

试题 (27)、(28) 分析

本题考查自动专用 IP 地址。

自动专用 IP 地址的范围是 B 类地址块 169.254.0.0～169.254.255.255，当客户机接收不到 DHCP 服务器分配的 IP 地址时，操作系统在该地址块中选择一个地址，主机仍然不能接入 Internet。

参考答案

（27）B　　（28）B

试题（29）

假设用户 X1 有 4000 台主机，分配给他的超网号为 202.112.64.0，则给 X1 指定合理的地址掩码是 __(29)__ 。

（29）A．255.255.255.0　　　　B．255.255.224.0

　　　C．255.255.248.0　　　　D．255.255.240.0

试题（29）分析

本题考查 IP 地址规划与分配。

由于 X1 有 4000 台主机，即其需用 12 位作为主机位，故掩码为 255.255.240.0。

参考答案

（29）D

试题（30）

4 个网络 202.114.129.0/24、202.114.130.0/24、202.114.132.0/24 和 202.114.133.0/24，在路由器中汇聚成一条路由，该路由的网络地址是 __(30)__ 。

（30）A．202.114.128.0/21　　　B．202.114.128.0/22

　　　C．202.114.130.0/22　　　D．202.114.132.0/20

试题（30）分析

本题考查 IP 地址与路由汇聚。

地址 202.114.129.0/24 的二进制形式是 **11001010. 01110010. 1000 0001**. 0000 0000

地址 202.114.130.0/24 的二进制形式是 **11001010. 01110010. 1000 0010**. 0000 0000

地址 202.114.132.0/24 的二进制形式是 **11001010. 01110010. 1000 0100**. 0000 0000

地址 202.114.133.0/24 的二进制形式是 **11001010. 01110010. 1000 0101**. 0000 0000

所以路由器中汇聚成一条路由后的网络地址是 202.114.128.0/21。

参考答案

（30）A

试题（31）

以下关于在 IPv6 中任意播地址的叙述中，错误的是 __(31)__ 。

（31）A．只能指定给 IPv6 路由器

　　　B．可以用作目标地址

　　　C．可以用作源地址

　　　D．代表一组接口的标识符

试题（31）分析

本试题考查 IPv6 中任意播地址。

IPv6 中任意播地址不能用作源地址。

参考答案

（31）C

试题（32）

RIPv2 对 RIPv1 协议的改进之一是采用水平分割法。以下关于水平分割法的说法中错误的是___（32）___。

（32）A．路由器必须有选择地将路由表中的信息发送给邻居

　　　　B．一条路由信息不会被发送给该信息的来源

　　　　C．水平分割法为了解决路由环路

　　　　D．发送路由信息到整个网络

试题（32）分析

本题考查 RIP 路由协议相关内容。

RIPv2 对 RIPv1 协议的改进之一是采用水平分割法。水平分割法的具体含义是路由器必须有选择地将路由表中的信息发送给邻居，即一条路由信息不会被发送给该信息的来源，目的就是为了解决路由环路。路由信息只发送给其邻居。

参考答案

（32）D

试题（33）

OSPF 协议把网络划分成 4 种区域（Area），存根区域（stub）的特点是___（33）___。

（33）A．可以接受任何链路更新信息和路由汇总信息

　　　　B．作为连接各个区域的主干来交换路由信息

　　　　C．不接受本地自治系统以外的路由信息，对自治系统以外的目标采用默认路由 0.0.0.0

　　　　D．不接受本地 AS 之外的路由信息，也不接受其他区域的路由汇总信息

试题（33）分析

本题考查 OSPF 路由协议相关内容。

每个 OSPF 区域被指定了一个 32 位的区域标识符，可以用点分十进制表示，例如主干区域的标识符可表示为 0.0.0.0。OSPF 的区域分为以下 4 种，不同类型的区域对由自治系统外部传入的路由信息的处理方式不同：

- 标准区域：标准区域可以接收任何链路更新信息和路由汇总信息。
- 主干区域：主干区域是连接各个区域的传输网络，其他区域都通过主干区域交换路由信息。主干区域拥有标准区域的所有性质。
- 存根区域：不接受本地自治系统以外的路由信息，对自治系统以外的目标采用默认路由 0.0.0.0。
- 完全存根区域：不接受自治系统以外的路由信息，也不接受自治系统内其他区域

的路由汇总信息，发送到本地区域外的报文使用默认路由 0.0.0.0。完全存根区域是 Cisco 定义的，是非标准的。

参考答案

（33）C

试题（34）

在 BGP4 协议中，当接收到对方打开（open）报文后，路由器采用__（34）__报文响应从而建立两个路由器之间的邻居关系。

（34）A. 建立（hello）　　　　　　B. 更新（update）

　　　 C. 保持活动（keepalive）　　D. 通告（notification）

试题（34）分析

本试题考查 BGP4 路由协议相关内容。

在 BGP4 协议中主要有如下报文：建立（open）报文用以和邻居之间建立连接；更新（update）报文用于将变化了的路由信息发送到邻居，保持活动（keepalive）用于维持和邻居关系；通告（notification）报文用于报告错误或故障。当接收到对方打开（open）报文后，路由器采用保持活动报文响应从而建立两个路由器之间的邻居关系。

参考答案

（34）C

试题（35）

IEEE 802.1ad 定义的运营商网桥协议是在以太帧中插入__（35）__字段。

（35）A. 用户划分 VLAN 的标记　　B. 运营商虚电路标识

　　　 C. 运营商 VLAN 标记　　　　D. MPLS 标记

试题（35）分析

本题考查 IEEE 802.1ad 协议相关内容。

IEEE 802.1ad 即运营商网桥协议，其原理是在以太帧中插入运营商 VLAN 标记字段。

参考答案

（35）C

试题（36）

基于 Windows 的 DNS 服务器支持 DNS 通知，DNS 通知的作用是（36）__。

（36）A. 本地域名服务器发送域名记录

　　　 B. 辅助域名服务器及时更新信息

　　　 C. 授权域名服务器向管区内发送公告

　　　 D. 主域名服务器向域内用户发送被攻击通知

试题（36）分析

本题考查 DNS 通知服务相关内容。

基于 Windows 的 DNS 服务器支持 DNS 通知，DNS 通知的作用是辅助域名服务器及时更新信息。

参考答案

（36）B

试题（37）

采用 CSMA/CD 协议的基带总线，段长为 2000m，数据速率为 10Mb/s，信号传播速度为 200m/μs，则该网络上的最小帧长应为___(37)___比特。

（37）A．100　　　　　　　　B．200　　　　　　C．300　　　　　　D．400

试题（37）分析

本题考查运行 CSMA/CD 协议的网络的最短帧长。

传播时间为：$t_p = 2000/200 = 10\mu s$

最短帧长为：$2 \times t_p \times 10 \times 10^6 = 200$ 比特。

参考答案

（37）B

试题（38）

结构化布线系统分为六个子系统，由终端设备到信息插座的整个区域组成的是___(38)___。

（38）A．工作区子系统　　　B．干线子系统　　　C．水平子系统　　　D．设备间子系统

试题（38）分析

本试题考查结构化布线系统构成。

由终端设备到信息插座的整个区域组成的是工作区子系统。

参考答案

（38）A

试题（39）

以下叙述中，不属于无源光网络优势的是___(39)___。

（39）A．适用于点对点通信

　　　B．组网灵活，支持多种拓扑结构

　　　C．安装方便，不要另外租用或建造机房

　　　D．设备简单，安装维护费用低，投资相对较小

试题（39）分析

本题考查无源光网络相关知识。

无源光网络的优势包括组网灵活，支持多种拓扑结构；安装方便，不要另外租用或建造机房；设备简单，安装维护费用低，投资相对较小等，但不适合点对点通信。

参考答案

（39）A

试题（40）

在 Windows 操作系统中，____(40)____文件可以帮助域名分析。

(40) A. Cookie   B. index   C. hosts   D. default

试题（40）分析

本试题考查域名分析相关知识。

在 Windows 操作系统中的 hosts 文件可以帮助域名解析。

参考答案

(40) C

试题（41）

下列 DHCP 报文中，由客户端发送给服务器的是____(41)____。

(41) A. DhcpOffer   B. DhcpNack   C. DhcpAck   D. DhcpDecline

试题（41）分析

本试题考查 DHCP 报文相关知识。

DhcpOffer、DhcpAck、DhcpNack 均是服务器发送给客户机的，只有 DhcpDecline 是有客户机发送给服务器。

参考答案

(41) D

试题（42）

在 Kerberos 认证系统中，用户首先向____(42)____申请初始票据。

(42) A. 应用服务器 V   B. 密钥分发中心 KDC

        C. 票据授予服务器 TGS   D. 认证中心 CA

试题（42）分析

本题目考查 Kerberos 认证系统的认证流程。

Kerberos 提供了一种单点登录（SSO）的方法。考虑这样一个场景，在一个网络中有不同的服务器，如打印服务器、邮件服务器和文件服务器。这些服务器都有认证的需求。很自然的，让每个服务器自己实现一套认证系统是不现实、不可能的，而是提供一个中心认证服务器（AS-Authentication Server）供这些服务器使用。这样任何客户端就只需维护一个密码就能登录所有服务器。

因此，在 Kerberos 系统中至少有三个角色：认证服务器（AS），客户端（Client）和普通服务器（Server）。客户端和服务器将在 AS 的帮助下完成相互认证。

在 Kerberos 系统中，客户端和服务器都有一个唯一的名字。同时，客户端和服务器都有自己的密码，并且它们的密码只有自己和认证服务器 AS 知道。

客户端在进行认证时，需首先向密钥分发中心来申请初始票据。

参考答案

(42) B

试题（43）

下列关于网络设备安全的描述中，错误的是　(43)　。

（43）A．为了方便设备管理，重要设备采用单因素认证

　　　B．详细记录网络设备维护人员对设备的所有操作和配置更改

　　　C．网络管理人员调离或退出本岗位时设备登录口令应立即更换

　　　D．定期备份交换路由设备的配置和日志

试题（43）分析

本题目考查网络安全方面的知识。

为了实现网络安全，网络设备的管理认证一般采用多因素认证（MFA）方式。MFA 是通过结合两个或三个独立的凭证：用户知道什么（知识型的身份验证），用户有什么（安全性令牌或者智能卡），用户是什么（生物识别验证）。单因素身份验证（SFA）与之相比，只需要用户现有的知识，安全性较低。网络维护人员对网络设备的所有操作和配置的更改，需要详细的进行记录、登记，对于较为关键和核心的配置更改，需要先进性实验和验证，并通过审批之后才能够在生产设备上进行实施；当网络管理人员调离岗位或者退出本岗位时，需及时将其权限进行取消或者口令更换；对所有设备的配置和日志应定期进行备份。

参考答案

（43）A

试题（44）

下列关于 IPSec 的说法中，错误的是　(44)　。

（44）A．IPSec 用于增强 IP 网络的安全性，有传输模式和隧道模式两种模式

　　　B．认证头 AH 提供数据完整性认证、数据源认证和数据机密性服务

　　　C．在传输模式中，认证头仅对 IP 报文的数据部分进行了重新封装

　　　D．在隧道模式中，认证头对含原 IP 头在内的所有字段都进行了封装

试题（44）分析

本题目考查网络安全方面的知识。

IPSec 传送认证或加密的数据之前，必须就协议、加密算法和使用的密钥进行协商。密钥交换协议提供这个功能，并且在密钥交换之前还要对远程系统进行初始的认证。

IPSec 认证头提供了数据完整性和数据源认证，但是不提供保密服务。AH 包含了对称密钥的散列函数，使得第三方无法修改传输中的数据。IPSec 支持下面的认证算法。

① HMAC-SHA1（Hashed Message Authentication Code-Secure Hash Algorithm 1），128 位密钥。

② HMAC-MD5（HMAC-Message Digest 5），160 位密钥。

IPSec 有两种模式：传输模式和隧道模式。在传输模式中，IPSec 认证头插入原来的 IP 头之后（如图所示），IP 数据和 IP 头用来计算 AH 认证值。IP 头中的变化字段（例如

跳步计数和 TTL 字段）在计算之前置为 0，所以变化字段实际上并没有被认证。

传输模式的认证头

在隧道模式中，IPSec 用新的 IP 头封装了原来的 IP 数据报（包括原来的 IP 头），原来 IP 数据报的所有字段都经过了认证，如图所示。

隧道模式的认证头

参考答案

（44）B

试题（45）

甲和乙从认证中心 CA$_1$ 获取了自己的证书 I$_甲$ 和 I$_乙$，丙从认证中心 CA$_2$ 获取了自己的证书 I$_丙$，下面说法中错误的是 __(45)__。

（45）A．甲、乙可以直接使用自己的证书相互认证

B．甲与丙及乙与丙可以直接使用自己的证书相互认证

C．CA$_1$ 和 CA$_2$ 可以通过交换各自公钥相互认证

D．证书 I$_甲$、I$_乙$ 和 I$_丙$ 中存放的是各自的公钥

试题（45）分析

本题考查 CA 数字证书认证的基础知识。

CA 为用户产生的证书应具有以下特性。

① 只要得到 CA 的公钥，就能由此得到 CA 为用户签署的公钥。

② 除 CA 外，其他任何人员都不能以不被察觉的方式修改证书的内容。

如果所有用户都由同一 CA 签署证书，则这一 CA 就必须取得所有用户的信任。如果用户数量很多，仅一个 CA 负责为所有用户签署证书就可能不现实。通常应有多个 CA，每个 CA 为一部分用户发行和签署证书。用户之间需要进行认证，首先需要对各自的认证中心进行认证，要认证 CA，则需 CA 和 CA 之间交换各自的证书。

参考答案

（45）B

试题（46）

假设两个密钥分别是 K1 和 K2，以下　(46)　是正确使用三重 DES 加密算法对明文 M 进行加密的过程。

① 使用 K1 对 M 进行 DES 加密得到 C_1

② 使用 K1 对 C_1 进行 DES 解密得到 C_2

③ 使用 K2 对 C_1 进行 DES 解密得到 C_2

④ 使用 K1 对 C_2 进行 DES 加密得到 C_3

⑤ 使用 K2 对 C_2 进行 DES 加密得到 C_3

（46）A．①②⑤　　　　B．①③④　　　　C．①②④　　　　D．①③⑤

试题（46）分析

本题目考查 DES 加密方面的知识。

DES 加密算法使用 56 位的密钥以及附加的 8 位奇偶校验位（每组的第 8 位作为奇偶校验位），产生最大 64 位的分组大小。这是一个迭代的分组密码，将加密的文本块分成两半。使用子密钥对其中一半应用循环功能，然后将输出与另一半进行"异或"运算；接着交换这两半，这一过程会继续下去，但最后一个循环不交换。DES 使用 16 轮循环，使用异或、置换、代换、移位操作四种基本运算。三重 DES 所使用的加密密钥长度为 112 位。

3DES 加密的过程是使用密钥 K1 对明文进行 DES 加密之后，使用密钥 K2 对其进行解密后，再使用 K1 对其进行第二次 DES 加密得到最终的密文。

参考答案

（46）B

试题（47）

下面可提供安全电子邮件服务的是　(47)　。

（47）A．RSA　　　　B．SSL　　　　C．SET　　　　D．S/MIME

试题（47）分析

本题目考查网络安全、安全电子邮件方面的知识。

RSA 加密算法是一种非对称加密算法。在公开密钥加密和电子商业中 RSA 被广泛使用。

SSL（Secure Sockets Layer，安全套接层）及其继任者传输层安全（Transport Layer Security，TLS）是为网络通信提供安全及数据完整性的一种安全协议。TLS 与 SSL 在传输层对网络连接进行加密。

SET（Secure Electronic Transaction，安全电子交易）协议主要应用于 B2C 模式中保障支付信息的安全性。SET 协议本身比较复杂，设计比较严格，安全性高，它能保证信息传输的机密性、真实性、完整性和不可否认性。

电子邮件由一个邮件头部和一个可选的邮件主体组成，其中邮件头部含有邮件的发

送方和接收方的有关信息。对于邮件主体来说，IETF 在 RFC 2045～RFC 2049 中定义的
MIME 规定，邮件主体除了 ASCII 字符类型之外，还可以包含各种数据类型。用户可以
使用 MIME 增加非文本对象，比如把图像、音频、格式化的文本或微软的 Word 文件加
到邮件主体中去。

S/MIME 在安全方面的功能又进行了扩展，它可以把 MIME 实体（比如数字签名和
加密信息等）封装成安全对象。RFC 2634 定义了增强的安全服务，例如具有接收方确认
签收的功能，这样就可以确保接收者不能否认已经收到过的邮件。

参考答案

（47）D

试题（48）、（49）

结合速率与容错，硬盘做 RAID 效果最好的是　(48)　，若做 RAID5，最少需要　(49)
块硬盘。

（48）A．RAID 0　　　B．RAID 1　　　C．RAID 5　　　D．RAID 10
（49）A．1　　　　　B．2　　　　　C．3　　　　　D．5

试题（48）、（49）分析

本题目考查 RAID 方面的基础知识。

结合速率与容错，硬盘做 RAID 效果最好的是 RAID 10，若做 RAID5，最少需要 3
块硬盘。

参考答案

（48）D　　（49）C

试题（50）

下列存储方式中，基于对象存储的是　(50)　。

（50）A．OSD　　　B．NAS　　　C．SAN　　　D．DAS

试题（50）分析

本题考查网络存储方面的基础知识。

传统的网络存储结构大致分为三种：直连式存储（Direct Attached Storage，DAS）、
网络连接式存储（Network Attached Storage，NAS）和存储网络（SAN：Storage Area
Network）。对象存储系统（Object-Based Storage Device）是综合了 NAS 和 SAN 的优点，
同时具有 SAN 的高速直接访问和 NAS 的数据共享等优势，提供了高可靠性、跨平台性
以及安全的数据共享的新型存储体系结构。

参考答案

（50）A

试题（51）

网络逻辑结构设计的内容不包括　(51)　。

（51）A．逻辑网络设计图

　　B. IP 地址方案

　　C. 具体的软硬件、广域网连接和基本服务

　　D. 用户培训计划

试题（51）分析

　　本题考查逻辑网络设计的基础知识。

　　网络生命周期中，一般将迭代周期划分为五个阶段，即需求规范、通信规范、逻辑网络设计、物理网络设计和实施阶段。

　　网络的逻辑设计来自于用户需求中描述的网络行为、性能等要求，逻辑设计要根据网络用户的分类、分布、选择特定的技术，形成特定的网络结构，该网络结构大致描述了设备的互连及分布，但是不对具体的物理位置和运行环境进行确定。逻辑设计过程主要包括四个方面，即确定逻辑设计目标，网络服务评价，技术选项评价，进行技术决策。

　　逻辑网络设计阶段，主要完成网络的逻辑拓扑结构、网络编址、设备命名、交换及路由协议的选择、安全规划、网络管理等设计工作，并且根据这些设计产生对设备厂商、服务供应商的选择策略。

参考答案

　　（51）D

试题（52）

　　采用 P2P 协议的 BT 软件属于＿＿（52）＿＿。

　　（52）A. 对等通信模式　　　　　　B. 客户机-服务器通信模式

　　　　　C. 浏览器-服务器通信模式　　D. 分布式计算通信模式

试题（52）分析

　　本题考查 P2P 的基础知识。

　　采用 P2P 协议的 BT 软件属于对等通信模式，即任何一台主机既可作为服务器，又可作为客户机。

参考答案

　　（52）A

试题（53）

　　广域网中有多台核心路由设备连接各局域网，每台核心路由器至少存在两条路由，这种网络结构称为＿＿（53）＿＿。

　　（53）A. 层次子域广域网结构　　　B. 对等子网广域网结构

　　　　　C. 半冗余广域网结构　　　　D. 环形广域网结构

试题（53）分析

　　本题考查核心路由器的基础知识。

　　核心路由器至少存在两条路由，半冗余广域网结构。

参考答案

（53）C

试题（54）

某企业通过一台路由器上联总部，下联 4 个分支机构，设计人员分配给下级机构一个连续的地址空间，采用一个子网或者超网段表示。这样做的主要作用是___(54)___。

（54）A．层次化路由选择　　　　　B．易于管理和性能优化

　　　　C．基于故障排查　　　　　　D．使用较少的资源

试题（54）分析

本题考查网络地址设计的基础知识。

层次化编址是一种对地址进行结构化设计的模型，使用地址的左半部的号码可以体现大块的网络或者节点群，而右半部可以体现单个网络或节点。层次化编址的主要优点在于可以实现层次化的路由选择，有利于在网络互连路由设备之间发现网络拓扑。

设计人员在进行地址分配时，为了配合实现层次化的路由器，必须遵守一条简单的规则，如果网络中存在分支管理，而且一台路由器负责连接上级和下级机构，则分配给这些下级机构网段应该属于一个连续的地址空间，并且这些连续的地址空间可以用一个子网或者超网段表示。

如题所示，若每个分支结构分配一个 C 类地址段，整个企业申请的地址空间为 202.103.64.0～202.103.79.255（202.103.64.0/20）；则这 4 个分支机构应该分配连续的 C 类地址，例如 202.103.64.0、24~202.103.67.0/24，则这 4 个 C 类地址可以用 202.103.64.0/22 这个超网表示。

参考答案

（54）A

试题（55）、（56）

在网络规划中，政府内外网之间应该部署网络安全防护设备。在下图中部署的设备 A 是___(55)___，对设备 A 的作用描述错误的是___(56)___。

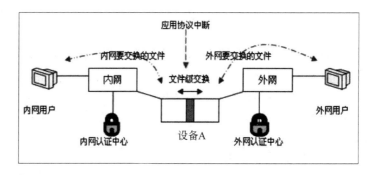

（55）A．IDS　　　　　B．防火墙　　　　　C．网闸　　　　　D．UTM

（56）A．双主机系统，即使外网被黑客攻击瘫痪也无法影响到内网

　　　　B．可以防止外部主动攻击

　　　　C．采用专用硬件控制技术保证内外网的实时连接

　　　　D．设备对外网的任何响应都是对内网用户请求的应答

试题（55）、（56）分析

本题考查网闸方面的基础知识。

网闸是使用带有多种控制功能的固态开关读写介质连接两个独立主机系统的信息安全设备。由于物理隔离网闸所连接的两个独立主机系统之间，不存在通信的物理连接、逻辑连接、信息传输命令、信息传输协议，不存在依据协议的信息包转发，只有数据文件的无协议"摆渡"，且对固态存储介质只有"读"和"写"两个命令。所以，物理隔离网闸从物理上隔离、阻断了具有潜在攻击可能的一切连接，使"黑客"无法入侵、无法攻击、无法破坏，实现了真正的安全。

使用安全隔离网闸的意义如下：

1. 当用户的网络需要保证高强度的安全，同时又与其他不信任网络进行信息交换的情况下，如果采用物理隔离卡，用户必须使用开关在内外网之间来回切换，不仅管理起来非常麻烦，使用起来也非常不方便。如果采用防火墙，由于防火墙自身的安全很难保证，所以防火墙也无法防止内部信息泄露和外部病毒、黑客程序的渗入，安全性无法保证。在这种情况下，安全隔离网闸能够同时满足这两个要求，弥补了物理隔离卡和防火墙的不足之处，是最好的选择。

2. 对网络的隔离是通过网闸隔离硬件实现两个网络在链路层断开，但是为了交换数据，通过设计的隔离硬件在两个网络对应层上进行切换，通过对硬件上的存储芯片的读写，完成数据的交换。

3. 安装了相应的应用模块之后，安全隔离网闸可以在保证安全的前提下，使用户可以浏览网页、收发电子邮件、在不同网络上的数据库之间交换数据，并可以在网络之间交换定制的文件。

参考答案

（55）C　　　（56）C

试题（57）、（58）

某公寓在有线网络的基础上进行无线网络建设，实现无线入室，并且在保证网络质量的情况下成本可控，应采用的设备布放方式是___(57)___。使用 IxChariot 软件，打流测试结果支持 80MHz 信道的上网需求，无线 AP 功率 25mW，信号强度大于–65dB。网络部署和设备选型可以采取的措施有以下选择：

① 采用 802.11ac 协议

② 交换机插控制器板卡，采用 1+1 主机热备

③ 每台 POE 交换机配置 48 口千兆板卡，做双机负载

④ POE 交换机做楼宇汇聚，核心交换机作无线网的网关

为达到高可靠性和高稳定性，选用的措施有　(58)　。

（57）A. 放装方式　　　B. 馈线方式　　　C. 面板方式　　　D. 超瘦 AP 方式

（58）A. ①②③④　　　B. ④　　　　　C. ②③　　　　D. ①③④

试题（57）、（58）分析

本题考查网络规划方面的基础知识。

随着笔记本电脑、智能手机、平板电脑等智能无线终端的不断普及，无线上网已经成为学生连接校园网的主要方式，IEEE 802.11ac 协议在物理层采用了 MIMO 和 OFDM 复用以及 40MHz 信道宽度等技术，使它的物理速率最高可以达到 1000Mb/s。使无线网进入千兆接入时代。

比较 4 种 AP 布放的技术方案，不同方案的缺点对比如下：

放装部署的缺点是墙体衰减过大，导致信号覆盖不均匀。

馈线部署的缺点是容易产生 AP 瓶颈，速度低，非标准性协议，无后续新产品。

面板部署的缺点是使用 AP 数量多，License、PoE 交换机、控制器数量随之增加，导致费用高。

超瘦 AP 部署的缺点：超瘦 AP 不能脱离主 AP。

随着无线网络的普及，在行业中已经形成了相对完善的公寓无线网设计（部署）原则。

比如说无线信号入房间：设计理念是无线可以独立满足用户需求，与有线并驾齐驱；保障无线信号的覆盖、质量和容量，首选是 802.11ac。在节省成本方面，不同场景使用不同型号产品，保证性能的情况下，价格最优；网线利旧，借用公寓 1 个原有线点位，节省布线成本；便于施工和升级换代兼容性，宿舍无线 AP 采用通用网络连接（线路将来可利旧）；汇聚和核心交换机（含控制器）采用通用产品。

重视控制器和核心交换机选型，主要的技术措施包括：① 核心交换机和控制器合二为一，采用控制器插板卡形式；② 高端交换机插控制器板卡：2 台（冗余、稳定、节约成本、节省空间）；③ 高端交换机承担楼宇无线汇聚和核心交换机（用户网关）功能；④ 单台配置多口万兆板卡，可双机负载分担，同时解决楼宇接入单点故障（手工拔插卡）；⑤ 单台配多个控制卡，控制器板卡可做热备等。

参考答案

（57）D　　（58）A

试题（59）

RIPv2 路由协议在发送路由更新时，使用的目的 IP 地址是　(59)　。

（59）A. 255.255.255.255　　　　　　　B. 224.0.0.9

　　　　C. 224.0.0.10　　　　　　　　　D. 224.0.0.1

试题（59）分析

本题考查 RIPv2 路由协议采用的组播地址。

RIPv2 路由协议在发送路由更新时，使用的组播地址是 224.0.0.9。

参考答案

（59）B

试题（60）、（61）

某单位网络拓扑结构、设备接口及 IP 地址的配置如下图所示，R1 和 R2 上运行 RIPv2 路由协议。

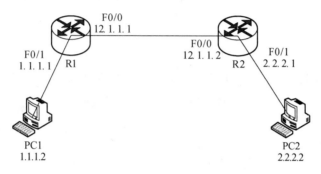

在配置完成后，路由器 R1、R2 的路由表如下所示。

R1 的路由表：

C　　　1.1.1.0 is directly connected, FastEthernet0/1

C　　　12.1.1.0 is directly connected, FastEthernet0/0

R2 的路由表：

R　　　1.0.0.0/8 [120/1] via 12.1.1.1, 00:00:06, FastEthernet0/0

C　　　2.2.2.0 is directly connected, FastEthernet0/1

C　　　12.1.1.0 is directly connected, FastEthernet0/0

R1 路由表未达到收敛状态的原因可能是__（60）__，如果此时在 PC1 上 ping 主机 PC2，返回的消息是___（61）___。

（60）A．R1 的接口 F0/0 未打开　　　　B．R2 的接口 F0/0 未打开

　　　　C．R1 未运行 RIPv2 路由协议　　D．R2 未宣告局域网路由

（61）A．Request timed out

　　　　B．Reply from 1.1.1.1: Destination host unreachable

　　　　C．Reply from 1.1.1.1: bytes=32 time=0ms TTL=255

　　　　D．Reply from 2.2.2.2: bytes=32 time=0ms TTL=126

试题（60）、（61）分析

本题目考查路由协议方面的知识。

RIPv2 路由协议是一种距离矢量路由协议，依据水平分割理论进行路由信息更新。前提是在相应的路由器接口上需进行宣告要更新的路由信息。当路由器上的一个接口未打开时，路由表中不会出现该接口的直连路由信息，未运行相应路由协议，路由器不会

接收该路由协议的路由更新。

ping 报告类型为 3，代码为 3，说明产生信宿不可达报文的原因可能是端口不可达。在 ICMP 报文的数据部分封装了出错数据报的部分信息。产生信宿不可达报文的原因还有可能是网络不可达、主机不可达和协议不可达等，其代码分别为 0、1、2。由于在路由表中不存在相应的局域网路由，当 ping 该网络的地址时，路由器在路由表中无法找到相应的匹配项，则不能将该 ping 包转发出去，因此会返回该目的地址不可达的信息。

参考答案

（60）D　　（61）B

试题（62）

在工作区子系统中，信息插座与电源插座的间距不小于 (62) cm。

（62）A．10　　　　　　B．20　　　　　　C．30　　　　　　D．40

试题（62）分析

本题目考查综合布线方面的知识。

综合布线系统有水平子系统、干线子系统、工作区子系统、设备间子系统、管理子系统和建筑物间子系统六个子系统。其中工作区子系统应由配线（水平）布线系统的信息插座，延伸到工作站终端设备处的连接电缆及适配器组成。为了避免强电系统对弱电系统信号的干扰，信息插座与电源插座需保持一定的间距，按照综合布线系统施工标准要求，其间距不应小于 20 厘米。

参考答案

（62）A

试题（63）

下列不属于水平子系统的设计内容的是 (63) 。

（63）A．布线路由设计　　B．管槽设计　　　C．设备安装、调试　　D．线缆选

试题（63）分析

本题目考查综合布线方面的知识。

水平子系统由工作区用的信息插座，每层配线设备至信息插座的配线电缆、楼层配线设备和跳线等组成。水平子系统中主要针对从配线间到工作区信息插座之间的传输介质路由进行设计和铺设。因此，水平子系统的实际内容不应该包括设备的安装和调试部分。

参考答案

（63）C

试题（64）

影响光纤熔接损耗的因素较多，以下因素中影响最大的是 (64) 。

（64）A．光纤模场直径不一致　　　　　　B．两根光纤芯径失配

　　　　C．纤芯截面不圆　　　　　　　　　D．纤芯与包层同心度不佳

试题（64）分析

本题目考查网络传输介质和综合布线方面的知识。

影响光纤熔接损耗的因素包括：本证因素和非本证因素两种。

本证因素包括：光纤模场直径不一致、芯径失配、折射率失配、纤芯与包层同心度不良等，非本证因素包括接续方式、接续工艺和接续设备不完善引起的。主要有轴心错位、轴心倾斜、端面分离、端面质量等方面。

在以上所有的影响熔接损耗的因素中，光纤场模直径不一致这一本证因素影响最为巨大。

参考答案

（64）A

试题（65）

下列叙述中，___（65）___不属于综合布线系统的设计原则。

（65）A．综合布线系统与建筑物整体规划、设计和建设各自进行

　　　 B．综合考虑用户需求、建筑物功能、经济发展水平等因素

　　　 C．长远规划思想、保持一定的先进性

　　　 D．采用扩展性、标准化、灵活的管理方式

试题（65）分析

本题目考查综合布线方面的知识。

综合布线系统的设计主要是通过对建筑物结构、系统、服务与管理 4 个要素的合理优化，把整个系统成为一个功能明确、投资合理、应用高效、扩容方便的使用综合布线系统。具体来说，应遵循兼容性、开放性、灵活性、可靠性、先进性、用户至上的原则。由于综合布线对于建筑物的功能和今后很长一段时间的可用性和智能性有一定的要求，因此在具体实施时，综合布线系统的设计应与建筑物的整体规划、规划、设计和建设时同步进行，并应考虑经济、功能等发展需要和要求，达到一定的先进性，实现标准化、可扩展、较灵活的管理和运行方式。

参考答案

（65）A

试题（66）、（67）

某企业有电信和联通 2 条互联网接入线路，通过部署___（66）___可以实现内部用户通过电信信道访问电信目的 IP 地址，通过联通信道访问联通目的 IP 地址。也可以配置基于___（67）___的策略路由，实现行政部和财务部通过电信信道访问互联网，市场部和研发部通过联通信道访问互联网。

（66）A．负载均衡设备　　　　　　　　B．网闸

　　　 C．安全审计设备　　　　　　　　D．上网行为管理设备

（67）A．目标地址　　 B．源地址　　　 C．代价　　　　 D．管理距离

试题（66）、（67）分析

本题考查链路负载和策略路由的相关知识。

该题中，需要通过负载均衡设备对多条链路进行负载实现，同时需要配置基于源地址的策略路由，通过判断源地址选择互联网接入线路，实现行政部和财务部通过电信信道访问互联网，市场部和研发部通过联通信道访问互联网。

参考答案

（66）A　　（67）B

试题（68）

某企业网络管理员发现数据备份速率突然变慢，初步检查发现备份服务器和接入交换机的接口速率均显示为百兆，而该连接两端的接口均为千兆以太网接口，且接口速率采用自协商模式。排除该故障的方法中不包括___（68）___。

（68）A．检查设备线缆　　　　　　B．检查设备配置
　　　 C．重启设备端口　　　　　　D．重启交换机

试题（68）分析

本题考查网络故障排除的相关知识。

千兆以太网接口在自协商模式，接口速率降为百兆，一般为配置或者线缆故障，常见处理办法包括：检查线缆或水晶头、检查设备配置、重启设备端口（该设备为备份服务器，备份一般采用定时备份，所以可以重启设备端口）等，但是不能重启交换机，重启交换机将会对该交换机连接的所以设备造成网络中断的影响。

参考答案

（68）D

试题（69）、（70）

某企业门户网站（www.xxx.com）被不法分子入侵，查看访问日志，发现存在大量入侵访问记录，如下图所示。

该入侵为___（69）___攻击，应配备___（70）___设备进行防护。

（69）A．DDOS　　　　B．跨站脚本　　　C．SQL 注入　　　D．远程命令执行
（70）A．WAF（WEB 安全防护）　　　　　　B．IDS（入侵检测）
　　　 C．漏洞扫描系统　　　　　　　　　　D．负载均衡

试题（69）、（70）分析

本题考查 SQL 注入攻击和防范的相关知识。

从入侵日志看，攻击者通过在 URL 地址中，注入 SQL 命令进行攻击，故该入侵为SQL 注入攻击，应配备 WAF（WEB 安全防护）设备进行防护。

参考答案

（69）C　　（70）A

试题（71）～（75）

Typically, an IP address refers to an individual host on a particular network. IP also accommodates addresses that refer to a group of hosts on one or more networks. Such addresses are referred to as multicast addresses, and the act of sending a packet from a source to the members of a （71） group is referred to as multicasting. Multicasting done （72） the scope of a single LAN segment is straightforwarD. IEEE 802 and other LAN protocols include provision for MAC-level multicast addresses. A packet with a multicast address is transmitted on a LAN segment. Those stations that are members of the （73） multicast group recognize the multicast address and （74） the packet. In this case, only a single copy of the packet is ever transmitteD. This technique works because of the （75） nature of a LAN: A transmission from any one station is received by all other stations on the LAN.

（71）A. numerous　　B. only　　C. single　　D. multicast

（72）A. within　　　B. out of　　C. beyond　　D. cover

（73）A. different　　B. unique　　C. special　　D. corresponding

（74）A. reject　　　B. accept　　C. discard　　D. transmit

（75）A. multicast　　B. unicast　　C. broadcast　　D. multiple unicast

参考译文

通常，一个 IP 地址指向某网络上的一个主机。IP 同时也具有指向一个或多个网络中的一组主机的地址形式，这种地址称为多播地址，而将分组从一个源点发送到一个多播组所有成员的行为称为多播。在单个局域网段范围内的多播操作相当简单。IEEE 802 和其他局域网协议都包括了对 MAC 层多播地址的支持。当一个具有多播地址的分组在某个局域网段上传输时，相应多播组的成员都能识别出这个多播地址，并接受该分组。在这种情况下，只需要传输一个分组副本。这种技术之所以能行之有效，是因为局域网本身具有广播特性：来自任何一个站点上的传输都会被局域网中的所有其他站点接收到。

参考答案

（71）D　　（72）A　　（73）D　　（74）B　　（75）C

第17章 2017下半年网络规划设计师
下午试卷Ⅰ试题分析与解答

试题一（共25分）
阅读以下说明，回答问题1至问题4，将解答填入答题纸对应的解答栏内。

【说明】
　　某政府部门网络用户包括有线网络用户、无线网络用户和有线摄像头若干，组网拓扑如图1-1所示。访客通过无线网络接入互联网，不能访问办公网络及管理网络，摄像头只能跟DMZ区域服务器互访。

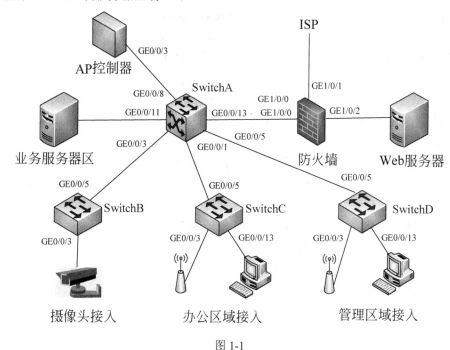

图 1-1

表 1-1 网络接口规划

设 备 名	接口编号	所属 VLAN	IP 地址
防火墙	GE1/0/0	-	10.107.1.2/24
	GE1/0/1	-	109.1.1.1/24
	GE1/0/2	-	10.106.1.1/24
AP 控制器	GE0/0/3	100	VLANIF100:10.100.1.2/24

续表

设　备　名	接　口　编　号	所属 VLAN	IP 地址
SwitchA	GE0/0/1	101、102、103、105	VLANIF105:10.105.1.1/24
	GE0/0/3	104	VLANIF104:10.104.1.1/24
	GE0/0/5	101、102、103、105	VLANIF101:10.101.1.1/24
			VLANIF102:10.102.1.1/24
			VLANIF103:10.103.1.1/24
	GE0/0/8	100	VLANIF100:10.100.1.1/24
	GE0/0/11	108	VLANIF108:10.108.1.1/24
	GE0/0/13	107	VLANIF107:10.107.1.2/24
SwitchC	GE0/0/3	101、102、105	-
	GE0/0/5	101、102、103、105	-
	GE0/0/13	103	-
SwitchD	GE0/0/3	101、102、105	-
	GE0/0/5	101、102、103、105	-
	GE0/0/13	103	-

表 1-2　VLAN 规划

项　　　目	描　　　述
VLAN 规划	VLAN100：无线管理 VLAN
	VLAN101：访客无线业务 VLAN
	VLAN102：员工无线业务 VLAN
	VLAN103：员工有线业务 VLAN
	VLAN104：摄像头的 VLAN
	VLAN105：AP 所属 VLAN
	VLAN107：对应 VLANIF 接口上行防火墙
	VLAN108：业务区接入 VLAN

【问题 1】（6 分）

进行网络安全设计，补充防火墙数据规划表 1-3 内容中的空缺项。

表 1-3　防火墙数据规划表

安　全　策　略	源 安 全 域	目 的 安 全 域	源地址/区域	目的地址/区域
egress	trust	untrust	（1）	-
dmz_camera	dmz	trust	10.106.1.1/24	10.104.1.1/24
untrust_dmz	untrust	dmz	-	10.106.1.1/24
源 net 策略 egress	trust	untrust	srcip	（2）
源 net 策略 camera_dmz	trust	dmz	camera	（3）

备注：NAT 策略转换方式为地址池中地址，IP 地址 109.1.1.2。

【问题 2】（8 分）

进行访问控制规则设计，补充 SwitchA 数据规划表 1-4 内容中的空缺项。

表 1-4   SwitchA 数据规划表

项　　目	VLAN	源 IP	目的 IP	动　　作
ACL	101	___(4)___	10.100.1.0/0.0.0.255	丢弃
		10.101.1.0/0.0.0.255	10.108.1.0/0.0.0.255	___(5)___
	104	10.104.1.0/0.0.0.255	10.106.1.0/0.0.0.255	___(6)___
		10.104.1.0/0.0.0.255	___(7)___	丢弃

【问题 3】（8 分）

补充路由规划内容，填写表 1-5 中的空缺项。

表 1-5   路由规划表

设　备　名	目的地址/掩码	下 — 跳	描　　述
防火墙	___(8)___	10.107.1.1	访问访客无线终端的路由
	___(9)___	10.107.1.1	访问摄像头的路由
SwitchA	0.0.0.0/0.0.0.0	10.107.1.2	缺省路由
AP 控制器	___(10)___	___(11)___	缺省路由

【问题 4】（3 分）

配置 SwitchA 时，下列命令片段的作用是___(12)___。

```
[SwitchA] interface Vlanif 105
[SwitchA-Vlanif105] dhcp server option 43 sub-option 3 ascii 10.100.1.2
[SwitchA-Vlanif105] quit
```

试题一分析

本题考查中小型网络组网方案的构建。

网络设计采用树形组网，包含接入层、核心层、DMZ 服务器和防火墙出口。

该网络提供无线覆盖，无线网络主要给办公用户和访客提供网络接入 Internet，其中办公用户 SSID 采用预共享密钥的方式接入无线网络，访客 SSID 采用 OPEN 方式接入无线网络。AP 控制器部署直接转发模式，AP 三层上线。SwitchA 作为 DHCP Server，为 AP 和无线终端分配 IP 地址。

该网络的有线接入主要给员工提供网络接入 Internet；有线用户不需要认证。SwitchA 交换机是有线终端的网关，同时也是有线终端的 DHCP Server，为有线终端分配 IP 地址。

在安全性需求方面，该网络保护管理区的数据安全，在 SwitchA 部署 ACL 控制用户转发权限，使得顾客无线用户只能访问 Internet，不允许访问其他内部资源。在 SwitchA 部署 ACL，控制摄像头只能和 DMZ 区的服务器互访。在防火墙上配置安全策略，控制

DMZ 区服务器的访问权限。

防火墙上承载网络出口业务，DMZ 区的服务器开放给公网访问。

【问题 1】

本问题要求根据题中的说明给出相应的源地址/区域或者目的地址/区域。防火墙策略中 egress 策略需要给出访问外网的终端地址，通过表 1-1 可知相关 VLAN 分别是 101、102、103、108。

防火墙策略中源 net 策略 egress 的含义是在防火墙上做 NAT，地址池中地址使用 109.1.1.2，目的地址任意。

防火墙策略中源 net 策略 camera_dmz 的含义，摄像头可以访问 DMZ。

【问题 2】

在 SwitchA 上做访问控制，从表 1-1、表 1-2 可知，访客对内网段均无访问权限。摄像头所属 VLAN 可以通过防火墙访问服务器，不能访问其他内网区域。

【问题 3】

在防火墙的配置中，首先配置上行接口地址，所属安全区域是 untrust。接下来配置下行接口，分别是 trust 区域和 dmz 区域对应的下行接口地址。接下来配置安全策略，其中源 IP 对应的访客网段和摄像头网段的下一跳都是指向防火墙 trust 区域的接口地址。

AP 控制器网关是 10.100.1.1，因此默认路由的下一跳是 10.100.1.1。

【问题 4】

dhcp server option 命令用来配置当前接口的 DHCP 地址池的自定义选项。配置命令 option 43 sub-option 3 ascii 10.100.1.2。其中，sub-option 3 为固定值，代表子选项类型；hex 31302E3130302E312E32 与 ascii 10.100.1.2 分别是 AC 地址 10.100.1.2 的 HEX 格式和 ASCII 格式。

试题一参考答案

【问题 1】

（1）10.101.1.1/24；10.102.1.1/24；10.103.1.1/24；10.108.1.1/24

（2）any

（3）dmz

【问题 2】

（4）10.101.1.0/0.0.0.255　　（5）丢弃　　（6）通过　　（7）any

【问题 3】

（8）10.101.1.0/255.255.255.0　　（9）10.104.1.0/255.255.255.0

（10）0.0.0.0/0.0.0.0　　（11）10.100.1.1

【问题 4】

（12）为 AP 接入地址池指定 AP 控制器（AC）的 IP

试题二（共 25 分）

　　阅读下列说明，回答问题 1 至问题 5，将解答填入答题纸的对应栏内。

【说明】

　　图 2-1 所示为某企业桌面虚拟化设计的网络拓扑。

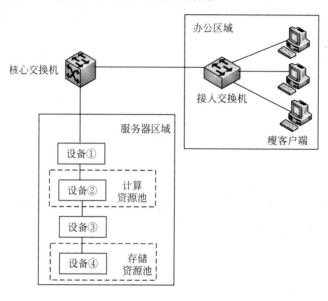

图 2-1

【问题 1】（6 分）

　　结合图 2-1 拓扑和桌面虚拟化部署需求，①处应部署 　(1)　 、②处应部署 　(2)　 、③处应部署 　(3)　 、④处应部署 　(4)　 。

　　（1）～（4）备选答案（每个选项仅限选一次）：

　　　　A．存储系统　　　B．网络交换机　　　C．服务器　　　D．光纤交换机

【问题 2】（4 分）

　　该企业在虚拟化计算资源设计时,宿主机 CPU 的主频与核数应如何考虑？请说明理由。设备冗余上如何考虑？请说明理由。

【问题 3】（6 分）

　　图 2-1 中的存储网络方式是什么？结合桌面虚拟化对存储系统的性能要求，从性价比考虑，如何选择磁盘？请说明原因。

【问题 4】（4 分）

　　对比传统物理终端，简要谈谈桌面虚拟化的优点和不足。

【问题 5】（5 分）

　　桌面虚拟化可能会带来 　(5)　 等风险和问题，可以进行 　(6)　 等应对措施。

（5）备选答案（多项选择，错选不得分）：

　　　A．虚拟机之间的相互攻击　　　B．防病毒软件的扫描风暴

　　　C．网络带宽瓶颈　　　　　　　D．扩展性差

（6）备选答案（多项选择，错选不得分）：

　　　A．安装虚拟化防护系统　　　　B．不安装防病毒软件

　　　C．提升网络带宽　　　　　　　D．提高服务器配置

试题二分析

本题考查桌面虚拟化系统的设计及优化相关知识。

此类题目要求考生熟悉桌面虚拟化的部署方式，了解桌面虚拟化的优缺点和常见问题，并具备解决问题和优化性能的能力。要求考生具有桌面虚拟化和存储系统规划管理的实际经验。

【问题 1】

在虚拟化系统中，一般由单台或者多台服务器组成计算能力或计算资源池，由服务器本地磁盘或存储系统组成存储资源池。图 2-1 中②处已标明为计算资源池，故选择服务器；④处已标明为独立的存储资源池，与计算资源池分开，故选择存储系统；①处设备连接核心交换机和服务器，故选择网络交换机；③处设备连接服务器和存储系统，一般为网络交换机和光纤交换机，结合备选答案，故选择光纤交换机。

【问题 2】

根据虚拟桌面的特性，应该选用低主频、多核心的 CPU 作为计算资源，提高资源利用率，同时，根据虚拟机和宿主机本身负荷，合理配置计算资源，建议预留 20%左右计算资源。至少应该配置 2 台以上宿主机，充分考虑设备冗余。

【问题 3】

图 2-1 中，服务器通过光纤交换机访问存储资源，可见其存储网络为 FC-SAN。虚拟化系统对存储系统性能的要求主要是 IOPS，而选择不同的磁盘会有不同的 IOPS，常见磁盘 IOPS 关系为：7.2k rpm STAT<10k rpm SAS<15k rpm SAS<SSD，考虑到性价比，选用 10k SAS 较为合适，如果预算允许，可以 SAS+SSD 混合配置或者配置少量 SSD 磁盘，作为高速缓存，提高读命中率，减少 IO 延迟。

【问题 4】

虚拟桌面系统将所有桌面虚拟机存储在数据中心统一管理，用户通过网络，使用瘦客户机访问，实现桌面系统的远程动态访问与数据中心统一托管。虚拟化系统将计算资源、存储资源进行池化，可以根据用户需求按需分配，当资源不够时，只需要扩展资源池即可，通过虚拟化系统提供的模板等功能可以实现操作系统的快速部署，通过统一的平台进行集中管理，使得系统运维便捷化。

虚拟化系统虽然有较多优点，体验感与传统物理终端并无多大差别，但是在高清影视、设计制图、3D 动画开发等特殊应用方面，性能并不好，需要配置专用显卡等设备，

成本较高,数据中心的计算资源、存储资源的统一投入较大,当虚拟桌面用户量较少时,性价比较低,短期投入成本会比传统物理终端大,随着用户量的增加和长期使用,性价比要优于传统物理终端。同时,集中管控与用户的使用习惯之间存在一定矛盾。

【问题 5】

虚拟化在具有资源利用率高、扩展性好、冗余能力强、快速部署等优点的同时,也存在一定风险,具体如下:

1. 虚拟化系统创建的多个虚拟机会存储在一个或多个服务器的共享存储(或本地磁盘)上,对于宿主机来说,虚拟机只是存储在其上面的一些文件,虚拟机之间并不是物理隔离,这样会存在利用其中一台虚拟机攻击其他虚拟机的风险,可以安装虚拟化防护系统,进行虚拟机边界防护等防范措施。

2. "三大风暴"即启动风暴、防毒扫描风暴、升级风暴。启动风暴就是大量用户在短时间内同时启动或登录虚拟桌面,需要从磁盘上读取大量的数据,会造成虚拟桌面运行缓慢、性能下降,可以配置少量 SSD 磁盘,来满足启动时的性能要求。防毒扫描风暴就是大量用户的防病毒软件在短时间内进行杀毒和扫描,严重影响存储系统性能,可以合理分配杀毒软件扫描时间或者在虚拟化系统上安装支持无代理病毒防护的虚拟化防护系统。升级风暴就是大量用户同时进行系统升级或者防病毒升级等操作,可以通过补丁分发服务器进行分时升级,降低对虚拟化系统的影响。

3. 桌面虚拟化实施后,各用户的所有操作都需要通过网络传输,达到一定数量后,会存在网络带宽瓶颈,可以根据实际需要,提升网络带宽。

试题二参考答案

【问题 1】

(1)B　　(2)C　　(3)D　　(4)A

【问题 2】

CPU 的主频与核数设计:

低频率高核数,实现资源利用率的最大化。

冗余设计:

至少部署 2 台设备,当其中一台设备出现故障时,虚拟机会自动迁移到另外一台设备。

【问题 3】

存储系统的连接方式是 FC-SAN。

从性价比考虑,用选择 SAS 类型磁盘或者 SAS+SSD,混合配置时 SSD 仅配备少量用做高速缓存。

原因:

(1)STAT 磁盘 IOPS 过低,影响虚拟化系统的性能;

(2)SAS 磁盘的 IOPS 较高,价格合适,可以满足虚拟化系统的性能要求;

(3)SSD 磁盘的 IOPS 很高,但价格太贵;

（4）配置少量 SSD 磁盘，作为高速缓存，可提高读数据的缓存命中率。

【问题 4】

优点：

（1）良好的扩展性和可伸缩性；

（2）资源的高利用率；

（3）快速部署和恢复；

（4）集中统一管理；

（5）运维管理便捷高效；

（6）长期运维成本较低。

不足：

（1）初始成本较高；

（2）高端应用处理较差，如 3D 动画、高清视频处理等；

（3）统一管控与使用者方便性要求的矛盾性。

【问题 5】

（5）ABC

（6）AC

试题三（共 25 分）

阅读下列说明，回答问题 1 至问题 4，将解答填入答题纸的对应栏内。

【说明】

某企业网络拓扑如图 3-1 所示，该企业内部署有企业网站 Web 服务器和若干办公终端，Web 服务器（http://www.xxx.com）主要对外提供网站消息发布服务，Web 网站系统采用 JavaEE 开发。

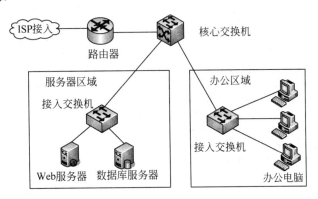

图 3-1

【问题 1】（6 分）

信息系统一般从物理安全、网络安全、主机安全、应用安全、数据安全等层面进行安全设计和防范，其中，"操作系统安全审计策略配置"属于 ___(1)___ 安全层面；"防盗防破坏、防火"属于 ___(2)___ 安全层面；"系统登录失败处理、最大并发数设置"属于 ___(3)___ 安全层面；"入侵防范、访问控制策略配置、防地址欺骗"属于 ___(4)___ 安全层面。

【问题 2】（3 分）

为增强安全防范能力，该企业计划购置相关安全防护系统和软件，进行边界防护、Web 安全防护、终端 PC 病毒防范，结合图 3-1 拓扑，购置的安全防护系统和软件应包括：___(5)___、___(6)___、___(7)___。

（5）～（7）备选答案：

A．防火墙　B．WAF　C．杀毒软件　D．数据库审计　E．上网行为检测

【问题 3】（6 分）

2017 年 5 月，Wannacry 蠕虫病毒大面积爆发，很多用户遭受巨大损失。在病毒爆发之初，应采取哪些应对措施？（至少答出三点应对措施）

【问题 4】（10 分）

1. 采用测试软件输入网站 www.xxx.com/index.action，执行 ifconfig 命令，结果如图 3-2 所示。

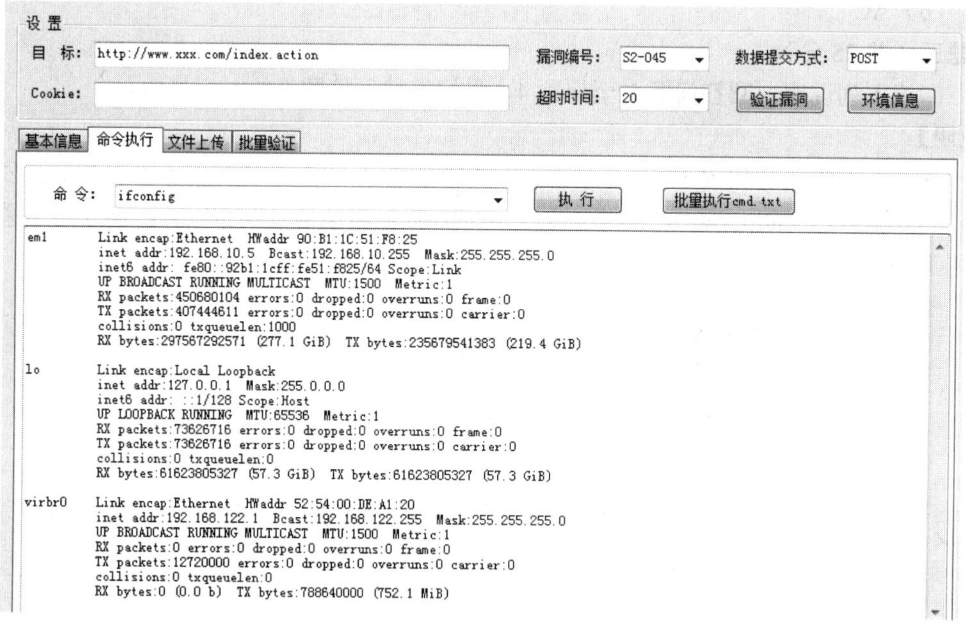

图 3-2

从图 3-2 可以看出，该网站存在 ___(8)___ 漏洞，请针对该漏洞提出相应防范措施。

（8）备选答案：

A．Java 反序列化　B．跨站脚本攻击　C．远程命令执行　D．SQL 注入

2. 通过浏览器访问网站管理系统，输入 www.xxx.com/login?f_page=-->'"><svg onload=prompt(/x/)>，结果如图 3-3 所示。

图 3-3

从图 3-3 可以看出，该网站存在　(9)　漏洞，请针对该漏洞提出相应防范措施。

(9) 备选答案：

　　　A．Java 反序列化　　B．跨站脚本攻击　　C．远程命令执行　　D．SQL 注入

试题三分析

本题考查信息系统的安全防范设计和安全漏洞处理的相关知识。

此类题目要求考生熟悉网络安全设备，了解常见安全漏洞和攻击，并具备解决问题的能力。要求考生具有信息系统网络安全规划管理和网络攻击防范的实际经验。

【问题 1】

"操作系统安全审计策略配置"属于主机安全层面；"防盗防破坏、防火"属于物理安全层面；"系统登录失败处理、最大并发数设置"属于应用安全层面；"入侵防范、访问控制策略配置、防地址欺骗"属于网络安全层面。

【问题 2】

防火墙一般用于在不同的网络间通过访问规则控制进行网络边界防范；WAF（Web Application Firewall）即 Web 应用防火墙，一般通过基于 Http/Https 的安全策略进行网站等 Web 应用防护；杀毒软件一般用于终端电脑病毒、木马和恶意软件的查杀和防范。

【问题 3】

Wannacry 蠕虫病毒是一个勒索式病毒软件，利用 Windows 操作系统漏洞进行传播，并且能够自我复制和主动传播。防范措施包括：立即断网进行排查阻止相互感染，下载并更新微软发布的漏洞补丁，终端电脑关闭 445 端口或者核心网络设备禁止 445 端口通信，备份重要资料，安装杀毒软件，加强网络安全防护等；如果发现有电脑已经中病毒，应立即隔离。

【问题 4】

1. 从图 3-2 可知，该网站可以使用工具远程执行 ifconfig 命令，说明存在远程命令执行漏洞，漏洞编号为：S2-45 说明为 Struts2 的漏洞。应该立即升级漏洞补丁或者升级

Struts2 版本，并部署 Web 安全防护系统，对该网站进行安全防护。

2. 从图 3-3 可知，该网站可以通过 URL 地址进行 JS 脚本注入攻击，说明存在跨站脚本攻击漏洞。应该对 URL 地址和 input 框等用户输入进行过滤，并部署 Web 安全防护系统，对该网站进行安全防护。

试题三参考答案

【问题 1】

（1）主机　　　（2）物理　　　（3）应用　　　（4）网络

【问题 2】

（5）A　　　（6）B　　　（7）C（不分先后顺序）

【问题 3】

（a）立即断网排查

（b）升级操作系统补丁程序

（c）修复漏洞

（d）关闭 445 端口

（e）隔离已感染主机的网络连接

（f）备份重要文件

（g）安装杀毒软件

（h）加强网络层防护

【问题 4】

1.（8）C

防范措施：

（1）升级漏洞补丁；

（2）升级 Struts2 版本；

（3）部署能够防范远程命令执行攻击的 Web 防护系统。

2.（9）B

防范措施：

（1）对用户输入严格过滤；

（2）部署能够防范 XSS 的 Web 防护系统。

第18章 2017下半年网络规划设计师下午试卷 II 写作要点

试题一 论网络规划与设计中的光纤传输技术

光纤已广泛应用于家庭智能化、办公自动化、工控网络、车载机载和军事通信网等领域。目前,随着光纤在生产和施工中有了很大的提升,价格也降低了很多,光纤以其卓越的传输性能,成为有线传输中的主要传输模式。

请围绕"论网络规划与设计中的光纤传输技术"论题,依次对以下三个方面进行论述。

1. 简要论述目前网络光纤传输技术,包括主流的技术及标准、光无源器件、光有源器件、网络拓扑结构、通信链路与连接、传输速率与成本等。

2. 详细叙述你参与设计和实施的网络规划与设计项目中采用的光纤传输方案,包括项目中的网络拓扑、主要应用的传输性能指标要求、选用的光纤技术、工程的预算与造价等。

3. 分析和评估你所实施的网络项目中光纤传输的性能、光纤成本计算以及遇到的问题和相应的解决方案。

写作要点:

1. 简述光纤技术的传输特点,光纤传输的种类,光无源器件、光有源器件等。

2. 叙述你参与设计和实施的网络规划与设计项目。

- 网络拓扑与网络设备
- 所采用的传输介质、光纤种类、连接的设备、接头、布线等
- 光纤造价成本等

3. 具体讨论光纤传输中的关键技术和解决方案。

- 光纤传输的性能与比较
- 敷设过程中遇到的难题
- 解决的方法

试题二 论网络存储技术与应用

随着互联网及其各种应用的飞速发展,网络信息资源呈现出爆炸性增长的趋势,对数据进行高效率的存储、管理和使用成为信息发展的需求。网络存储就是一种利于信息整合与数据共享,易于管理的、安全的存储结构和技术,将网络带入了以数据为中心的时代。

请围绕"论网络存储技术与应用"论题,依次对以下三个方面进行论述。

1. 简要论述目前网络存储技术,包括主流的技术分类及标准、网络拓扑结构、服

务器架设、通信链路与连接、软硬件配置与设备等。

　　2．详细叙述你参与设计和实施的大中型网络项目中采用的网络存储方案，包括选用的技术、基础建设的要求、数据交换与负载均衡等。

　　3．分析和评估你所实施的网络存储项目的效果、瓶颈以及相关的改进措施。

写作要点：

　　1．概述主流的网络存储方式及标准，NAS，SAN 等。

　　2．网络项目中采用的网络存储方案。

- 需求
- 技术与标准
- 服务器
- 通信线路、连接方式
- 数据交换
- 负载均衡

　　3．存储方案的效果以及相关的改进措施。

- 网络存储项目的效果
- 该存储方案的瓶颈
- 相关的改进措施